Analyse der Harze

Balsame und Gummiharze.

Analyse der Harze

Balsame und Gummiharze

nebst ihrer

Chemie und Pharmacognosie.

Zum

Gebrauch in wissenschaftlichen und technischen Untersuchungslaboratorien
unter Berücksichtigung der älteren und neuesten Litteratur

herausgegeben von

Dr. Karl Dieterich,

Direktor der Chemischen Fabrik Helfenberg A.-G. vorm. Eugen Dieterich.

Springer-Verlag Berlin Heidelberg GmbH

1900

ISBN 978-3-662-01968-9   ISBN 978-3-662-02264-1 (eBook)
DOI 10.1007/978-3-662-02264-1

Vorwort.

Es ist eine nicht abzuleugnende Thatsache, dass die bisher über die einzelnen Harzkörper bekannt gewordenen analytischen Daten weit grösseren Schwankungen unterworfen und weit unsicherer und unzuverlässiger sind, als beispielsweise diejenigen der Fette und Oele. Wenn auch die Harze im chemischen Sinn den wohlcharakterisirten Fetten und Oelen keineswegs sehr nahestehen, oder ihnen allzu nahe verwandt sind, so müssen doch — im Vergleich zu den Fetten und Oelen — diese grossen Schwankungen der analytischen Werthe deshalb besonders auffallen, weil die Untersuchungsmethoden der Fette und Oele fast ohne Ausnahme allgemein auf die Harzkörper übertragen worden sind. Wenngleich die Harzkörper — als solche verstehe ich die eigentlichen Harze, die Balsame und die Gummiharze — als inkonstante, veränderliche, durch die rohe Art der Gewinnung und die verschiedenen Handelswege vielfach umgestaltete Gemische meist noch unbekannter, amorpher Körper auch von vornherein nicht erwarten lassen, dass die aus ihnen erhaltenen Werthe völlig stimmen, wenn man also diesen Gemischen a priori gewisse Schwankungen zubilligen muss, so ist doch die Frage nicht uninteressant, ja sogar in diesem Falle unumgänglig nöthig, welche Thatsachen für die theilweise so schlechte Uebereinstimmung der Werthe verantwortlich gemacht werden müssen; weiterhin drängt sich die Frage auf: welches sind die Gesichtspunkte, welche eine Verbesserung der analytischen Methoden und mit diesen eine bessere Uebereinstimmung der analytischen Werthe — soweit solche bisher überhaupt bekannt gegeben wurden — für die Zukunft zu bewirken vermögen?

Für die relativ grossen Schwankungen, welche dem Leser dieser Analyse im speciellen Theil durch die Zusammenstellung der bisher veröffentlichten Arbeiten entgegentreten, sind meiner Ansicht nach vor allem :

I. die Methode selbst, dann aber auch

II. die Verwendung von Extrakten aus den Harzkörpern an Stelle der naturellen Droge,

III. das Fehlen von Untersuchungen authentisch reiner, vom Stammbaum direkt entnommener Harze als Grundlage der zu stellenden Anforderungen,

IV. die geringe Individualisirung

der zu untersuchenden, meist noch nicht einmal unverfälscht im Handel befindlichen Harzkörper verantwortlich zu machen. Zu dem ersten Punkt sei erläuternd bemerkt, dass so ziemlich jeder Autor beispielsweise nach einer anderen Methode verseifte; während der eine am Rückflusskühler kochte, liess der andere die Lauge unter Eindampfen wirken, der dritte wieder verseifte kurze Zeit, der vierte längere Zeit; ebenso war die Bestimmung der Säurezahl keineswegs einheitlich. Eine für die betreffenden Harzkörper speciell ausgearbeitete, allgemein gebrauchte Methode fehlte noch. Wenn es auch falsch wäre — wie man es neuerdings sehr richtig bei den Fetten und Oelen anstrebt — eine einheitliche Methode für alle Harze zu schaffen (es ist vielmehr die Specialisirung und Individualisirung für jedes einzelne Harz zu befürworten), so ist doch eine „einheitliche" Prüfung in dem Sinne von Nöthen, dass von allen Analytikern nach einer einheitlichen, fest bestimmten Ausführungsvorschrift vorgegangen wird und nicht einer vom anderen verschieden arbeitet. Gerade bei den Harzkörpern bringen oft schon geringfügige Aenderungen in der Methode relativ grosse Aenderungen der Werthe hervor. Weiterhin wurden, um zu Punkt II zu kommen, bei der Analyse nicht einmal immer die Naturprodukte verwendet, sondern nur Theile der Drogen: Extrakte. Es liegt klar auf der Hand, dass die Extrakte nie einen Rückschluss auf die Naturdrogen zulassen können, da speciell die Gummiharze sehr verschieden in Bezug auf die flüchtigen und sehr verschieden in Bezug auf die alkohollöslichen Bestandtheile zusammengesetzt waren und noch sind. Es kann also die Verseifungszahl der Extrakte nie die der Rohprodukte repräsentiren. Weiterhin waren die Extraktlösungen so dunkel gefärbt, dass ein genauer Umschlag nur sehr schwer fixirt werden konnte. Weiter wurden, um auf Punkt III zu kommen, nur wenig Harzprodukte bisher in naturellem Zustande d. h. direkt vom Stammbaum entnommen, untersucht; als Grundlage galten und gelten heute noch die aus den Handelsprodukten, also aus veränderten, meist unreinen Körpern erhaltenen Werthe und Eigenschaften. Endlich wurden, um auch Punkt IV einige Erläuterungen zu geben, die Untersuchungsmethoden der Fette und Oele allgemein ohne Rücksicht auf die Zusammensetzung der Harzkörper übertragen, also Ester- und Verseifungszahlen von esterfreien Harzen und Säurezahlen von säurefreien Harzen u. s. w. bestimmt. Wenn man die reine, wissenschaftliche Harzchemie — ebenso wie in der Analyse anderer organischer Körper — als Grundlage für die analytische Prüfung betrachtet, so muss es einleuchten, dass gerade die neueren Arbeiten über die Harzchemie von TSCHIRCH und seinen Schülern und von anderen Forschern zur Revision und Verbesserung und Individualisirung der gebräuchlichen Harzuntersuchungsmethoden anregen müssen. In diesem Sinne habe ich selbst durch systematische Arbeiten über die Analyse der Harze diejenigen Gesichtspunkte zu verwirklichen gesucht, welche ich für die Verbesserung der Harzuntersuchungsmethoden von Werth halte und bisher als „Leitsätze" meiner Arbeiten aufgestellt habe. Es ist dies vor allem:

I. Verwendung der Naturdroge zur Analyse.

II. Feststellung einheitlicher Vorschriften zur Ausführung rationeller Methoden.

III. Individualisirung dieser Methoden auf Grund der neuesten Harzchemie.

IV. Bevorzugung quantitativer Methoden an Stelle der qualitativen, besonders der Farbenreaktionen.

V. Festlegung von Grenznormalwerthen auf Grund von Untersuchungen authentisch reiner, vom Stammbaum direkt entnommener Proben.

Unter Zugrundelegung obiger Leitsätze darf es nicht Wunder nehmen, wenn ich bei meinen Methoden beispielsweise die Bestimmung der Säurezahl für fast jeden Harzkörper abweichend fassen musste, wenn also bei einem Harz die Säurezahl direkt, bei einem anderen indirekt oder auf andere Weise bestimmt wird. Es sind dies — wie es auf den ersten Blick scheinen möchte — keine Willkürlichkeiten, sondern Ergebnisse von praktischen Versuchen, welche einerseits der Praxis, andererseits der neuen Chemie der Harze Rechnung tragen sollen.

Ob der von mir eingeschlagene Weg der richtige ist, wird die Zukunft und weitere Erfahrungen noch zeigen müssen. Ich glaube aber, dass das vorliegende Buch schon deshalb eine Lücke in der Litteratur ausfüllen wird, weil ein zusammenfassendes Werk über die sehr verstreuten Arbeiten auf dem Gebiet der Harzanalyse noch nicht existirt und weil mir in dem grossen Werk von Prof. LUNGE: „Chemisch technische Untersuchungsmethoden", in welchem ich die Bearbeitung der „Harze, Drogen und galenischen Präparate" übernommen habe, selbstredend ein nur sehr kleiner Raum zur Verfügung gestellt werden konnte, der nicht im Entferntesten gestattet,

die Materie auch nur annähernd erschöpfend zu behandeln. Mindestens
wird also das in meiner Analyse niedergelegte umfangreiche
Zahlenmaterial zum weiteren Ausbau der Harzanalyse
beitragen und einen Anfang zur Aufstellung von definitiven
Grenzwerthen und Methoden insofern machen, als es den
augenblicklichen Stand der Werthbestimmung der Harzkörper
charakterisirt und die hauptsächlichsten, bisher auf diesem
Gebiet gesammelten Erfahrungen dem Untersuchenden
in übersichtlicher Weise an die Hand giebt.

Wenn sich bei der Zusammenstellung der bisher gemachten Erfahrungen hie und da gewisse Widersprüche geltend machen, so soll
der Hinweis auf solche nicht als ein Zweifel an der Zuverlässigkeit
der betreffenden Autoren oder gar als Tadel, sondern lediglich als
eine Charakterisirung der obwaltenden Umstände aufgefasst werden.
Ich habe schon oben darauf hingewiesen, dass die Harzprodukte an
Regelmässigkeit der Zusammensetzung viel zu wünschen übrig lassen,
und dass äussere Umstände, auch das Alter der Harze für den Ausfall der analytischen Daten sehr von Einfluss sind. Dies ist besonders
bei derartigen Harzen, wie Dammar, Copal, Sandarak der Fall,
welche gerade in der Löslichkeit je nach ihrem Alter und je nach ihrem
Fundort und wie lange sie schon aus dem Stammbaum ausgetreten
und Luft und Licht ausgesetzt gewesen sind, auch bei ganz einwands-
freien Autoren gewisse, oft auffällige Widersprüche zeigen. Bedenkt
man weiterhin noch, dass auch die Säure-Verseifungszahlen oft nur
empirische, nicht theoretisch ganz einwandsfreie „Säure-" und „Ver-
seifungswerthe" sind, so kann man hieraus entnehmen, wie vorsichtig
man einerseits in der Beurtheilung und Bewerthung des vorhandenen
Materials zu Wege gehen muss, und wie werthvoll andererseits
ein grosses experimentelles Zahlenmaterial und die damit
verbundene Erfahrung für die Analyse der Harze ist.

Im allgemeinen hat mir als Vorbild bei meiner „Analyse der Harze"
der treffliche BENEDIKT, resp. BENEDIKT-ULZER, die „Analyse der
Fette und Wachsarten" vorgeschwebt und das umsomehr, als ja
auch BENEDIKT die Ansicht aussprach, dass die Analyse der Fette die
Lehrmeisterin der Analyse der Harze werden würde.

Wenn nun auch die Analyse = Prüfung und Werthbestim.
mung der Harze den Kernpunkt meines Buches bilden soll, so war
es doch geboten, die diesbezüglichen chemischen und pharmacognostischen Daten, welche ja als Grundlage und zum Verständniss der Analyse
unumgängig nöthig sind, gleichzeitig — und zwar ebenfalls dem neuesten Stand der Wissenschaft entsprechend — mit aufzunehmen. Dieser

Theil wurde aber selbstredend nur soweit berücksichtigt, als er zur Analyse der Harze und für ihre Individualisirung angebracht schien. Die reine Chemie der Harze, speciell das Arbeitsgebiet des Berner Instituts und ihres um die Harzchemie hochverdienten Leiters A. Tschirch, muss selbstredend in ihren Einzelheiten dem demnächst erscheinenden Buch von A. Tschirch: „Harze und Harzbehälter" (Gebr. Bornträger-Berlin) vorbehalten bleiben.

Was nun die Eintheilung der gesammten Materie betrifft, so habe ich dieselbe in zwei grosse Hauptgruppen getrennt und zwar

I. Allgemeiner Theil

II. Specieller Theil.

Der erste allgemeine Theil behandelt die Definition der Harze, die gebräuchlichsten Untersuchungsmethoden, Identificirung, Eintheilung und allgemeine Eigenschaften, und die bisher gefundenen Harzbestandtheile und ihren Chemismus.

Der zweite specielle Theil behandelt jeden Harzkörper einzeln und zwar wie folgt:

Abstammung und Heimat.

Chemische Bestandtheile auf Grund neuester Forschung.

Allgemeine Eigenschaften und Handelssorten.

Verfälschungen resp. Verwechslungen.

Analyse und Werthbestimmung.

Litteratur nur auf die Analyse bezüglich.

Letztere Litteratur wurde in den wichtigsten Punkten beigefügt, um Interessenten die Originalarbeiten leicht zugänglich zu machen.

Für die Benützung dieses letzteren speciellen Theiles zur analytischen Prüfung der Harze möchte ich besonders noch auf die Einleitung, die allgemeinen Bemerkungen und die Definitionen und vor allem die Abkürzungen der immer wieder kehrenden Bezeichnungen, wie Säure-, Ester-, Verseifungs-Zahl aufmerksam machen. Die Abkürzungen habe ich alle systematisch durchgeführt und so gewählt, dass schon an der Bezeichnung die betreffende Methode erkennbar ist. So bedeutet S.-Z. d. und S.-Z. ind. die direkt und indirekt (durch Rücktitration) bestimmte Säurezahl. Die S.-Z. f. ist diejenige der flüchtigen Antheile. Die Bezeichnung V.-Z. k. und V.-Z. h. ist die Verseifung auf heissem und kaltem Weg. Es ist also, wie man es schon in der Fettanalyse speciell für die V.-Z. vorgeschlagen hat, sofort erkennbar, welche Methode zu dem betreffenden Werth geführt hat. Der Hauptgrund, warum ich gerade diese Abkürzungen strikte im speciellen Theil durchgeführt habe, ist der, dass ich diesen hier eingeführten, gewiss praktischen Bezeichnungen allgemeine Giltigkeit verschaffen möchte.

Trotzdem, wie eben bemerkt, schon äusserlich, wenigstens in den Grundzügen an den eben erwähnten Bezeichnungen erkenntlich ist, welche Methode den Werthen zu Grunde liegt, so wurde doch jedesmal die Methode nochmals kurz hinter den Werthen angegeben, und speciell hervorgehoben, ob nur ein Theil der Harzkörper (alkoholisches Extrakt in alkoholischer Lösung etc.) oder das Naturprodukt verwendet wurde.

In den von mir stammenden Methoden habe ich der Berechnung der Werthe die neuerdings von LANDOLT, OSTWALD und SEUBERT ausgearbeitete und von der Deutschen Chemischen Gesellschaft endgiltig angenommene Tabelle der Atomgewichte zu Grunde gelegt.

Was die Nomenklatur betrifft, so habe ich vorgezogen, an Stelle der „pharmaceutisch-lateinischen" — wie sie meist üblich sind — die allgemeinverständlichen „deutschen" Namen der Harzkörper, soweit dies in Rücksicht auf die gebräuchliche Nomenklatur praktisch erschien, zu wählen. Derartige Bezeichnungen wie Galbanum, Ammoniacum mussten natürlich als solche bleiben, da die Benennung z. B. „Mutterharz" nicht allenthalben bekannt sein dürfte, auch nicht für alle Harzkörper deutsche Namen vorhanden sind.

Da die rein chemische Eintheilung noch nicht überall durchführbar ist, habe ich im speciellen Theil diejenige in

A. Balsame,

B. Harze,

C. Gummiharze

beibehalten.

Ein beigefügter Nachtrag enthält alle die neueren Forschungen verzeichnet, welche, während das Buch in Druck war, veröffentlicht wurden, und welche — ebenso wie einige nothwendige Ergänzungen — von der Berichterstattung nicht ausgeschlossen bleiben konnten.

Eine besondere Sorgfalt wurde auch — was vielleicht erwähnt zu werden verdient — auf das Register verwendet.

Zum Schluss ist es mir noch eine angenehme Pflicht allen denen zu danken, welche mich bei meiner Arbeit unterstützten. Es gilt dies vor allem meinem langjährigen ersten Assistenten, Herrn Chemiker H. MIX, welcher mir in der Zusammenstellung der oft sehr verstreuten Litteratur, bei der Korrektur und bei den zahlreichen praktischen Versuchen u. s. w. thatkräftig zur Seite stand. Weiterhin danke ich Herrn Hofrath Prof. Dr. A. VON VOGL, Ritter p. p. in Wien, welcher durch gütige Vermittelung des Herrn Apotheker und Gremialvorstand A. KREMEL so liebenswürdig war, meine Harzsammlung durch Austausch mit der Wiener pharmacognostischen Sammlung zu bereichern und den Firmen GEHE & Co. Dresden, WORLÉE & Co. Hamburg, E. & H. OLDENDORF

London, welche alle durch Ueberlassung von zahlreichen Mustern eine vielseitigere Untersuchung auch seltenerer Harze oder Handelssorten ermöglichten.

So möge denn die vorliegende „Analyse der Harze" als ein bescheidener Beitrag zur Charakteristik der Harzkörper eine wohlwollende Aufnahme finden; möchte es endlich die Mitwirkung der Fachgenossen ermöglichen, in einer hoffentlich zweiten Auflage dieses Buches von wirklichen Fortschritten und Verbesserungen, speciell in der a n a l y t i schen Prüfung der Harze zu berichten — Fortschritte, welche uns dem Ziele der A n a l y s e der Harze: **„definitive Aufstellung von rationellen Methoden und Grenzwerthen"** recht bald nahe bringen sollen.

H e l f e n b e r g , im Januar 1900.

Karl Dieterich.

Inhalt.

II.

Specieller Theil.

Jedes einzelne Harz wird folgendermassen abgehandelt:

I. Abstammung und Heimat,
II. Chemische Bestandtheile,
III. Allgemeine Eigenschaften und Handelssorten,
IV. Verfälschungen resp. Verwechselungen,
V. Analytische Prüfung: „Analyse“,
VI. Litteratur (auf Analyse bezüglich).

Seite

A. Balsame.

B. Harze.

Druckfehlerberichtigungen.

p. 13 muss es in Bemerkung 2 heissen: statt da: „das".
p. 47 muss es heissen: statt manchen: „mancher".
p. 52 „ „ „ „ Durchschnittsmuster: „Durchschnittsmustern".
p. 56 „ „ „ „ Hartwig: „Hartwich".
p. 63 „ „ „ „ Kernzahlen: „Kennzahlen".
p. 79 „ „ „ „ von Balsam: „vom Balsam".
p. 125 „ „ „ „ marmoratum: „marmorata".
p. 152 muss: „und welches" (7. Z. v. o.) wegfallen.
p. 161 muss es heissen: statt westindischer: „westindisches Jamaika-Kino".
p. 168 „ „ „ „ Baras: „Barras".
p. 227 „ „ „ „ afrikana: „africana".
p. 231 „ „ „ „ ihren: „ihrer".
p. 253 „ „ „ „ Opanal: „Oponal".

I.

Allgemeiner Theil.

———

Definition der Harze im allgemeinen. Unter Harzen und Harzkörpern im allgemeinen verstehen wir Ausscheidungsprodukte — Sekrete — der Pflanzen, die zum Theil normal, zum Theil anormal — also
als Krankheitsprodukte — beim Stoffwechsel der Pflanzen ausgeschieden werden.

Während man früher die Harze als Umwandlungsprodukte der
Gerbsäuren und Phlobaphene, oder gar als Vorläufer der ätherischen
Oele — DRAGENDORFF [1] — auffasste, ist man heute weit mehr geneigt,
die Phlobaphene als Oxydationsprodukte glykosidischer Harzgerbsäuren
und die Harze als Oxydationsprodukte von ätherischen Oelen aufzufassen. Speciell die Terpene scheinen nach WALLACH in gewisser Beziehung zu den Sekreten zu stehen. Eine definitive Entscheidung der
Frage, welche Körper gerade zur Bildung von Harzen in der Pflanze
herangezogen werden, ist heute noch nicht möglich. Dass die Oxy-
dationsprozesse innerhalb der Pflanze vor und nach dem Austritt des
Sekretes und nach seiner Gewinnung, ja sogar beim Lagern [2] an Luft
und Licht, eine grosse Rolle spielt, hat kürzlich K. DIETERICH [3] näher
beleuchtet und mit Beispielen belegt; nach demselben sind die in unseren
Händen befindlichen Harze und Harzprodukte meist nur mehr sekundäre
Produkte, die weit verschieden sind von jenen Ausscheidungs- und Ab-
bauprodukten hochmolekularer Verbindungen, wie sie innerhalb des
Baumes oder im Moment der Ausscheidung beschaffen sind. Die Harze
haben also, bis sie als Handelsprodukte in unsere Hände gelangen,
eigentlich schon drei Stadien der Veränderung durchgemacht, in deren jedem einzelnen andere Einflüsse wieder anders zusammengesetzte Gemische

---

[1] Archiv der Pharmacie 1879, Bd. 15, S. 50.
[2] Vergl. hierzu die Arbeiten über die „Sauerstoffaufnahme der Harze":
KIESSLING, WEGER und LIPPERT, Chem. Revue 98, I, 286, Zeitschr. f. angew.
Chemie 98, I, 1248 und die selbständige Broschüre von WEGER, Leipzig 1899,
Verlag von E. BALDAMUS.
[3] Helfenberger Annalen 1896, p. 15 ff.

hergestellt haben. Das noch im Baum befindliche Sekret wird als erstes Stadium eine weit andere Zusammensetzung haben, als nach dem Austritt an Luft und Licht, wo schon die Erhärtung, die Farbenveränderung den Wechsel der Zusammensetzung dokumentirt. Die folgenden Manipulationen bei der Gewinnung dieser Produkte: Schmelzen, Schwelen etc. bringen dann noch weitere Veränderungen hervor, die die Harze des Handels nur mehr als sekundäre und tertiäre Gemische in unsere Hände gelangen lassen. Es ist also, wie schon im Vorwort erwähnt, für die Kenntniss der Harze, für eine rationelle Prüfung und die Aufstellung von Normalwerthen von höchster Wichtigkeit, authentisch reine Proben, direkt dem Stammbaum entnommen, zu untersuchen. Leider ist dies bisher nur bei wenigen der Harze und Balsame möglich gewesen und durchgeführt worden (Perubalsam, Benzoë, Styrax etc.) Dass jedenfalls die Harze im Gegensatz zu den meist synthetisch entstandenen Fetten als Oxydations- und Kondensationsprodukte und zwar als Abbauprodukte hochmolekularer Verbindungen durch Oxydation oder als hochmolekulare Verbindungen auf dem Wege der Kondensation entstanden aufzufassen sind, beweisen — um nur einige Beispiele herauszugreifen — einerseits die früheren Versuche zur künstlichen Synthese von Harzen aus venetianischem Terpentin und rauchender Schwefelsäure (Voges, speciell zur Darstellung von künstlichem Weihrauch), weiterhin aus ätherischen Oelen und wasserfreier Phosphorsäure (Hlasiwetz), weiterhin die künstliche Darstellung von Kautschuk aus Terpentinöl und Salzsäuredämpfen, und andererseits die Kondensationsversuche von Döbner und Lücker zur Gewinnung eines synthetischen Guajakharzes, und die Kondensationsversuche von A. von Bayer, aus Aldehyden und Phenolen unbestimmte harzige Produkte herzustellen.

Vom physikalischen Standpunkt aus bezeichnen wir alle diejenigen Produkte als Harze und Harzkörper, welche meist eine amorphe, selten krystallinische, Beschaffenheit zeigen, welche klebrig und schmelzbar sind, mit russender Flamme verbrennen, in Wasser zum grössten Theil oder ganz unlöslich sind, welche auf Papier — im Gegensatz zu den Fetten und Oelen — keine eigentlichen Fettflecken hervorbringen, nicht ranzig werden, verseifbar sind, und welche Gemische verschiedener, farbloser und gefärbter, fester und flüssiger, riechender und nicht riechender Bestandtheile darstellen. Da wir die einheitlichen Produkte, wie Colophonium „das Harz der Harze", welches nur Harz, kein Gummi, kein ätherisches Oel, keine anderen wesentlichen Bestandtheile in grösserer Menge enthält, nur in sehr geringer Zahl kennen, so hat man den Allgemeinbegriff „Harze" auf eine grosse Anzahl von Mischungen angewendet, welche als Gemenge der reinen Körper mit pflanzlichen und mineralischen Verunreinigungen unter dem Namen „Balsame, Gummiharze und eigentliche Harze" unterschieden werden. Ja man geht sogar heute soweit, dass man Pflanzensäfte, wie Aloë und Catechu, die nur relativ wenig Harz enthalten, zu den Harzkörpern zählt.

Definition der Balsame, Gummiharze im speciellen. Unter Balsamen verstehen wir solche Harzmischungen, die das Harz im ätherischen Oel gelöst oder emulgirt enthalten, dick- oder dünnflüssig sind und meist einen starken, specifischen Geruch zeigen. Gummiharze sind Mischungen von Körpern, wie Gummi, Extrakt, Bitterstoff, Harz u. s. w., die — an und für sich nur theilweise löslich — auch an Wasser gewisse Theile abgeben, zum Theil auch ätherische Oele neben Harz und Gummi enthalten und infolge ihrer Zusammensetzung verschiedene Konsistenz zeigen.

Aeussere und Oberflächenbeschaffenheit der Harzkörper. Wiesner[1] hat hierüber eingehende Studien angestellt und gefunden, dass die Gestalt der Oberfläche entweder durch Erstarrung oder Verwitterung oder beide bedingt ist. So ist die Gänsehaut des Copals eine „Verwitterungserscheinung". Bei den Gummiharzen ist — entgegen der Ansicht von Flückiger — keine homogene Oberfläche oder Mischung vorhanden, sondern meist Gummi, in dem Harz- und Oeltröpfchen eingebettet sind. So ist z. B. Gutti eine hyaline Grundmasse mit eingebetteten Harz- und Oeltröpfchen. Ueber die einzelnen Typen (Typus Gutti mit Ammoniacum und Galbanum, Typus Asa foetida mit Olibanum und Myrrha) und die speciellen Einzelheiten vergleiche Wiesner: Zeitschrift d. Allgem. Oesterr. Ap-Ver. 1899, Nr. 16 u. 18.

Unterschied der Harzkörper von den Fetten und Oelen. Wie bereits oben erwähnt wurde, unterscheiden sich die Harze von den Fetten und Oelen schon durch die Genese. Die Fette entstehen meist synthetisch, die Harzkörper meist durch Abbau oder Kondensation. Während die Fette und Öle als Glyceride der Fettsäuren wohlcharakterisirte Körper darstellen, sind die Harzkörper wechselnde, unreine Gemische meist noch unbekannter Körper.

Weiterhin ist bemerkenswerth, dass bei der hydrolytischen Spaltung der Fette und Oele — welche Fettsäureester darstellen — die Säuren im Ueberschuss, die Alkohole: das Glycerin in geringerer Menge erhalten werden. Die den Fetten entsprechenden esterhaltigen Harze hingegen geben meist sehr geringe Mengen von aromatischen oder Harzsäuren, dagegen in weitaus grösserer Menge Alkohole: Resinole und Resinotannole. Trotz dieser grossen genetischen und chemischen Unterschiede

---

[1] Ztschr. d. Allgem. Oestr. Apoth.-Ver. 1899 Nr. 16 u. 18.

hat man dennoch die Untersuchungsmethoden der Fett- und Oelkörper fast ohne Ausnahme und mit Erfolg auf die Harzkörper übertragen.

Entstehung, Gewinnung und Vorkommen der Harzkörper. Die Harzkörper sind, wie eingangs erwähnt, als Sekrete, d. h. Ausscheidungsprodukte aufzufassen, die von Harz führenden Bäumen und Pflanzen bis zu einer gewissen Menge physiologisch, durch die ausbeutende Menschenhand meist pathologisch in möglichst grosser Menge ausgeschieden werden. Nach den Untersuchungen von Tschirch, Möller u. a. m. werden fast alle Harze, Gummiharze und Balsame in besonderen Sekreträumen gebildet, und zwar werden die festen Harze, wie die der Umbelliferen — z. B. Asa foetida, Ammoniacum etc. — in den sogenannten chizogenen Exkreträumen durch die Epithelzellen secernirt, während die Balsame in den lysigenen Oellücken durch Auflösung der Zellmembranen gebildet werden. Ebenso, wie die Menschenhand durch äussere gewaltsame Eingriffe die physiologische Harzausscheidung zu einer pathologischen umgestalten kann, so wird auch ohne äussere Einflüsse eine zu hohe Sekretbildung — z. B. die Gummosis gewisser Gummibäume — von selbst einen physiologischen in einen pathologischen Prozess umwandeln können. Besonders zahlreiche und wichtige Harzprodukte, speciell Gummiharze liefern die Umbelliferen und Burseraceen, ebenso, wie die Pinus- und Larixarten zahlreiche Harze produzieren; besonders wichtige Balsame verdanken wir den Caesalpiniaceen. Die wenigsten der Harzbäume sind bei uns einheimisch, besonders viele Harzprodukte liefert hingegen Amerika, auch Afrika, Asien — speciell Persien und Kleinasien. Von Gummiharzen sind so gut wie gar keine einheimisch, von Harzen nur wenige, wie Resina Pini, Terpentine und einige andere mehr. Der Umstand, dass die wenigsten Harze einheimisch sind, ist für die genaue Kenntniss der Gewinnung, für ihre ursprüngliche Zusammensetzung, für ihre genaue Abstammung natürlich sehr von Nachtheil. Wir sind darum sowohl in Bezug auf Abstammung, wie Gewinnung und ihre ursprüngliche Zusammensetzung im Stammbaum noch sehr im Unklaren. Bedenkt man endlich noch die weiten Wege, die vielen Hände, durch welche diese Körper wandern, so ist es nicht wunderbar, wenn wir gänzlich veränderte, ganz variabel zusammengesetzte und obendrein noch verfälschte Produkte in unsere Hände bekommen. Was die Gewinnungsweise betrifft, so ist dieselbe, wie das Anschneiden der Bäume, das Auskochen der Zweige und Aeste, das Anschwelen etc. zeigt, eine so rohe, eine so variirende, dass der daraus hervorgehende Harzkörper kaum andere Eigenschaften, als die eben charakterisirten haben kann.

Eintheilung der Harzkörper. Nach ihrer physikalischen Beschaffenheit theilt man alle Harzprodukte in Balsame, Harze und Gummiharze ein. Diese Eintheilung ist heute, wo die Chemie der Harze trotz ihrer Fortschritte noch nicht als abgeschlossen gelten kann, und wo eine chemische Eintheilung nur auf die näher untersuchten Harze ausdehnbar ist, jedenfalls noch die richtigste und praktischste, wenn auch nicht schärfste, da Uebergänge und Mittelstufen ziemlich häufig vorkommen. Nach den klassischen und systematisch durchgeführten Arbeiten von A. Tschirch und seinen Schülern ist allerdings bei den schon genauer untersuchten Harzprodukten bis zu einer gewissen Grenze eine chemische Eintheilung möglich. Auf Grund der A. Tschirch'schen Arbeiten hat K. Dieterich vorgeschlagen, folgende Abtheilungen nach den chemischen Bestandtheilen festzulegen:

1. Harze, welche Ester der aromatischen Reihe sind und entweder freie Säure enthalten oder nicht, z. B. Benzoë, Drachenblut, Akaroïdharz etc.

2. Harze, welche Ester besonderer Harzsäuren sind und ausserdem freie Harzsäuren enthalten oder nicht z. B. Terpentin, Mastix, Succinit, Elemi etc.

3. Harze, welche keine Ester sind, sondern nur freie Harzsäuren event. neben indifferenten Bestandtheilen enthalten, z. B. Colophonium, Copal, Guajak, Sandarak, Dammar etc.

Neben dieser chemischen Eintheilung kann man die Harzprodukte nach K. Dieterich[1] auch nach ihrer Gewinnung in „physiologische" und „pathologische" eintheilen. Als erstere wären solche Harze zu bezeichnen, die freiwillig aus dem Baum treten — so Drachenblut — ohne Mithilfe der Menschenhand, als letztere solche, bei denen Verwundungen, Anschwelen etc. das Harz zu Tage — und zwar in weit grösserem Masse, als auf physiologischem Wege — treten lässt. In die letztere Abtheilung rechnen heute fast alle Harze, da die rationelle Ausbeute nur durch derartige menschliche Beihilfe bewirkt werden kann.

Fr. Lewton theilt die Harzkörper folgendermassen ein[2]:

Wahre Harze. Vegetabilische Körper, hart, zerreiblich, äusserlich den Gummis ähnlich, weder löslich in kaltem Wasser, noch darin

---

[1] Helfenberger Annalen 1896, p. 33 ff.

[2] Hierzu ist zu bemerken, dass die Eintheilung des Verfassers, welche sich auf physikalische Eigenschaften und chemische Bestandtheile gründet, nicht ganz einwandsfrei ist; auch sind die auf die Löslichkeit gegründeten Merkmale nicht ganz mit den jetzigen Erfahrungen übereinstimmend. Die Tabelle ist aber der Vollständigkeit halber und da sie trotz einiger Mängel beachtenswerth erscheint, aufgeführt worden.   K. D

erweichend. Brennen mit heller, russender Flamme, enthalten viel C, wenig O, keinen N.

Ihrer chemischen Zusammensetzung nach schwer definirbar, in der Regel Mischungen von Harzsäuren.

Unterabtheilung.

α) Copal-Gruppe. Nur im geschmolzenen Zustande löslich in den gewöhnlichen Lösungsmitteln.

β) Dammar-Gruppe. Mehr oder weniger löslich in Aether, Chloroform, Benzol, Aceton, Terpentinöl u. s. w., ganz unlöslich in Alkohol

γ) Sandarak-Gruppe. In Alkohol ohne Erhitzen mehr oder weniger löslich. Hierzu zählt auch Guajakharz.

δ) Colophonium-Gruppe. Gänzlich löslich in Alkohol.

ε) Benzoë-Gruppe. Löslich in Alkohol. Entwickeln beim Erhitzen Benzoë- oder Zimmtsäure.

ζ) Schellack-Gruppe. Harzige Ausscheidungen durch Insektenstiche hervorgebracht. In Alkohol trübe löslich.

Geruchlose Gummi-Harze. Pflanzliche Ausscheidungen, ohne flüchtiges Oel, bestehen aus wechselnden Gemischen von Gummi und Harz, geben mit Wasser eine Emulsion. Hierher zählt Gummi Gutti.

Geruchreiche Gummi-Harze. Wie oben aber mit Gehalt an ätherischen Oelen.

Unterabtheilung.

α) Asa foetida-Gruppe. Stammen meist von Umbelliferen. Uebelriechend. Hierher zählt neben Asa foetida, Galbanum, Ammoniacum, Opopanax.

β) Myrrhen-Gruppe. Mehr oder weniger wohlriechend. Stammen meist von Burseraceen. Beispiel Myrrha, Olibanum, Bdellium.

Oel-Harze. Pflanzliche Ausscheidungen, bestehend aus Harz und flüchtigem Oel, ersteres häufig in letzterem gelöst und deshalb flüssig.

Unterabtheilung.

α) Firniss-Gruppe. Geben auf Flächen aufgetragen und getrocknet einen glänzenden Ueberzug. Stammen meist aus der Familie der Anacardiaceen.

β) Copaïva-Gruppe. Wohlriechende Flüssigkeiten, die meist zu den Balsamen gerechnet werden, aber sich von diesen durch den geringen Harzgehalt unterscheiden.

γ) Terpentin-Gruppe. Schliesst die Weichharze ein, die mehr oder weniger flüchtiges Oel enthalten. Von Coniferen geliefert.

δ) Elemi-Gruppe. Weichharze mit selten mehr als 10 vom Hundert ätherischem Oel. Von Burseraceen.

Echte Balsame. Pflanzliche Ausscheidungen, bestehend aus Harz, aromatischen Säuren, Alkoholen und Estern. Beispiel Peru- und Tolu-Balsam. Styrax liquidus.

Chemische Bestandtheile der Harzkörper. Was die chemischen Bestandtheile der Harze und ihre Charakteristik betrifft, so hat TSCHIRCH selbst die diesbezüglichen Hauptmomente, wie folgt, zusammengefasst[1]:

I. In den Harzen fanden sich nach TSCHIRCH's Untersuchungen als Hauptbestandtheile folgende Körper:

a) Harzester (Resine) oder deren Spaltlinge,

b) Harzsäuren (Resinolsäuren),

c) Resene, indifferente Körper unbekannter Zugehörigkeit.

Nur sehr wenige Harze enthalten Vertreter aller drei Gruppen, die Mehrzahl sind entweder Esterharze oder Resinolsäureharze oder Resenharze.

Der Geruch wird dort, wo er vorhanden, von ätherischen Oelen oder Aldehyden oder von meist sehr geringen Mengen von flüssigen Estern bedingt, unter denen Zimmtsäure-Ester, besonders der Zimmtsäure-Phenylpropylester eine Rolle spielt.

2. Die Harzester oder Resine bildenden aromatischen Säuren zeigen Beziehungen zu einander und lassen zwei Klassen unterscheiden, von denen sich die eine von der Benzoësäure, die andere von der Zimmtsäure ableitet.

I. Benzoësäure: $C_6H_5.COOH$ (Perubalsam, Tolubalsam, Siam-Benzoë, Sang. dracon.)

Benzoylessigsäure:

$$CH_2(C_6H_5CO)COOH \text{ (Sang. dracon.)}$$

$$Salicylsäure: C_6H_4{<}^{OH\,(1)}_{COOH\,(2)}$$

$$\text{(Ammoniacum).}$$

II. Zimmtsäure:

$$C_6H_5.CH=CH.COOH \text{ (Tolubalsam, Perubalsam, Styrax, Sumatra-}$$
$$\text{benzoë, gelb. Akaroïd).}$$

---

[1]) Wie mir Herr Prof. Dr. A. TSCHIRCH in Bern mittheilt, hat derselbe ein Buch über die Harze in Arbeit. Da die „Chemie“ in seinem Buche in ausführlichstem Maasse — wie in meinem vorliegendem Buche die „Analyse“ — zu Worte kommen wird, so möchte ich mich hier auf eine kurze Skizzirung der wichtigsten Daten auf Grund der TSCHIRCH'schen Arbeiten beschränken und auf das A. TSCHIRCH'sche Werk besonders hinweisen. Das Werk trägt den Titel: „Harze und Harzbehälter“, Verlag von Gebr. BORNTRÄGER, Berlin.

[β-Phenylhydracrylsäure:

$$C_6H_5C(OH)=CH.COOH$$

(Phenyl-β-mono-oxy-acrylsäure)

(vielleicht im Sang. dracon.)]

p-Cumarsäure:

$$C_6H_5\underset{CH=CH.COOH\ (4)}{\overset{OH\ (1)}{<}}$$

(gelbes und rothes Akaroïd).

Ferulasäure:

$$C_6H_3\begin{cases}OH\ (1)\\OCH_3\ (2)\\CH=CH.COOH\ (4)\end{cases}$$

(Asa foetida)

Umbellsäure:

$$C_6H_3\begin{cases}OH\ (1)\\OH\ (3)\\CH=CH.COOH\ (4)\end{cases}$$

und deren Anhydrid das Umbelliferon (in Asa foetida, Galbanum, Sagapen).

Die Harzester bildenden aromatischen Säuren sind also meist Oxy-säuren.

Von Fettsäuren ist bisher nur die bernsteinsaure Harzesterbildung angetroffen worden (Bernstein).

3. Die Harzester bildenden Harzalkohole sind entweder farblos und geben dann die Gerbstoffreaktion nicht: Resinole, oder gefärbt und geben die Gerbstoffreaktion: Resinotannole.

a) Resinole. Von diesen sind vier bekannt.

Succinoresinol: $C_{12}H_{20}O$ im Bernstein (Tschirch und Aweng).

Storesinol: $C_{12}H_{20}O$ resp. $C_{36}H_{58}O_3$ im Styrax (von Miller).

Benzoresinol: $C_{16}H_{25}(OH)O$ in der Benzoë (Tschirch und Lüdy).

Chironol: $C_{28}H_{47}(OH)$ im Burs. Opopanax (Tschirch und Baur). Auch das Amyrin ($C_{30}H_{49}OH$) dürfte hierher gehören.

Von den Resinolen ist das Storesinol mit dem Benzoresinol sicher verwandt. Schon die spektralanalytische Untersuchung der Lösungen in konzentrirter Schwefelsäure lässt darüber keinen Zweifel. Zwischen dem Succinoresinol und dem Storesinol besteht überhaupt keine Differenz in der prozentischen Zusammensetzung, wenn wir die einfache Formel zu Grunde legen. Die Körper sind also offenbar mit einander verwandt. Alle Resinole gehören zur aromatischen Reihe.

b) Resinotannole: Von diesen sind folgende bekannt:

Siaresinotannol: $C_{12}H_{13}O_2(OH)$ in Siambenzoë (Tschirch und Lüdy).

Sumaresinotannol: $C_{48}H_{19}O_3(OH)$ in Sumatrabenzoë (Tschirch und Lüdy).

Peruresinotannol: $C_{18}H_{19}O_4(OH)$ im Perubalsam (Tschirch unq Trog).

Toluresinotannol: $C_{17}H_{17}O_4(OH)$ im Tolubalsam (Tschirch und Oberländer).

Galbaresinotannol: $C_{18}H_{29}O_2(OH)$ im Galbanum (Tschirch und Conrady).

Ammoresinotannol: $C_{18}H_{29}O_2(OH)$ im Ammoniacum (Tschirch und Luz).

Sagaresinotannol: $C_{24}H_{27}O_4(OH)$ im Sagapen (Tschirch und Hohenadel).

Dracoresinotannol: $C_8H_9O.(OH)$ im Palmen-Drachenblut (Tschirch und K. Dieterich), verdreifacht: $C_{24}H_{30}O_6$.

Panaxresinotannol: $C_{34}H_{49}O_7(OH)$ im Burs. Opopanax (Tschirch und Baur), halbiert: $C_{17}H_{25}O_4$.

Xanthoresinotannol: $C_{43}H_{46}O_{10}$ im gelben Akaroïd (Tschirch und Hildebrand).

Erythroresinotannol: $C_{40}H_{40}O_{10}$ im rothen Akaroïd (Tschirch und Hildebrand).

Betrachtet man diese Formeln, so springt zuerst ins Auge, dass sechs der Resinotannole im Kohlenstoffgehalte ein Multiplum von sechs zeigen: das Siaresinotannol, das Sumaresinotannol, das Peruresinotannol, das Galbaresinotannol, das Ammoresinotannol und das Sagaresinotannol. Vielleicht gehört auch das Dracoresinotannol hierher. Ferner ist ersichtlich, dass Galbaresinotannol und Ammoresinotannol die gleiche prozentische Zusammensetzung besitzen, und das Peruresinotannol sich vom Sumaresinotannol nur durch ein Sauerstoffatom unterscheidet. Aber auch sonst bestehen noch Beziehungen. So ist das Peruresinotannol das Homologe des Toluresinotannols (es unterscheidet sich von ihm nur durch ein Mehr von CH_2) und auch das Xanthoresinotannol scheint ein Homologes des Erythroresinotannols zu sein, denn die Differenz beträgt $3\,CH_3$. Ebenso werden zwischen dem Sagaresinotannol und dem Xanthoresinotannol Beziehungen bestehen. Vielleicht gehört übrigens auch das Panaxresinotannol zu der Gruppe mit 18 resp. 17 Kohlenstoffatomen. Endlich ist ersichtlich, dass alle Resinotannole nur ein Hydroxyl im Molekül enthalten. Die leichte Bildung von Pikrinsäure bei Behandlung der Resinotannole mit Salpetersäure lässt vermuthen, dass dies OH an einem Benzolkerne und nicht an einer Seitenkette sitzt, also cyclostatisch und nicht streptostatisch ist. Am leichtesten wird Pikrinsäure aus den Tannolen des Akaroïdharzes gebildet, aber auch die anderen liefern den Körper leicht. Beim Ammoresinotannol sowie dem Sagaresinotannol wurde Styphninsäure (Trinitroresorcin) erhalten, beim Galbaresinotannol Camphersäure und Camphoronsäure. Bei der Kalischmelze treten Fettsäuren auf, in einigen Fällen wurde Protocatechusäure bezw. Resorcin gebildet. Auch die Resinotannole gehören also zur aromatischen Reihe.

4. Die **Harzsäuren** oder **Resinolsäuren**, vornehmlich in freiem Zustande in den Harzen vorkommend, sind, soweit untersucht, sämmtlich Oxysäuren, d. h. sie enthalten Hydroxyl und Carboxyl. Sie zeigen folgende Zusammensetzung:

Podocarpinsäure: $C_{17}H_{22}O_3$ im Podocarpinharz (OUDEMANS).

Abietinsäure: $C_{44}H_{64}O_5$ im Colophonium (MALY), $C_{19}H_{28}O_2$ (nach MACH).

Pimarsäure: $C_{20}H_{30}O_2$ in Resina Pini (MALY).

Succinoabietinsäure: $C_{80}H_{120}O_5$ im Bernstein (TSCHIRCH und AWENG).

Sandaracolsäure: $O_{45}H_{66}O_7$ im Sandarak (TSCHIRCH und BALZER).

$$= C_{43}H_{61}O_3 {<\!\!\begin{array}{l} OCH_3 \\ OH \\ COOH \end{array}}$$

Callitrolsäure: $C_{65}H_{84}O_8$ im Sandarak (TSCHIRCH und BALZER).

$$= C_{64}H_{82}O_5 {<\!\!\begin{array}{l} OH \\ COOH \end{array}}$$

Trachylolsäure: $C_{56}H_{88}O_8$ im Copal (TSCHIRCH und STEPHAN).
Isotrachylolsäure: $C_{53}H_{88}O_8$ im Copal (TSCHIRCH und STEPHAN).
Dammarolsäure: $C_{56}H_{80}O_8$ im Dammar (TSCHIRCH und GLIMMANN).

$$= C_{54}H_{77}O_3 {<\!\!\begin{array}{l} OH \\ COOH \\ COOH \end{array}}$$

Guajakharzsäure: $C_{20}H_{26}O_4$ im Guajak (HLASIWETZ)[1].
Guajakonsäure: $C_{19}H_{20}O_5$ im Guajak (HADELICH).
Copaïvasäure: $C_{20}H_{30}O_2$ im Copaivabalsam (SCHWEITZER).

Auch die anderen Copaïvasäuren und die Elemisäure werden voraussichtlich zu den Resinolsäuren gehören.

---

[1] Diese Angaben betreffs Guajakharzsäure sind neuerdings durch die Arbeiten von DÖBNER, LÜCKER, HERZIG und SCHIFF überholt. K. D.

Auch zwischen den Harzsäuren bestehen offenbar Beziehungen. So unterscheidet sich die Trachylolsäure und ihr Isomeres nur durch 8 Wasserstoffatome von der Dammarolsäure, ist also gewissermassen eine Orthohydrodammarolsäure und die Sandarakolsäure kann man, wenn die MALY'sche Formel zu Grunde gelegt wird, als eine Homodioxyabietinsäure auffassen. Dass ferner die Succinoabietinsäure mit der Abietinsäure verwandt ist, dürfte ebenfalls aus dem Vergleiche der Formeln hervorgehen, man braucht nur die Abietinsäureformel zu verdoppeln. Auch die Säuren des Guajakharzes[1]) stehen offenbar in Beziehungen zu einander und zur Copaïvasäure und Pimarsäure. Legt man die MACH'sche Abietinsäureformel zu Grunde, so ist die Pimarsäure Homoabietinsäure und die Abietinsäure tritt zu der Copaïvasäure und den Säuren des Guajaks[1]) in noch engere Beziehungen.

Noch nähere Beziehungen zeigt die Succinoabietinsäure zur Pimarsäure. Die letztere kann, wenn wir ihre Formel vervierfachen, als eine Heptaoxysuccinoabietinsäure betrachtet werden und die Copaïvasäure stimmt in ihrer prozentischen Zusammensetzung sogar vollständig mit der Pimarsäure überein. Stets liess sich in den Harzsäuren nur ein Hydroxyl nachweisen, dagegen enthalten einige nur ein Carboxyl (Sandarakolsäure, Podocarpinsäure), andere deren zwei (Dammarolsäure, Trachylolsäure, Succinoabietinsäure und Abietinsäure).

Bemerkenswerth ist die relativ grosse Resistenz vieler Resinolsäuren gegen schmelzendes Kali und die Thatsache, dass sowohl die Abietinsäure wie die Succinoabietinsäure beim Schmelzen mit Kali Bernsteinsäure liefern.

5. Die schwierigste Klasse der Harzbestandtheile sind unzweifelhaft die Resene. Ihre Resistenz gegen die Mehrzahl der Reagentien macht es zur Zeit noch unmöglich, sie zu klassifiziren. Sie sind weder Kohlenwasserstoffe noch Alkohole, Säuren, Ester, Ketone oder Aldehyde, gehören aber, soweit untersucht, zur aromatischen Reihe. Alle sind in Kali unlöslich. Aber gerade diese Resistenz ist es, die sie für die Praxis zu den werthvollsten Bestandtheilen der Harze macht[2]). Denn ein Harz wird in der Praxis um so besser brauchbar sein, je widerstandsfähiger es sich gegen Angriffe mannigfacher Art erweist. Folgende Resene sind bekannt:

---

[1]) Siehe Anmerkung S. 12.

[2]) Darum finden wir gerade in den zu Lacken verwendeten Harzen, wie Copal, Dammar, Drachenblut etc. relativ grosse Mengen von Resenen; ob vielleicht die Werthbestimmung und Prüfung gerade auf eine grosse Menge derartiger Resene und auf ihre quantitative Bestimmung Werth zu legen hat, da wäre eine gewiss dankbare Aufgabe, deren Lösung für die Beurtheilung der Copale etc. von Interesse wäre. K. D.

α-Panaxresen: $C_{32}H_{54}O_4$ im Burs. Opopanax (TSCHIRCH und BAUR).

β-Panaxresen: $C_{32}H_{52}O_5$ im Burs. Opopanax (TSCHIRCH und BAUR).

α-Dammarresen: $C_{33}H_{52}O_3$ im Dammar (TSCHIRCH und GLIMMANN).

β-Dammarresen: $C_{31}H_{52}O$ im Dammar (TSCHIRCH und GLIMMANN).

Fluavil: $C_{40}H_{64}O_4$ in Guttapercha (TSCHIRCH und OESTERLE).

Alban: $C_{40}H_{64}O_2$ in Guttapercha (TSCHIRCH und OESTERLE).

α-Copalresen: $C_{25}H_{38}O_4$ im Copal (TSCHIRCH und STEPHAN).

Dracoalban: $C_{20}H_{40}O_4$ im Palmen-Drachenblut (TSCHIRCH und K. DIETERICH).

Dracoresen: $C_{26}H_{44}O_2$ im Palmen-Drachenblut (TSCHIRCH und K. DIETERICH).

Myroxoresen: $C_7H_{10}O$ in den Myroxylonfrüchten (TSCHIRCH und GERMANN) verdreifacht: $C_{21}H_{30}O_3$.

Dass die beiden Panaxresene mit einander verwandt sind, ergiebt sich aus dem Vergleiche der Formel. Das β-Panaxresen ist offenbar ein Oxydationsprodukt des α-Resens. Das gleiche gilt vom Fluavil und Alban und wohl auch von den Dammarresenen. Anderseits dürften auch die Panaxresene einerseits und die Dammarresene anderseits nahe Beziehungen zu einander besitzen, wie auch einerseits Fluavil und Alban und anderseits das α-Copalresen.

Ausser genannten Harzen wurden bis 1898 noch Asa foetida, Guajakharz, Olibanum, Aloëharz, Schellack, Bisabol-Myrrha und Umbelliferen-Opopanax näher untersucht.

Die Harze der Burseraceen hat TSCHIRCH besonders in folgender Aufstellung zusammengefasst:

<table>
<thead>
<tr><th></th><th>Harzsäuren</th><th>Resene</th><th>Aeth. Oel</th><th>Gummi</th><th>Bassorin</th><th>Bitter-stoff</th></tr>
</thead>
<tbody>
<tr>
<td>Bdellium</td>
<td colspan="2" align="center">— 59 $^{c}/_0$ Harz —</td>
<td>nicht unters.</td>
<td>nicht unters.</td>
<td>nicht unters.</td>
<td>—</td>
</tr>
<tr>
<td>Elemi</td>
<td>Elemisäure: $C_{35}H_{46}O_4$
Amyrin $C_{25}H_{42}O$
Bryoidin $C_{20}H_{38}O_3$</td>
<td>60—70 % amorphes Harz</td>
<td>$(C_{10}H_{16})n$
Dipenten
Phellandren</td>
<td>—</td>
<td>—</td>
<td>—</td>
</tr>
<tr>
<td>Dammar (Tschirch und
Glimmann)</td>
<td>Dammarolsäure:
$C_{56}H_{80}O_8$</td>
<td>α-Resen: $C_{11}H_{17}O$
β-Resen: $C_{31}H_{52}O$</td>
<td>nicht unters.</td>
<td>—</td>
<td>—</td>
<td>nicht unters.</td>
</tr>
<tr>
<td>Mastix</td>
<td>Masticinsäure: $C_{20}H_{32}O_2$</td>
<td>Masticin: $C_{20}H_{32}O$</td>
<td>$C_{10}H_{16}$
Pinen</td>
<td>—</td>
<td>—</td>
<td>—</td>
</tr>
<tr>
<td>Meccabalsam
(Tschirch und Baur)</td>
<td colspan="2" align="center">nur Abwesenheit von Estern festgestellt.</td>
<td></td>
<td>—</td>
<td>—</td>
<td>—</td>
</tr>
<tr>
<td>Myrrha (Köhler)</td>
<td>$C_{13}H_{16}O_8$ (2 bas.)
$C_{26}H_{32}O_9$ (2 bas.)</td>
<td>$C_{26}H_{34}O_5$</td>
<td>$C_{10}H_{14}O$</td>
<td>$C_6H_{10}O_5$
(57-59 $^0/_0$)</td>
<td>—</td>
<td>—</td>
</tr>
<tr>
<td>Bisabolmyrrha
(Tucholka)</td>
<td>2 freie, 2 gebundene,
eine davon $(C_9H_{13}O_2)n$</td>
<td>$(C_{29}H_{47}O_6)n$</td>
<td>$C_{10}H_{16}$</td>
<td>nicht unters.</td>
<td>nicht unters.</td>
<td>—</td>
</tr>
<tr>
<td>Olibanum
(Tschirch u. Halbey)</td>
<td>Boswellinsäure: $C_{32}H_{52}O_4$
theilweise als Ester.</td>
<td>Olibanoresen: $(C_{14}H_{22}O)n$</td>
<td>$(C_{10}H_{16})n$
Pinen, Dipenten
Phellandren,
Cadinen</td>
<td>$C_6H_{20}O_5$
Arabinsäure</td>
<td>nicht unters.</td>
<td>nicht unters.</td>
</tr>
<tr>
<td>Burs. Opopanax
(Tschirch und Baur)</td>
<td>Chironolsäure: $C_{28}H_{48}O_4$
aus Chironol: $C_{28}H_{48}O$
Panaxresinotannol: $C_{34}H_{50}O_8$</td>
<td>α-Panaxresen: $C_{32}H_{54}O_4$
β-Panaxresen: $C_{32}H_{52}O_5$</td>
<td>nicht unters.</td>
<td>nicht unters.</td>
<td>—</td>
<td>nicht unters.</td>
</tr>
</tbody>
</table>

Autor	Tannol	Formel	% C	% H	Acetylirung	Benzoylirung	Behandlung mit HNO_3	Kalischmelze
Tschirch u. Pedersen (Aloe)	Alo-Resinotannol	$C_{22}H_{26}O_6$	68,39	6,73	—	$C_{22}H_{24}O_6(C_6H_5CO)_2$	—	—
Tschirch u. Luz (Ammoniacum)	Ammo-Resinotannol	$C_{18}H_{30}O_3$	73,45	10,20	$C_{18}H_{29}O_3 . CH_3CO$	$C_{18}H_{29}O_3(C_6H_5CO)$	Styphninsäure	Resorcin
Tschirch u. Polašek (Asa foetid.)	Asa-Resinotannol	$C_{24}H_{34}O_5$	71,43	8,69	$C_{24}H_{33}O_5 . CH_3CO$	$C_{24}H_{33}O_5(C_6H_5CO)$	Pikrinsäure	—
Tschirch u. Lüdy (Sumatra-Benzoë)	Suma-Resinotannol	$C_{18}H_{20}O_4$	72,00	6,66	—	—	Pikrinsäure	Protokatechusäure
Tschirch u. Lüdy (Siam-Benzoë)	Sia-Resinotannol	$C_{12}H_{14}O_3$	70,01	7,01	$C_{12}H_{13}O_3 . CH_3CO$	—	Pikrinsäure	—
Tschirch u. Conrady (Galbanum)	Galba-Resinotannol	$C_{13}H_{30}O_3$	73,45	10,22	$C_{18}H_{29}O_3 . CH_3CO$	$C_{18}H_{29}O_3(C_6H_5CO)$	{ Kampher- u. Camphoronsäure	—
Tschirch u. Baur (Burs. Opopanax)	Pana-Resinotannol	$C_{34}H_{50}O_8$	69,62	8,53	—	—	—	—
Tschirch u. Knitl (Umb. Opopanax)	Opo-Resinotannol	$C_{12}H_{14}O_3$	69,83	6,83	—	$C_{12}H_{13}O_3(C_6H_5CO)$	{ Oxalsäure u. Pikrinsäure	—
Tschirch u. Trog (Perubalsam)	Peru-Resinotannol	$C_{18}H_{20}O_5$	68,30	6,30	$C_{18}H_{19}O_5 . CH_3CO$	$C_{18}H_{19}O_5(C_6H_5CO)$	{ Oxalsäure u. Pikrinsäure	—
Tschirch u. Hohenadel (Sagapen)	Saga-Resinotannol	$C_{24}H_{28}O_5$	72,70	7,07	$C_{24}H_{27}O_5 . CH_3CO$	$C_{24}H_{27}O_5(C_6H_5CO)$	Styphninsäure	—
Tschirch u. Oberländer (Tolubalsam)	Tolu-Resinotannol	$C_{17}H_{18}O_5$	67,50	5,96	$C_{17}H_{17}O_5 . CH_3CO$	$C_{17}H_{17}O_5(C_6H_5CO)$	{ Pikrinsäure u. Oxalsäure	Protocatechusäure

Die vorstehenden Resultate zeigen eine ziemlich allgemeine Uebereinstimmung in der Zusammensetzung der fraglichen Drogen und im Vergleich mit anderen Gruppen ein vollständiges Zurücktreten der Ester und Alkohole, während neben dem Gummi besonders die Harzsäuren und Resene die Hauptmasse der Droge ausmachen. Besonders bemerkenswerth ist noch die Annäherung der empirischen Formel der Boswellinsäure an die Chironolsäure und noch viel mehr an die Formeln von α- und β-Panaxresen.

Ueber die wichtigsten Resinotannole hat TSCHIRCH ebenfalls vergleichende Tabellen aufgestellt (siehe Tabelle S. 16).

Endlich sei noch eine interessante Zusammenstellung von HALBEY über das Verhalten der Harzbestandtheile gegenüber den Cholesterinreaktionen registrirt. Diese Reaktionen sind um so interessanter, als sie nicht mit den rohen Gemischen, sondern mit den reinen Körpern angestellt wurden. Diese Farbenreaktionen dürften also wirklich sicher sein, da sie für die reinen Bestandtheile charakteristisch sind. Neuerdings hat ja auch K. DIETERICH — analog den Fetten — zur quantitativen Untersuchung die isolirten Harzsäuren und Harzalkohole empfohlen. Ebenso wie bei den Fetten und Oelen heute gewisse Reaktionen nur für die betreffenden reinen Bestandtheile charakteristisch und sicher sind, so dürfte vielleicht die Untersuchung der isolirten Körper im Sinne K. DIETERICH's besser übereinstimmende Werthe zu Tage fördern. Folgende Tabelle (S. 18 und 19) enthält die Cholesterinreaktionen.

Aus den Oxydations-, Reduktions- und anderen Spaltungsprodukten der bisher in den Harzen gefundenen Körper — vgl. hierzu auch die Produkte der Kalischmelze: WIESNER-HLASIWETZ, „Die technisch verwertheten Balsame, Harze und Gummiharze 1869"p. 70 ff. und p. 81 bis 84 — darf man also die Harze und ihre Bestandtheile fast ohne Ausnahme als aromatische, nicht als aliphatische Abkömmlinge auffassen.

Während stickstoffhaltige Körper bei den Gummiharzen, Balsamen, Harzen so gut wie gar nicht vorkommen, werden schwefelhaltige Produkte, wie im Stinkasant, Succinit und Sagapen häufiger gefunden. Der Hauptfortschritt der heutigen Harzchemie ist darin zu suchen, dass diejenigen Körper, welche früher als einheitlich angesprochen wurden, heute in mehrere wohlcharakterisirte Bestandtheile getrennt werden konnten. Diesem Erfolg — einem Hauptverdienst A. TSCHIRCH's und seiner SCHÜLER — verdanken wir es weiterhin, dass heute für die Harze auch eine etwas einheitlichere Nomenklatur etc. geschaffen werden konnte. Die von TSCHIRCH eingeführten Namen, wie Resine, Resinole, Resinotannole, Resinolsäuren, Resene u. s. w. sind heute allgemein gültig und anerkannt.

Verhalten von Harzbestandtheilen gegenüber den Cholesterinreaktionen.

Substanz	Formel	Analytiker	Schmelz-punkt	Hesse'sche Reaktion		Tropfenfärbung in der Porzellanschale	Liebermann'sche Reaktion
				$CHCl_3$	H_2SO_4		
Körper, bei denen bei der Hesse'schen Reaktion das Chloroform tiefroth gefärbt wird.							
Cholesterin	$C_{26}H_{44}O + H_2O$	Mauthner	$148,5^0$	blutroth	hellgelb	blau-grün-gelb	roth-blau-grün
Phytosterin (aus Grasblättern)	$C_{26}H_{44}O + H_2O$	Tschirch	$132-133^0$	kirschroth	hellgelb	blau-grün-gelb	roth-blau-grün
Lanolin	—	—	—	rothbraun	gelb	blau-grün-gelb	gelb-grün
Myroxin	$C_{23}H_{36}O$	Tschirch u. Germann	—	blutroth	hellgelb	schmutzig grün-gelb	schwach röthlich
Dracoalban	$C_{20}H_{40}O_4$	Tschirch u.K.Dieterich	—	rothbraun	gelb	schmutzig grün-gelb	roth-braunroth
Olibanoresen	$(C_{14}H_{22}O)n$	Tschirch u Halbey	62^0	blutroth	roth	grün-gelb	roth-braungrün
Dracoresen	$C_{20}H_{44}O_2$	Tschirch u K.Dieterich	74^0	dunkelroth	roth	schmutzig grün-gelb	roth-dunkelroth-braun
α-Panaxresen	$C_{32}H_{54}O_4$	Tschirch u. Baur	—	tiefroth	blutroth	zwisch. gelbbraun und olivengrün	braunroth-braun
Körper mit völlig abweichendem Verhalten bei der Hesse'schen Reaktion.							
Isocholesterin	$C_{26}H_{44}O$	E. Schulze	$137-138^0$	farblos, später rosa	hellgelb	—	roth-gelb
Dammarresene	$\alpha : C_{11}H_{17}O$ $\beta : C_{31}H_{52}O$	Tschirch und Glimmann	65^0 206^0	rothgelb	hellgelb	Tropfenfärbung undeutlich	trüb rosa, dann bläulich
Chironol	$C_{28}H_{48}O$	Tschirch und Baur	$173-176^0$	gelb,später schmutzig-violett	gelb,später rothgelb	schwach-grün	kirschroth-violett

Körper mit geringer Rothfärbung des Chloroforms bei der Hesse'schen Reaktion.

Abietinsäure	$C_{19}H_{28}O_2$	MACH	165^0	rothgelb	blutroth	ohne die charakt. Uebergänge	roth-violett-braun-grün
Euphorbon	$C_{20}H_{36}O$	HENKE	$113-114^0$	rothgelb	blutroth	—	roth-braungrün
Succinoabietol	$C_{40}H_{60}O_2$	TSCHIRCH u. AWENG	124^0	rothgelb	blutroth	—	rothbraun
Storesinol	$C_{16}H_{25}O_2$	TSCHIRCH u. VAN ITALLIE	—	rothgelb	blutroth	Tropfenfärbung undeutlich	violett-blaugrün-grün
Myroxoresen	$C_7H_{10}O$	TSCHIRCH u. GERMANN	—	rothgelb	braunroth	bräunlich	braunroth
α-Copalresen	$C_{41}H_{68}O_4$	TSCHIRCH u. STEPHAN	$75-77^0$	rothgelb	roth	braungelb	braun
Benzoresinol	$C_{16}H_{26}O_2$	TSCHIRCH u. LÜDY	274^0 unk.	gelb,später rothgelb	blutroth	Färbung undeutlich	kirschroth-roth-braun
Dammarolsäure	$C_{56}H_{80}O_8$	TSCHIRCH u GLIMMANN	—	gelb,später rothgelb	roth	—	roth-dunkelroth

Körper mit Gelbfärbung oder ohne Färbung des Chloroforms bei der Hesse'schen Reaktion.

Succinoabietinsäure	$C_{80}H_{120}O_5$	TSCHIRCH u. AWENG	148^0	gelb	roth	Tropfenfärbung undeutlich	rothbraun
Sandarakolsäure	$C_{45}H_{66}O_7$	TSCHIRCH u. BALZER	$140(152)^0$	gelb	roth	—	röthlichbraun
Boswellinsäure	$C_{32}H_{52}O_4$	TSCHIRCH u HALBEY	$142-150^0$	gelb	blutroth	—	roth-dunkelbraun-roth
Chironolsäure	$C_{28}H_{48}O_4$	TSCHIRCH u. BAUR	$100-108^0$	gelb	roth	—	roth
Trachylolsäure	$C_{56}H_{88}O_8$	TSCHIRCH u. STEPHAN	165^0	gelb	roth	—	rothbraun-schmutzigbraun
Callitrolsäure	$C_{65}H_{84}O_8$	TSCHIRCH u. BALZER	248^0	gelb	blutroth	—	roth-rothbraun
Copaïvasäure	$C_{20}H_{30}O_2$	H. ROSE	—	gelb	roth	—	roth-rothbraun
β-Panaxresen	$C_{32}H_{52}O_5$	TSCHIRCH u. BAUR	—	geib	blutroth	—	rothbraun-braun
Isotrachylolsäure	$C_{56}H_{88}O_8$	TSCHIRCH u. STEPHAN	$105-107^0$	gelb	dunkelroth	braungelb	braun
2*β-Copalresen	$C_{25}H_{38}O_4$	TSCHIRCH u. STEPHAN	—	gelb	rothgelb	braungelb	braun
Guajakonsäure	$C_{20}H_{24}O_5$	DÖBNER u. LÜCKER	$95-100^0$	hellgelb	dunkel-violett	gelb-blaugrün-grün	dunkelviolett

Substanz	Formel	Analytiker	Schmelz-punkt	Hesse'sche Reaktion		Tropfenfärbung in der Porzellanschale	Liebermann'sche Reaktion
				CH Cl$_3$	H$_2$SO$_4$		
Pinoresinol	C$_{18}$H$_{18}$O$_6$	Bamberger	80—90^0	farblos	roth-roth-violett	—	roth-braunroth
Laniciresinol	C$_{16}$H$_{19}$O$_5$	Bamberger	164^0	farblos	rosa-roth	—	rosa
Myroxol	C$_{46}$H$_{68}$O$_{10}$	Tschirch u. Germann	—	farblos	dunkelroth	gelb	braun
Guajakharzsäure	C$_{20}$H$_{24}$O$_4$	Döbner u. Lücker	75—80^0	farblos	rosa	—	rosa
Succinoresinol	C$_{12}$H$_{20}$O	Tschirch u. Aweng	275^0	hellgelb	rothgelb	—	schmutzigbraun
Myroxocerin	C$_{12}$H$_{20}$O	Tschirch u. Germann	95^0	gelb	gelb	gelblich	schwach röthlich
Alban	C$_{40}$H$_{64}$O$_2$	Tschirch u. Oesterle	195^0 unk.	hellgelb	gelb	—	roth-braunroth
Agaricinsäure	C$_{16}$H$_{30}$O$_5$ + H$_2$O	Jahns	138—139^0	farblos	gelb	—	gelb
Podocarpinsäure	C$_{17}$H$_{22}$O$_3$	Oudemans	187/8^0	farblos	gelb	—	purpurroth-gelb-grün
Aleuritinsäure	(C$_{13}$H$_{26}$O$_4$)n	Tschirch u. Farner	101,5^0	farblos	schwach-gelb	—	schwachgelb
Myroxofluorin	C$_{42}$H$_{64}$O$_{10}$	Tschirch u. Germann	—	farblos	gelbgrün	bläulich-farblos	hellgelb-dunkel-gelb

Verwendung der Harzkörper. Die Harze finden in der Technik, in der Medicin und Pharmacie eine ausgedehnte Verwendung. Speciell technisch werden Colophonium, Elemi, Dammar, Mastix, Copal, Bernstein, Sandarak und andere hellgefärbte Harze zu Lacken verarbeitet[1]); allerdings pflegen dann, z. B. bei Copal, Dammar, Bernstein gewisse Vorbereitungen und Behandlungen, wie Destilliren, Schmelzen etc. voranzugehen, um die betreffenden harten und relativ unlöslichen Harze in lösliche Produkte überzuführen. Die Copallacke sind ja bekanntlich die geschätztesten Lacke. Colophonium und Akaroïdharze werden zum Leimen von Papier, weiterhin zur Destillation von Gas und Harzöl ausgebeutet. Gerade das Colophonium, das „Harz der Harze" hat eine ausgedehnte Verwendung gefunden. Für pharmaceutisch-medicinische Zwecke, zu Pflastern, Salben etc. werden die Balsame, Styrax, Terpentin, Colophonium und Gallipot verwendet. Copaïva- und Perubalsame gehören ja zu den wirksamsten Arzneimitteln. Besonders sind es die Terpentine, welche auf eine grosse Anzahl von primären und sekundären Körpern verarbeitet werden, liefern sie uns doch Terpentinöl, Colophonium, verschiedene Sorten Pech, Harzöle, Res. Pini u. s. w. Die bei den Gummiharzen, resp. ihrer Verarbeitung verbleibenden gummösen Theile werden vielfach als Klebgummi gebraucht. Jedenfalls ist die Verwendung der Harzkörper schon von Alters her eine sehr mannigfache und ausgedehnte gewesen.

Identificirung und allgemeine Besprechung der qualitativen und Farben-Reaktionen. Die Analyse und die Identificirung der Harze ist ganz im Anfang nur auf qualitativem Wege bewerkstelligt worden; besonders zahlreich sind die Farbenreaktionen, von denen wir auch heute noch, in Ermangelung besserer Reaktionen, mehrere gebrauchen. Die Anzahl der qualitativen und Farbenreaktionen ist jedoch eine so grosse, die erhaltenen Resultate so widersprechende, dass man es nur mit Freuden begrüssen darf, dass uns gerade die Neuzeit durch ein anerkennenswerthes Streben nach quantitativen Methoden die Hinfälligkeit der qualitativen Proben ad oculos demonstrirt hat. Von allgemeineren Reaktionen sind die STORCH-MORAWSKI'sche Farbenreaktion, weiterhin diejenigen mit Vanillinschwefelsäure nach ELLRAM und vor allem die unter den chemischen Bestandtheilen beschriebenen Cholesterinreaktionen der Harzbestandtheile nach TSCHIRCH und seinen SCHÜLERN zu erwähnen. Ebenso ist der Vorschlag MAUCH's, die Farbenreaktionen mit den durch Chloralhydrat isolirten Oelen anzustellen, als ein weiterer Fortschritt zu berichten. Zahlreiche specielle

---

[1]) Vergl. hierzu meine Bemerkung p. 13 unten sub [2]).

Farbenreaktionen etc. verdanken wir HIRSCHSOHN. Ebenso, wie bei den Fetten und Oelen heute nur mehr die Fettsäuren als zu Farbenreaktionen brauchbar bezeichnet werden, ebenso hat sowohl TSCHIRCH durch die Feststellung der Cholesterinreaktionen der Resinotannole und Resinole wie K. DIETERICH durch die Heranziehung der Harzalkohole und Harzsäuren zur quantitativen und qualitativen Analyse den der Untersuchung der Fette und Oele analogen und damit jedenfalls einen sichereren Weg, als bisher beschritten. Wie schon weiter vorne erwähnt und wie in den allgemeinen und speciellen Leitsätzen ausgeführt werden wird, liegt die Zukunft der Harzanalyse, ebenso wie bei den Fetten und Oelen in der Bevorzugung der quantitativen und dem Verlassen der qualitativen und der Farbenreaktionen.

Identificirung und allgemeine Besprechung der quantitativen Prüfungsmethoden. Die quantitative Analyse der Harze zerfällt in zwei Theile und zwar I. in die quantitative Identificirung und II. in die eigentliche quantitative Prüfung auf Reinheit. Wenn die Feststellung der Identität meist schon durch das äussere, allgemeine physikalische, aber auch weiterhin durch das chemische Verhalten und oben erwähnte qualitative Reaktionen bewerkstelligt werden kann, so werden uns gewisse quantitative Bestimmungen, wie die der Säure-, Ester- und Verseifungszahl, — was für den Werth einer Methode von Einfluss ist — nicht nur darüber Auskunft geben, ob das Produkt das betreffende Harz wirklich ist, sondern auch darthun, ob das Produkt frei ist von fremden Beimischungen.

Schmelzpunkt, specifisches Gewicht, Asche, Wasser, specielle Bestimmungen. Zur quantitativen Prüfung können weiterhin die Löslichkeitsverhältnisse, Schmelzpunkt, specifisches Gewicht, Prüfung auf Asche, auf Wassergehalt und sonstige specielle Bestimmungen, wie die des Cinnameïns im Perubalsam Carbonyl-Methyl-Acetylzahlen und die Untersuchung der Harzsäuren und Harzalkohole herangezogen werden.

Lösungsmittel. Zur quantitativen Prüfung auf Reinheit dienen vor allem die Methoden, welche nicht, wie die Carbonylzahlen auf Nebenbestandtheile der Harze gegründet sind, sondern auf Hauptbestandtheile; so z. B. die Säure-Verseifungszahl oder die quantitative Bestimmung der von verschiedenen Lösungsmitteln, wie Alkohol, Aether etc. und in neuerer Zeit — nach Untersuchungen von MAUCH [1]) — von Chloralhydrat aufgenommenen Antheile, so, wie es bisher GUICHARD, HIRSCHSOHN, KREMEL, E. DIETERICH u. a. m. durchgeführt und K. DIETERICH fortgesetzt haben.

---

[1]) Dissertation, Strassburg 1899.

Ein interessanter Vorläufer des eben erwähnten Chloralhydrats ist das salicylsaure Natron, welches nach CONRADY zahlreiche Harze und Gummiharze ganz oder theilweise löst. Weiterhin ist die Löslichkeit von Copalen und Bernstein nach FLEMMING (D. R. P.) in Epi- und Dichlorhydrin erwähnenswerth. VALENTA hat diese Lösungsmittel auf fast alle Harze ausprobirt und in folgender Tabelle zusammengestellt:

Harz	Epichlorhydrin	Dichlorhydrin
Elemi	löst leicht und vollkommen sowohl kalt wie in der Wärme, giebt gelbliche bis grünliche Lösungen, beim Verdunsten klare klebrige Schichten hinterlassend.	löst leicht und vollkommen; beim Erwärmen bräunt sich die Lösung.
Mastix	löst leicht in der Kälte und Wärme. Die Lösung ist lichtgelb und hinterlässt beim Verdunsten eine farblose, glänzende Schicht.	löst etwas schwerer; beim Erwärmen bräunt sich die Lösung.
Dammar	löst unvollkommen, leichter in der Wärme; das klare, gelbliche Filtrat giebt eine feste, klare farblose Lackschicht.	löst in der Kälte ziemlich leicht mit bräunlicher Farbe; die Lösung wird beim Erwärmen dunkelbraunviolett.
Courbaril-Copal	löst kalt unvollständig, in der Hitze fast vollständig zu klarem, gelblichem Firniss.	löst kalt vollkommen, gelbe Lösung wird beim Erwärmen braun.
Drachenblut	löst leicht mit Hinterlassung eines braunen Rückstandes; die Lösung ist blutroth, giebt klare Lackschicht.	löst weniger leicht und unvollkommen, Lösung gelbroth.
Sandarak	löst kalt und warm unvollkommen; die Lösung ist hellgelb gefärbt.	löst kalt vollkommen, braungelbe Lösung wird in der Wärme tiefbraun.
Schellack, gebleicht	löst wenig, auch warm unvollkommen.	löst in der Wärme leicht und vollkommen, Lösung gelblich, wird nicht braun; Lackschicht trocknet sehr langsam.
Zansibar-Copal	löst in der Kälte zum Theil, leichter warm. Die Lösung ist lichtgelb und giebt eine harte, klare Schicht.	löst kalt, theilweise mit bräunlicher Farbe; beim Erhitzen dunkelbraune Lösung.
Angola-Copal	löst in der Kälte theilweise, leichter warm. Die schwach gelbliche Lösung giebt eine feste Lackschicht.	löst leichter; Lösung wird beim Erwärmen braun.

Harz	Epichlorhydrin	Dichlorhydrin
Manila-Copal	löst kalt zum Theil (der ungelöste Theil quillt gallertartig auf), warm fast vollständig; giebt eine gelbe Lösung und feste Lackschichten.	löst in der Kälte zum grössten Theile; Lösung braungelb, wird beim Erhitzen braun.
Kauri-Copal	löst kalt theilweise, (Rest quillt auf) in der Wärme vollkommen. Farbe lichtgelb, Lack klar.	löst fast vollkommen, Lösung ist braungelb, wird beim Erhitzen braun.
Bernstein	löst theilweise sehr langsam; Lösung gelb.	löst nur wenig. Beim Erhitzen färben sich die Bernsteinstücke braun.
Asphalt	löst kalt und warm nur wenig.	löst kalt und warm nur wenig.

Zu der Löslichkeit der Harzkörper im allgemeinen sei bemerkt, dass die quantitative Bestimmung der verschiedenen löslichen Antheile durch die beim Trocknen stattfindende Sauerstoffaufnahme gewisse Fehlerquellen in sich birgt. Hierauf hat speciell WEGER in seinen Studien über die Sauerstoffaufnahme der Harze hingewiesen. Weiterhin ist bei den oft widersprechenden Angaben zu berücksichtigen, dass das Alter der Harze, wie lange sie an der Erde oder bedeckt im Erdboden gelegen haben (so bei Dammar, Sandarak) von grossem Einfluss auf die Löslichkeit ist. In ganz frischem Zustand pflegen auch Dammar und Sandarak, auch recent-fossile Harze leichter löslich zu sein, als nach langem Lagern am Fundort. Ganz fossile Harze, wie die echten Copale sind infolge ihres Alters sehr schwer löslich resp. fast unlöslich.

Die Löslichkeit der Harzkörper lässt sich nach SACK praktisch in folgende Tabelle zusammenstellen, wozu bemerkt sei, dass diese Angaben in ihrer allgemeinen Fassung·nur annähernd den heutigen Erfahrungen noch entsprechen: In Weingeist lösen sich Dammar und Bernstein nicht, Copal backt darin zusammen, Elemi löst sich schwierig, Colophonium, Schellack, Sandarak und Mastix lösen sich leicht. In Aether sind unlöslich Bernstein und Schellack, Copal schwillt auf, Dammar, Colophonium, Elemi, Sandarak und Mastix lösen sich leicht. In Essigsäure schwillt nur das Colophonium auf, alle übrigen werden nicht angegriffen Natronlauge löst Schellack leicht, Colophonium schwierig, die übrigen nicht. Schwefelkohlenstoff löst Schellack und Bernstein nicht, Copal schwillt an, Elemi, Sandarak und Mastix lösen sich schlecht, Dammar und Colophonium leicht. Terpentinöl löst Schellack und Bernstein nicht, Copal schwillt auf, Dammar, Colophonium, Elemi und Sandarak werden gut, Mastix sehr gut gelöst. Benzol löst Copal,

Bernstein und Schellack nicht, Elemi und Sandarak schlecht. Dammar, Colophonium und Mastix sehr gut. Petroleumäther löst nur Dammar und Mastix gut, Colophonium, Elemi und Sandarak schlecht, die übrigen gar nicht. Siedendes Leinöl wirkt nicht auf Kopal und Bernstein, schwierig auf Schellack, Elemi und Sandarak, löst aber Dammar, Colophonium und Mastix leicht. Ammoniakflüssigkeit löst nur Colophonium leicht. Konc. Schwefelsäure löst alle mit brauner, nur Dammar mit lebhaft rother Farbe.

Die Löslichkeit der Harze in Schwefelkohlenstoff ist speciell von GUICHARD studirt worden[1]).

Säurezahl. Weiterhin kommt für die quantitative Analyse die Bestimmung der Säurezahl in Betracht. Dieselbe wurde anfangs meist so ausgeführt, dass man das Harz oder den Balsam in Alkohol löste und direkt — also analog der HÜBL'schen Methode bei den Fetten — mit Lauge titrirte; von Gummiharzen wurde meist ein alkoholisches Extrakt — und zwar, wie ich schon in der Vorrede ausführte, in sehr anfechtbarer Weise — verwendet. (Ueber die Definition „Säurezahl" vergl. Einleitung zum speciellen Theil.) Da nun bei sehr vielen Harzen — besonders dort, wo die alkoholischen Extrakte verwendet wurden die Titration infolge der starken Färbung der Lösung höchst ungenau ausfiel, so strebte neuerdings K. DIETERICH durch Rücktitration darnach, eine besser zu titrirende Flüssigkeit zu erzielen. Die Lauge dient dann gleichzeitig als Bindemittel für die Säure und als Lösungsmittel. Dieses Verfahren hat, besonders bei esterfreien Harzen, wie Copal, Sandarak, Dammar etc weiterhin den Vortheil, dass alle Harzsäure quantitativ gebunden wird, was bei der direkten Titration — wie die zum Theil zu niedrigen, zum Theil stark schwankenden Säurezahlen beweisen — nicht immer der Fall ist.

Auch bei einer Anzahl von auf kaltem Wege schwer verseifbaren Harzen, wie Olibanum, Asa foetida, lässt sich die Säurezahl — trotzdem Ester vorhanden sind — durch Rücktitration bestimmen. Man kann hier bis 24 Stunden stehen lassen, ohne eine Verseifung befürchten zu müssen, da die betreffenden Esten sehr schwer — wenigstens kalt — verseifbar sind. Anders bei Benzoë (Siam, Sumatra, Penang, Padang, Palembang); bei diesen Harzen muss die Säurezahl ebenfalls durch Rücktitration bestimmt werden, jedoch darf — um eine Verseifung zu vermeiden — nicht länger als 5 Minuten stehen gelassen werden. Die Rücktitration hat bei allen diesen Harzen den grossen Vortheil, dass man nicht, wie bei dem direkten Verfahren zu lösen braucht, dass man keine Extrakte und dunkelgefärbte, schlecht titrirbare Flüssigkeiten erhält,

---

[1]) Arch. d. Pharm. 205 p. 537 u. 207 p. 565.

sondern dass man ziemlich helle, gut titrirbare, alkalische Harzlösungen erzielt, die den Umschlag von roth in weiss resp. gelb weit besser geben, als bei der direkten Titration von braungelb in roth. Ausser dieser Säurezahlbestimmung durch Rücktitration hat K. Dieterich für solche Harze, die viel flüchtige Substanzen, wie ätherische Oele (z. B. Ammoniacum, Galbanum etc.) enthalten, eine Bestimmungsmethode durch Uebertreiben der flüssigen Theile mit Wasserdämpfen — ähnlich der Reichert-Meissl'schen Zahl bei den Fetten — ausgearbeitet. Allerdings darf hierbei nicht verschwiegen werden, dass diese Methoden sehr viel Uebung erfordern und umständlich sind. Derselbe Autor hat als Ersatz dieser umständlichen Methoden noch weitere, gut durchführbare Bestimmungsmethoden für die Säurezahlen bei Ammoniacum und Galbanum ausgearbeitet (direkte Verwendung eines wässrig-alkoholischen Auszugs unter Rücktitration), sodass obige Bestimmungen der flüchtigen Antheile nur im Zweifelfalle herangezogen zu werden brauchen. Dass auch hier nicht direkt, sondern zurücktitrirt wird, hat seinen Hauptgrund, wie schon oben erwähnt wurde, darin, dass der Umschlag von roth in gelb bei der Rücktitration viel schärfer ist, als bei der direkten Titration von gelb, braun in braunroth und roth. Noch sei darauf hingewiesen, dass die Handels-Sorten von Ammoniacum und Galbanum mit der Zeit immer minderwerthiger geworden sind und dass die seiner Zeit von K. Dieterich auf Grund obiger Methode aufgestellten Normalzahlen für die flüchtigen Bestandtheile heute kaum mehr für die gewöhnlichen Handelsprodukte aufrecht erhalten werden können, sondern herabgesetzt werden müssen. In wieder etwas abgeänderter Weise — infolge praktischer Vortheile — ist die Säurezahlbestimmung bei Myrrha; bei derselben kann infolge eintretender Verseifung nicht zurücktitrirt werden. Für die meisten Gummiharze ist, da sie auch in Lauge nur theilweise löslich sind, das Aufschliessen derselben durch Kochen mit Wasser und Alkohol (je $^1/_4$ St. nacheinander, Rückflusskühler) unumgänglich nothwendig.

Verseifungszahl. Was nun die Verseifungszahl betrifft, so wurde die Hydrolyse meist durch längeres oder kürzeres Kochen mit stärkerer oder schwächerer Kalilauge — in Anlehnung an die Hübl'sche Fettmethode — bewerkstelligt; zum Theil wurde eine Extraktlösung, zum Theil das Harz selbst verwendet; in jedem Falle wurden Zahlen erhalten, die in Rücksicht auf die keineswegs einheitlichen Methoden sehr grossen Schwankungen unterworfen waren. (Ueber die Definition Verseifungszahl vergl. Einleitung zum speciellen Theil.) So verseifte Mills in einer verschlossenen Flasche 18 Stunden lang, Williams kochte $^1/_2$ Stunde am Rückflusskühler, Kremel, von Schmidt, Erban, Beckurts und Brüche verseiften ebenso, verwendeten aber meist

Extrakte aus den Drogen; ebenso verfuhr E. DIETERICH, welcher aber meist bis zum Verschwinden des Alkohols eindampfte und dann wieder mit Wasser und Alkohol aufnahm. Infolge der Verschiedenheit der Methoden versuchte K. DIETERICH insofern eine Verbesserung zu schaffen, indem er und zwar für jedes Harz im speciellen und dem Individuell desselben angepasst verschiedene Verseifungsmethoden ausprobirte. So wurde — allerdings mit negativem Erfolg — die TSCHIRCH'sche Verseifungsmethode durch Einleiten von heissen Wasserdämpfen in die alkalische Flüssigkeit versucht. Leider konnten hier nur Zersetzungszahlen, jedenfalls nur äusserst schlecht übereinstimmende Zahlen konstatirt werden. Diese Methode ist also zur Verseifung in grösserem Massstabe sehr brauchbar, nicht aber für analytische Zwecke. Nach weiteren Versuchen gelang es K. DIETERICH, zwei Verseifungsverfahren für die verschiedenen Harzprodukte zu finden, die Zersetzungszahlen ausschlossen, eine perfekte Verseifung ermöglichten und endlich sehr gut titrirbare Flüssigkeiten lieferten. Es ist dies die „kalte" und die „fraktionirte Verseifung".

Kalte und fraktionirte Verseifung. Während speciell die kalte Verseifung bei den Harzen versucht wurde, liess sich die fraktionirte Verseifung für Gummiharze, wo also solche Bestandtheile vorhanden waren, die einerseits für alkoholische Lauge, anderseits für wässerige Lauge zugängig waren, gut verwenden. Es hat sich gezeigt, dass sich eine Anzahl Harze auf diesem kalten oder dem — ebenfalls kalten — fraktionirten Weg perfekt verseifen liessen, wobei — was der Hauptvortheil des Verfahrens ist — kein Extrakt oder eine vorher angefertigte Lösung oder ein Theil einer solchen verwendet zu werden braucht, sondern nur die Naturdroge selbst. Während bei der kalten Verseifung das Harz einfach unter Zusatz von Benzin (0,700 spec. Gew.) 24 Stunden in Zimmertemperatur stehen bleibt, wird bei der fraktionirten Verseifung zuerst eine Verseifung mit alkoholischer Lauge allein ausgeführt; eine zweite Verseifung, die ebenso wie die erste 24 Stunden mit alkoholischer Lauge stehen bleibt, wird dann noch 24 Stunden mit wässeriger Lauge fortgesetzt. Erst bei dieser zweiten wässerigen Behandlung wird bei Gummiharzen der gummöse Theil — wie die höhere Endzahl zeigt — vollständig verseift.

Harzzahl, Gesammt-Verseifungszahl, Gummizahl. Das Resultat der nur alkoholischen Verseifung + Benzin nennt K. DIETERICH „Harzzahl", das Resultat der Verseifung mit alkoholischer Lauge + wässeriger Lauge + Benzin „Gesammt-Verseifungszahl". Die Differenz von Gesammt-Verseifungs- und Harzzahl heisst „Gummizahl". (Ueber die Definition dieser Zahlen vgl. Einleitung zum speciellen Theil).

Da die Verseifung in bestimmten Abschnitten vor sich geht und gewisse Harz- und Gummibestandtheile getrennt verseift werden, dürfte der Name „fraktionirte Verseifung" wohl am Platze sein.

Eine Anzahl Harze etc., die nicht kalt oder fraktionirt verseifbar sind, erfordern natürlich nach wie vor die heisse Verseifung am Rückflusskühler unter bestimmten Bedingungen. Auf die Harze, welche überhaupt ohne Anwendung von Wärme verseifbar sind, komme ich noch im Schlussresumé dieser Abtheilung und zwar in den speciellen Leitsätzen zurück. Für diejenigen Harzprodukte, bei denen verschiedene und specielle Verseifungsmethoden noch nicht ausprobirt wurden, ist bis auf weiteres die Verseifung am Rückflusskühler ($\frac{1}{2}$ Stunde lang) und Rücktitration nach dem Erkalten als massgebende, einheitliche Methode zu acceptiren (siehe Einleitung zum speciellen Theil). Es ist dies also die von den Fetten auf die Harze übertragene Hübl'sche Methode.

Ester-, Aether- und Anhydrid-Zahlen. Die Ester- und Aetherzahlen wurden dort, wo Säure- und Verseifungszahlen getrennt — nicht in einem Versuch — festgestellt wurden, durch Subtraktion der Säure- von der Verseifungszahl berechnet. Wo man nach Feststellung der Säurezahl, also nach erfolgter Neutralisation in einem Versuch durch weiteren Zusatz von Lauge und durch Verseifen nach einer der obigen Methoden die Esterzahl bestimmte, wurde die Verseifungszahl durch Addition von Säure- und Esterzahl indirekt festgestellt. In allen, wenigstens in den grundlegenden Arbeiten werden diese Zahlen als „Esterzahlen" (so bei Kremel, Williams, Beckurts und Brüche, E. Dieterich, K. Dieterich) und nicht als „Aetherzahlen" bezeichnet. Die Bezeichnung „Esterzahl" ist also für diese Werthe und für die esterhaltigen Harze die richtige und ursprüngliche, wenngleich sich beide Begriffe „Aether- und Esterzahl" als auf dieselbe Weise erhalten und dasselbe ausdrückend decken können. Die „Anhydridzahlen", welche die eigentlichen Anhydride, die inneren Anhydride, Laktone, Ester- und Alkoholanhydride resp. ihre Mengen ausdrücken, dürfen aber keinesfalls — wie es Benedikt vorgeschlagen hat — mit den Aether- und Esterzahlen identifizirt werden. Auch hat Benedikt in entschieden nicht einwandsfreier Weise die früher von Kremel, von Schmidt und Erban als „Esterzahlen" bezeichneten Werthe in „Aetherzahlen" umgetauft. Ich bezeichne darum in diesem Buche alle die diesbezüglichen Werthe als „Esterzahlen". Eigentliche Aether, welche die Bezeichnung „Aetherzahl" rechtfertigen, sind bisher nur im Colophonium nachgewiesen worden.

Konstante Aetherzahl. Henriques macht deshalb bei Colophonium, welches, wie K. Dieterich zuerst nachgewiesen hat, esterfrei ist, welches jedoch nach HENRIQUES Aether und Laktone enthält, den Vorschlag, die diesbezüglichen Werthe als „Konstante Aetherzahlen" zu bezeichnen. Jedenfalls ist bei dem esterfreien Colophonium die „Aetherzahl" berechtigt, die „Esterzahl" nicht berechtigt. Im übrigen kennen wir von allen anderen Harzen vorläufig nur Ester, sodass wir nur von „Esterzahlen" der selbstredend nur esterhaltigen Harze reden dürfen. Im allgemeinen muss bemerkt werden, dass die Ester- und Verseifungszahl gerade bei den Harzen oft andere und sekundäre Vorgänge, nicht nur die Vorgänge der Hydrolyse allein dokumentirt und dass diese Zahlen mehr als empirische, wie theoretisch und rein wissenschaftlich richtige Zahlen bezeichnet werden müssen.

Zur weiteren Charakteristik der Harze sind in neuerer Zeit eine Anzahl von Methoden ausgearbeitet worden, die meist nur auf einen Theil der Harzprodukte anwendbar sind, die meist umständlich und auf Nebenbestandtheile der Harze gegründet und nicht ihrer etwa grossen praktischen Bedeutung wegen erwähnt zu werden verdienen, sondern ihres mehr theoretischen Interesses halber. Es ist dies die Bestimmung der Acetylzahl (OH-Gruppen) der Harze nach K. DIETERICH, der Carbonylzahl (CO- und COH-Gruppen) nach KITT, der Methylzahlen (OCH_3-Gruppen) nach GREGOR und die Untersuchung der Harzsäuren und Harzalkohole nach K. DIETERICH. (Über die Definition der Acetyl-Methyl-Carbonylzahl, vgl. Einleitung zum speciellen Theil.)

Acetylzahl, Carbonylzahl, Methylzahl.

Acetylzahl nach K. DIETERICH[1]:

Das betreffende Harz wird mit einem Ueberschuss von Essigsäureanhydrid und etwas wasserfreiem Natriumacetat am Rückflusskühler bis zur völligen Lösung gekocht. Wo die Lösung nicht ganz erfolgt, wird solange erwärmt, als sichtbar noch eine Abnahme der unlöslichen Produkte erfolgt. Die Lösung selbst wird in Wasser eingegossen, das ausgeschiedene Produkt gesammelt und solange mit Wasser ausgezogen und ausgekocht, bis alle freie Essigsäure vollständig entfernt ist. Ebenso werden die unlöslichen Rückstände von Dammar und Copal behandelt. Von den dann getrockneten Acetylprodukten werden die Acetyl-Säure-Ester- und Verseifungszahlen bestimmt, indem man 1 g in Alkohol kalt löst und mit alkoholischer $\frac{n}{2}$ Kalilauge titriert. Die Verseifung wird ebenfalls mit

$\frac{n}{2}$ Kalilauge vorgenommen, $^{1}/_{2}$ Stunde am Rückflusskühler verseift und dann nach dem Erkalten und Verdünnen mit Alkohol (nicht Wasser) zurücktitrirt. Die Differenz der Acetylverseifungszahl und der Acetylsäurezahl ist, wie bei den Fetten. die eigentliche „Acetylzahl".

---

[1] Helfenberger Annalen 1897, p. 39—45

Carbonylzahl nach KITT[1]):

Man verfährt so, dass man die zu untersuchende Substanz mit essigsaurem Natron und einer genau gemessenen Menge salzsaurem Phenylhydrazin in verdünnter alkoholischer Lösung erwärmt. Der Ueberschuss und die an der Reaktion nicht betheiligte Menge des Hydrazinsalzes wird zurückgemessen, indem man durch Oxydation mit Fehling'scher Lösung den Stickstoff abspaltet und im Messrohr auffängt. Die Carbonylzahl $=$ die Prozente Carbonylsauerstoff der angewendeten Substanz ergiebt sich aus der Formel: Proz.:

$$O = V - Vo \; \frac{0,07173}{S},$$ wobei $V - Vo$ die Differenz der auf o oder

760 mm reducirten Stickstoffvolumina bedeutet und S das Gewicht der angewendeten Substanz in g bezeichnet.

Methylzahl nach GREGOR-BAMBERGER (ZEISEL)[2]).

Da diese Methode Apparate und gewisse Vorsichtsmassregeln erfordert, so sei dieselbe wörtlich, wie sie die Verfasser beschreiben, wiedergegeben:

Die Zusammensetzung des ZEISEL'schen Apparates ist folgende: An einem mit Wasser von 40—50⁰ C. gespeistem Rückflusskühler ist ein kleines Kölbchen befestigt, an dessen Halse ein Seitenrohr zum Zuleiten von Kohlensäure angebracht ist. Das obere Ende des Kühlrohres ist mit einem GEISSLER'schen Kaliapparat verbunden, der mit in Wasser suspendirtem amorphem Phosphor gefüllt ist. Er steht in einem auf cirka 50—60⁰ C. zu haltendem Wasserbade und dient dazu, den durchstreichenden Alkyljodiddampf von mitgerissener Jodwasserstoffsäure und von Joddampf zu befreien. Derselbe wird in 4 %ige Silbernitratlösung, welche sie in zwei miteinander verbundenen Kölbchen befindet, geleitet; in der Regel wird schon in dem ersten alles Jodalkyl zurückgehalten und zu Jodsilber umgesetzt. Bei der Ausführung des Versuches wird die auf ihren Alkoxylgehalt zu prüfende Substanz mit 10 ccm Jodwasserstoffsäure vom spec. Gewicht 1,68 im Kochkölbchen erhitzt, während CO_2 durch den Apparat streicht. Der Versuch ist beendet, wenn sich die Flüssigkeit im ersten Kölbchen über dem Jodsilberniederschlag geklärt hat. Hierauf wird die gewichtsanalytische Bestimmung des Jodsilbers vorgenommen.

Seit der Veröffentlichung dieser Methode durch ZEISEL hat dieselbe nur unwesentliche Verbesserungen erfahren; von HERZIG[3])

---

[1]) Chemiker-Zeitung 1898, p. 358.
[2]) Oesterr. Chem.-Ztg. 1898 Nr. 8 u. 9.
[3]) Monatshefte für Chemie 1888, IX.

wurde ein Zusatz von Essigsäureanhydrid zur benützten Jodwasserstoffsäure vorgeschlagen, während Benedikt und Gruessner den
Apparat vereinfachten.

Vor Kurzem habe ich [1] einige Abänderungen des Bestimmungs-
verfahrens vorgeschlagen, welche eine leichtere und raschere
Ausführung dieser Methode ermöglichen, ohne, dass die Genauigkeit
derselben beeinträchtigt wird, und welche namentlich bei technischen
Untersuchungen von Vortheil sind.

Ich ersetze nämlich die zeitraubende gewichtsanalytische Bestimmung des Jodsilbers durch die ebenso exakte und schneller
auszuführende Volhard'sche Methode; wobei ich die vorzulegende
alkoholische $\frac{n}{1}$ Silberlösung mit Salpetersäure ansäuere, um eine
raschere Zerlegung des Alkyljodides zu bewirken.

Zur Füllung des Geissler'schen Apparates verwende ich statt
einer wässerigen Suspension von amorphem Phosphor eine kalium-
carbonathaltige arsenige Säurelösung und zwar je ein Theil Kaliumcarbonat und arsenige Säure auf zehn Theile Wasser, wodurch die
Reduktion des Silbernitrates, die von dem amorphen Phosphor her-
rührt, in dem in die alkoholische Silbernitratlösung des ersten Kölb-
chens eintauchenden Rohre vermieden wird. Die arsenige Säure
bindet etwa mitgerissenes Jod, indem sie zur Arsensäure oxydiert
wird, während das überschüssige Kaliumcarbonat die Jodwasserstoffsäure unter Freiwerden von Kohlensäure, die natürlich nicht
störend wirkt, ebenfalls bindet.

Auf einen weiteren Vortheil bei Verwendung der arsenigen
Säurelösung zur Füllung des Geissler'schen Apparates bin ich im
Verlaufe dieser Arbeit gekommen. Wird nämlich eine schwefelhaltige Substanz der Methoxylbestimmung unterworfen, so scheidet
bei Verwendung von amorphem Phosphor in wässeriger Suspension
der sich bildende Schwefelwasserstoff, der selbstverständlich im
Geissler'schen Apparat nicht zurückgehalten wird, in der vorge-
legten Silbernitratlösung Silbersulfid aus.

Dies hat schon Zeisel [2] wahrgenommen und von einer Bestimmung des Methoxyls in schwefelhaltigen Substanzen abgesehen.

Ich bemerkte bei der Methoxylbestimmung schwefelhaltiger
Harze eine Abscheidung von Schwefelarsen in dem mit der arsenigen
Säurelösung gefüllten Geissler'schen Apparat; in der Vorlage war
keine Spur einer Silbersulfidbildung wahrzunehmen. Die arsenige
Säurelösung muss bei der Untersuchung verdünnter sein, als sonst,

---

[1] Monatshefte für Chemie 1895, XIX.
[2] Monatshefte für Chemie 1886, VII.

da sich sonst bei reichlicher Schwefelarsenbildung die Röhren des GEISSLER'schen Apparates verstopfen

Um die Rechnung bei Anwendung der VOLHARD'schen Titrationsmethode einfacher zu gestalten, habe ich eine alkoholische $\frac{n}{10}$ Silbernitratlösung verwendet, und zwar 17 g krystallisirtes, reines Silbernitrat in 30 ccm Wasser gelöst und diese Lösung mit käuflichem absolutem Alkohol zu einem Liter verdünnt. Diese Lösung wurde mit $\frac{n}{10}$ Rhodankaliumlösung, deren Werth wieder durch eine wässerige $\frac{n}{10}$ Silbernitratlösung bestimmt war, gestellt. Der Werth der alkoholischen Silbernitratlösung ändert sich nach der Bereitung etwas und muss daher nachkontrollirt werden.

Für die gewöhnlichen Analysen genügt es unter diesen Verhältnissen in das erste Kölbchen 50 ccm in das zweite 25 ccm meiner Silbernitratlösung nach Ansäuerung mit einigen Tropfen salpetrigsäurefreier Salpetersäure zu verwenden. Nach Beendigung der Reaktion — die sonstigen Verhältnisse wurden ganz im Sinne ZEISEL's eingehalten — giesst man die über dem Jodsilber stehende klare Flüssigkeit in einen $^1/_4$ Liter-Messkolben ab. Das im ersten Kölbchen befindliche Jodsilber wird von dem eventuell anhaftenden Silbernitrat durch wiederholte Behandlung mit kaltem destillirtem Wasser, Absitzenlassen und Abgiessen des Wassers befreit und in den $^1/_4$ Liter-Messkolben gespült. Die im zweiten Kölbchen befindliche Silbernitratlösung wird mit Wasser verdünnt und ebenfalls quantitativ in den $^1/_4$ Liter-Messkolben gebracht und der Inhalt des letzteren genau bis zur Marke mit Wasser aufgefüllt. Hierauf wird kräftig umgeschüttelt und durch ein trockenes Faltenfilter in ein trockenes Gefäss abfiltrirt.

Zur Titrirung werden 50 oder 100 ccm des Filtrates nach entsprechendem Ansäuern mit salpetrigsäurefreier Salpetersäure und Zusatz von Ferrisulfatlösung verwendet.

Zur Erläuterung der Berechnung der Methylzahlen sei hier folgendes Beispiel erwähnt.

1.2064 g Balsam peruvianum wurde zur Bestimmung verwendet.

Von der auf 250 ccm aufgefüllten Vorlage, die 75 ccm $\frac{n}{10}$ Silbernitratlösung enthielt, verbrauchten 50 ccm des Filtrates 11.5 ccm $\frac{n}{10}$ Rhodankaliumlösung, ergo die gesammte Menge $11,5 \times 5 =$ 57,5 ccm $\frac{n}{10}$ Rhodankaliumlösung, während der Rest von 17,5 ccm $\frac{n}{10}$ Silbernitratlösung zur Bildung von Jodsilber verwendet wurde.

Um nun die Methylmenge zu erfahren, braucht man nur die zur Bildung verwendete Anzahl Kubikcentimeter $\frac{n}{10}$ Silbernitratlösung mit 0,0015 zu multipliciren, da 1 ccm $\frac{n}{10}$ Silberlösung 0,0015 g Methyl äquivalent ist; 0,0015 $\times$ 17,5 = 0,02625 oder auf 1 g Balsam. peruvianum berechnet: 0,0217. Somit hat dieser die Methylzahl 21,7.

Die ganze Operation bei Anwendung der VOLHARD'schen Titrationsmethode ist im allgemeinen in zwei Stunden beendet, während bei der gewichtsanalytischen Methode nach ZEISEL die Operation sich auf viele Stunden erstreckt.

Die titrimetrisch nach VOLHARD gefundenen Zahlen stimmten mit den nach ZEISEL gewichtsanalytisch gefundenen gut überein, wie meine in der citirten Arbeit publicirten Beleganalysen beweisen; ich bediente mich desshalb bei meinen Untersuchungen der titrimetrischen Methode."

Es ist hier nicht der Platz auf den Werth dieser neuen Methoden näher einzugehen, es sei betreffs Einzelheiten auf die Abhandlung von K. DIETERICH in der Chemischen Revue über die Fett- und Harzindustrie 1898, Heft 10, verwiesen und hier nur das Resumé der K. DIETERICH'schen Arbeit wiedergegeben. Derselbe sagt:

„Das Resumé dieser Betrachtungen darf dahin zusammengefasst werden, dass die neueren Methoden zur Bestimmung der Acetylzahlen (K. DIETERICH), Carbonylzahlen (KITT), Methylzahlen (GREGOR-BAMBERGER), gewiss als quantitative Methoden für die Charakteristik der Harze, die richtige Anwendung bei den zugehörigen Harzen vorausgesetzt, bis zu einem gewissen Grade auch zur Identificirung als Ergänzung und Bereicherung des schon Bekannten und Vorhandenen zu begrüssen sind, dass sie aber in ihrer sehr beschränkten Verwendbarkeit und Umständlichkeit keinesfalls im Stande sind und sein werden, die jetzt zur Identificirung gebräuchlichen und für den Nachweis von Verfälschungen ausprobirten, praktischen und verhältnissmässig einfachen Bestimmungen, wie Säure-, Ester-, Verseifungszahlen etc. zu ersetzen, geschweige denn zu verdrängen oder gar überflüssig zu machen."

Harzsäuren, Harzalkohole und ihre Kennzahlen. Die isolirten Harzsäuren und Harzalkohole hat — analog den Fetten — wiederholt K. DIETERICH zur Heranziehung zur Analyse der Harze empfohlen; die noch vereinzelten Zahlen, wie die bisher konstatirten Unterschiede zwischen den Harzen einerseits und den reinen Harzsäuren — bei esterfreien Harzen — und den Harzalkoholen — bei esterhaltigen Harzen — andererseits müssen selbstredend noch erweitert und ausgebaut werden. Vergl. hierzu die Reaktionen der Resinotannole und die Cholesterinreaktionen der Harzbestandtheile p. 18—20.

Trennung von Harz- und Fettsäuren. GLADDING und TWITSCHELL haben Mischungen von Fett- und Harzsäuren untersucht und folgendes Trennungsverfahren vorgeschlagen:

Hat man eine mit Harz verfälschte Fettsäure, so werden etwa 0,6 g davon in 20 ccm Alkohol von 95 % gelöst. Zu dieser Lösung fügt man eine Spur Phenolphtaleïn und giesst dann mit einer Bürette Tropfen für Tropfen unter Umrühren eine alkoholische Kalilösung zu, bis der Indikator eine dunkelrothe, für die alkalische Beschaffenheit charakteristische Farbe angenommen hat.

Nachdem man noch 1 oder 2 Tropfen der Kalilösung im Ueber-schuss zugesetzt hat, wird der Glaskolben auf das Dampfbad gebracht, und sein Inhalt 10 Minuten lang im Kochen erhalten. Nach dem Erkalten giesst man das Ganze in ein Probirglas von 100 ccm, wäscht den Kolben mit Aether nach und ergänzt sodann mit Aether auf 100 ccm. Das Probirrohr wird mit einem Kork verstopft und kräftig umgeschüttelt.

Hierauf bringt man in dasselbe 1 g möglichst fein verriebenes Silbernitrat und schüttelt kräftig 10 bis 15 Minuten lang, bis der flockige Niederschlag von Silberstearat oder -oleat sich vereinigt und am Boden des Gefässes zusammengeballt hat. Man nimmt nun mit einer Pipette 50 bis 70 ccm der klaren Flüssigkeit weg und giesst sie in ein zweites Probirrohr von 100 ccm.

Hierzu fügt man wieder ein wenig feingepulvertes Silbernitrat, um die Fettsäure zu fällen, die sich noch gelöst vorfinden könnte, und mischt sodann die klare Flüssigkeit mit 20 ccm verdünnter Salzsäure ($^1/_3$ HCl von 21 % auf $^2/_3$ H$_2$O). Ein aliquoter Theil der obenschwimmenden ätherischen Lösung wird sodann in einer Platin-schale verdampft; der Rückstand, auf dem Dampfapparate getrocknet, ergiebt das Harz. Es ist von ein wenig Oelsäure begleitet. Direkte Versuche zeigten dem Verf., dass unter diesen Bedingungen 10 ccm Aether durchschnittlich 0,00235 g Oelsäure zurückhalten; mit diesem Koefficienten kann man die Resultate der Analyse korrigiren. Dies Verfahren lässt sich bei Bestimmung der Harzes anwenden, das häufig dem Leinöl zugesetzt wird, bei Seifenanalysen etc."

ULZER und DEFRIS haben diese Methode modificirt und ausprobirt. Dieselben theilen[1]) die Ergebnisse mit, welche sie bei quantitativen Bestimmungen von Fettsäuren neben Schellackharzsäuren und Fichten-harzsäuren erhielten. Sie mussten konstatiren, dass das Verhalten der Schellackharzsäuren ganz anders war, als dasjenige der Fichtenharz-säuren. Die Untersuchung der Harzsäuren einer dunkel gefärbten

---

[1]) Z. f. anal. Chem. 1897 p. 27.

Schellackprobe ergab nach dem GLADDING'schen Verfahren nur 13,76 %
Harzsäuren. Die Silbersalze der Schellackharzsäuren sind der Hauptmenge nach in Aether unlöslich, während die Fichtenharzsäuren in
Aether löslich sind. Das darauf aufgebaute obige Trennungsverfahren
ergab bei der Analyse einer Mischung von 51 % Colophonium mit
49 % Schellacksäuren eine Ausbeute von 48,46 % Harzsäuren. Die
gute Uebereinstimmung dieser Zahl mit 51 % zugesetztem Colophonium
musste aber darauf zurückgeführt werden, dass sich die Fehlerquellen
aufhoben (das Colophonium besass 12,9 %, unverseifbare Bestandtheile, der Schellack 13,76 % Säuren mit harzähnlichem Verhalten).
Eine technische Probe eines Lackes aus Colophonium und Schellack
zeigte nach dem Verdunsten des Alkohols die Jodzahl 80,87, die
Säurezahl 111,30 und die Verseifungszahl 190,40. Aus diesen Zahlen
berechnen sich 69,2 % Colophonium und 30,8 % Schellack. Die Trennung auf obige Weise ausgeführt ergab 63,7 % Harzsäuren. Aus obiger
Säurezahl berechnen sich 59,3 % Colophonium und 40,7 % Schellack.
Schliesslich studirten Verfasser noch das Verhalten der Schellacksäuren
bei dem TWITCHELL'schen Verfahren und fanden, dass wie bei den
Fettsäuren, so auch bei den Schellacksäuren beim Durchleiten von
Salzsäuregas Ester gebildet werden.

Auch wurden Copalharzsäuren bei dem Trennungsverfahren von
Fett- und Harzsäuren nach GLADDING und TWITSCHELL studirt und gefunden, dass die Methode GLADDING quantitative Resultate aus dem
Grunde nicht giebt, weil sich ein Theil der Natronseifen aus der alkoholischen Lösung beim Neutralisiren abscheidet, und der dann zuzu-
setzende Aether diese Abscheidung vermehrt. Nach der TWITSCHELL'schen
Methode wurden erhalten: 81,01 % Harzsäuren aus Angola-Copal und
86,37 % Harzsäuren aus Cowrie-Copal.

Obige Methode hat, trotzdem sie mehr in das Gebiet der Fettanalyse
gehört, hier Erwähnung gefunden, weil sie auf den Eigenschaften verschiedener Harzsäuren begründet ist, und weil Mischungen von Harzen
und Fetten technisch vielfach verwerthet werden. Ebenso wie eine Trennung
der Fett- und Harzsäuren in der Fettanalyse, so wird auch eine Trennung
der Harz- und Fettsäuren in der Harzanalyse öfters an den Analytiker
herantreten. Hierzu ist allerdings — worauf WEGER in seinen Studien
über die Sauerstoffaufnahme der Harze sehr richtig hingewiesen hat —
zu bemerken, dass die obige Methode immer nur relativ sichere Werthe
geben kann, da sich beim Trocknen der Harzsäuren jene von WEGER beschriebenen Oxydationseinflüsse geltend machen und die Resultate ziemlich stark beeinflussen. (Vergl. hierzu p. 3 und 24.)

3*

Jod- und Bromzahlen. Wir haben weiter oben gesehen, dass im allgemeinen im chemischen Sinn so gut wie gar keine Beziehungen zwischen Harzen und Fetten bestehen, dass aber trotzdem die Untersuchungsmethoden von den Fetten mit Erfolg auf die Harze übertragen werden konnten. Weniger Erfolg hatten die Jodzahlen und die seinerseits von ILINEY, MILLS und MUTER bestimmten Bromzahlen. Diese sind nach K. DIETERICH und, wie ANDERE AUTOREN auch für specielle Fälle nachgewiesen haben, für die Harze von untergeordneter Bedeutung, da Schlüsse von den Jodzahlen leicht irrthümlich sind, und da schon die Titration der sehr dunkel gefärbten Flüssigkeiten und die Verwendung von Extrakten zur Jodzahlbestimmung höchst unsicher ist.

Die Jod- und Brom-Zahlen seien daher hier nur allgemein erwähnt, von der eingehenden Berichterstattung im speciellen Theil bleiben sie aus oben genannten Gründen ausgeschlossen.

Zusammenstellung der für die Beurtheilung massgebenden quant. Methoden. Zusammenfassend sind für die Analyse der Balsame, Harze, Gummiharze folgende quantitative Bestimmungen im Gebrauch und für die Beurtheilung dieser Produkte als massgebend zu nennen:

    a) Säurezahl nach verschiedenen Methoden,
    b) Esterzahl direkt oder indirekt,
    c) Verseifungszahl resp. Harzzahl und Gummizahl nach verschiedenen Methoden,
    d) Wassergehalt,
    e) Asche,
    f) alkohollöslicher Antheil,
    g) alkoholunlöslicher Antheil,
    h) specifisches Gewicht,
    i) die von anderen Lösungsmitteln aufgenommenen Antheile.

Hierzu kommen noch:

    k) Specielle Bestimmungen, wie die des Cinnameïns und Harzesters im Perubalsam,
    l) die Identitätsreaktionen, zum Theil mit a, b u. c zusammenfallend,
    m) Acetyl-, Carbonyl- und Methylzahlen,
    n) Untersuchung der Harzsäuren und Harzalkohole,
    o) qualitative Reaktionen.

Es lassen sich, je nach der Beschaffenheit des Untersuchungsmaterials, für die Bestimmung der wichtigen Säure- und Verseifungszahlen folgende Unterabtheilungen und Ausführungsvorschriften — systematisch geordnet und dem jetzigen Stand entsprechend — geben:

**Systematische Uebersicht über die Ausführung der Säure-
und Verseifungszahlen.**

a) **Säurezahl**

1. Durch direkte Titration (S.-Z. d.) [1]

α) der vollständigen Lösung des löslichen Harzkörpers in Alkohol,
Chloroform etc.

Ausführung: 1 g des betreffenden Körpers wird in dem
geeigneten Lösungsmittel resp. in einer Mischung derselben
gelöst und unter Zusatz von Phenolphtaleïn und alkoholischer
$\frac{n}{2}$ oder $\frac{n}{10}$ Kalilauge mit Phenolphtaleïn bis zur Rothfärbung
titrirt.

Beisp.: Fast alle Harzkörper, die löslich sind und für
welche specielle Methoden bisher nicht ausgearbeitet
wurden.

β) nach Herstellung eines alkoholischen Extraktes bei nur theilweise löslichen Harzkörpern und Titration der alkoholischen
Extraktlösung.

Ausführung: Man verfährt genau so, wie bei α), nur nimmt
man eine alkoholische Lösung des Extraktes und berechnet
auf 1 g Extrakt, nicht auf 1 g Rohprodukt.

Beisp.: Gummiharze, Benzoë, Styrax.

γ) nach Herstellung eines wässerig-alkoholischen Auszuges bei
nur theilweise löslichen Harzen und direkte Titration des
Auszuges:

Ausführung: Man erschöpft durch Kochen 1 g des fein
zerriebenen Harzkörpers mit 30 ccm Wasser durch Erhitzen
am Rückflusskühler und darauffolgenden Zusatz von 50 ccm
starken Alkohol (96 %) und nochmaliges Kochen am Rückflusskühler, — 15 Minuten lang für jede Extraktion — lässt erkalten und titrirt, ohne zu filtriren, mit alkoholischer $\frac{n}{2}$
Kalilauge und Phenolphtaleïn bis zur Rothfärbung.

Beisp.: Myrrha, Bdellium, Opopanax, Sagapen.

2. Durch Rücktitration: (S.-Z. ind.)

α) bei völlig oder fast völlig löslichen — esterfreien — Harzen,
wobei die Lauge gleichzeitig die Säure bindet und das ganze
Harz löst:

---

[1] Ueber diese Bezeichnungen und Abkürzungen vergleiche Vorwort und
Einleitung zum speciellen Theil.

Ausführung: 1 g des betreffenden, esterfreien, fein-zerriebenen Harzes wird mit 25 ccm alkoholischer $\frac{n}{2}$ Kalilauge und 50 ccm Benzin in einer Glasstöpselflasche 24 Stunden — jedenfalls bis zur völligen Lösung oder bis eine weitere Lösung nicht mehr stattfindet — stehen gelassen und mit $\frac{n}{2}$-Schwefelsäure und Phenolphtaleïn zurücktitrirt.

Beisp.: Dammar, Sandarak, Mastix, Guajak, Copal etc.

β) bei nur theilweise löslichen — esterhaltigen, aber schwer verseifbaren — Harzkörpern, wobei die Lauge die Säure bindet und die sauren Antheile herauslöst.

Ausführung: 1 g des betreffenden esterhaltigen, schwer verseifbaren Harzes — vorher fein zerrieben — wird mit 10 ccm alkoholischer $\frac{n}{2}$ und 10 ccm wässeriger $\frac{n}{2}$-Kali-lauge übergossen, in einer Glasstöpselflasche 24 Stunden stehen gelassen, dann 500 ccm Wasser hinzugefügt und zurück-titrirt.

Beisp.: Asa foetida, Olibanum.

γ) bei nur theilweise löslichen, esterhaltigen Harzkörpern unter Verwendung eines wässerig-alkoholischen Auszuges.

Ausführung: 1 g des betreffenden fein zerriebenen Harz-körpers kocht man am Rückflusskühler 15 Minuten mit 50 ccm Wasser, fügt dann 100 ccm starken Alkohol hinzu, kocht nochmals 15 Minuten und lässt erkalten. Man ergänzt die Flüssigkeit incl. angewendeter Substanz auf 150 g, filtrirt und versetzt 75 g des Filtrates (= 0,5 g Substanz) mit 10 ccm alkoholischer $\frac{n}{2}$ Kalilauge, lässt genau 5 Minuten stehen und titrirt mit $\frac{n}{2}$ Schwefelsäure zurück.

Beisp.: Ammoniacum, Galbanum, Gutti

δ) bei fast ganz löslichen, esterhaltigen, aber leicht verseifbaren Harzkörpern unter Verwendung des Naturproduktes.

Ausführung: Man nimmt 10 ccm alkoholische $\frac{n}{2}$ Lauge, verwendet kein Extrakt oder Lösung oder Auszug, sondern das Naturprodukt, fein zerrieben, und titrirt nach 5 Minuten zurück.

Beisp.: Benzoë.

3. Durch Bestimmung der flüchtigen Säuren (bei Gummi-harzen mit viel äther. Oelen), (S.-Z. f).

Ausführung: 0,5 g des Harzproduktes übergiesst man in einem Kolben mit etwas Wasser und leitet nun Wasserdämpfe durch. Der erstere Kolben wird in einem Sandbad zur Verhütung zu starker Wasserdampf-Kondensation erhitzt. Die Vorlage beschickt man mit 40 ccm wässeriger $\frac{n}{2}$ Kalilauge und taucht das aus dem Kühler kommende Rohr in dieselbe ein. Man zieht genau 500 ccm über, spült das Destillationsrohr von oben her und unten gut mit destilliertem Wasser ab und titrirt unter Zusatz von Phenolphtaleïn zurück. In diesem Falle giebt die Säurezahl die Anzahl Milligramme K OH an, welche 500 ccm Destillat von 0,5 g Harzkörper abdestillirt, zu binden vermögen.

Beisp.: Ammoniacum, Galbanum.

b) **Esterzahl** (E.-Z.) Stets indirekt zu bestimmen durch Berechnung und zwar durch Subtraktion der Säure- von der Verseifungszahl, mit Ausnahme der Fälle, wo die Säurezahl nach a 3 bestimmt wird und wo Harz- und Gesammtverseifungszahl vorhanden sind: in diesen Fällen lässt sich die Esterzahl nicht berechnen.

c) **Verseifungszahl**

1. auf heissem Weg (V.-Z. h.)

α) der Lösung vollständig löslicher Harzkörper:

Ausführung: 1 g des betreffenden Harzkörpers wird gelöst und mit 25 ccm alkoholischer $\frac{n}{2}$ Kalilauge ¹/₂ Stunde im Dampfbad im Sieden erhalten — unter Aufsetzen eines Rückflusskühlers — und nach Verdünnung mit Alkohol mit $\frac{n}{2}$ Schwefelsäure und Phenolphtaleïn zurücktitrirt.

Beisp.: Fast alle Balsame, Harze, für welche specielle Methoden noch nicht existiren.

β) der alkoholischen Lösung eines vorher mit Alkohol dargestellten Extraktes von nur theilweise oder schwer löslichen Harzkörpern.

Ausführung: Man verfährt genau so, wie bei α, nur nimmt man eine alkoholische Lösung des Extraktes und berechnet auf 1 g Rohprodukt, nicht Extrakt.

Beisp.: Gummiharze, Benzoë, Styrax.

γ) wie α, nur verwendet man die Rohdroge nach vorherigem Wasserzusatz zur Lösung der gummösen Theile.

Beisp.: Myrrha.

2. auf kaltem Wege (V.-Z. k.)

α) mit nur alkoholischer Lauge und Benzin: „V.-Z. auf kaltem Weg" bei völlig löslichen Harzen.

Ausführung: 1 g des betreffenden Harzkörpers versetzt man in einer Glasstöpselflasche von 500 ccm Inhalt mit 50 ccm Benzin (spec. Gew. 0,700 bei 15⁰ C.) und 50 ccm alkoholischer $\frac{n}{2}$ Kalilauge, lässt 24 Stunden in Zimmertemperatur stehen und titrirt dann mit $\frac{n}{2}$ Schwefelsäure zurück; eventuell (bei Perubalsam) sind circa 300 ccm Wasser zur Lösung der ausgeschiedenen Salze hinzuzufügen.

Beisp.: Perubalsam, Copaïvabalsam, Benzoë, Styrax.

β) mit alkoholischer und wässeriger Lauge unter jedesmaligem Zusatz von Benzin nacheinander: „fraktionirte Verseifung, incl. Harzzahl" und „Gummizahl" bei unvollständig löslichen Harzkörpern:

Ausführung: Zweimal je 1 g des betreffenden Harzkörpers zerreibt man und übergiesst in zwei Glasstöpselflaschen von je 1 Liter Inhalt mit je 50 ccm Benzin (0,700 spec. Gew. bei 15⁰ C.), dann fügt man je 25 ccm alkoholische $\frac{n}{2}$ Kalilauge zu und lässt in Zimmertemperatur unter häufigem Umschwenken 24 Stunden verschlossen stehen. Die eine Probe titrirt man unter Zusatz von 500 ccm Wasser und unter Umschwenken nach Verlauf dieser Zeit mit $\frac{n}{2}$ Schwefelsäure und Phenolphtaleïn zurück Diese Zahl ist die „Harzzahl" (H.-Z.). Die zweite Probe behandelt man weiter und zwar setzt man noch 25 ccm wässerige $\frac{n}{2}$ Kalilauge und 75 ccm Wasser zu und lässt unter häufigem Umschütteln noch 24 Stunden stehen. Man verdünnt nun mit 500 ccm Wasser und titrirt, wie oben, zurück. Die so erhaltene Zahl ist die „Gesammt-Verseifungszahl" (G.-V.-Z.). Die Differenz von G.-V.-Z. und H.-Z. ist die „Gummizahl" (G.-Z.).

Beisp.: Ammoniacum, Galbanum, Gutti.

So haben sich denn auf Grund der analytischen Arbeiten von KREMEL, welcher zuerst, resp. fast gleichzeitig mit v. SCHMIDT, ERBAN, MILLS, WILLIAMS, BECKURTS u. BRÜCHE, E. DIETERICH u. a. m. die quantitativen Fettmethoden systematisch auf die Harze übertrug, und anderer Autoren heute eine grosse Anzahl von Erfahrungen ergeben, die K. DIETERICH auf Grund neuerer und seiner eigenen Arbeiten über Perubalsam, Copaïvabalsam (Angostura-Bahia-Carthagena-Illurin-Para-Maracaïbo-Surinam-Gurjun-) Mekkabalsam Benzoë, (Siam-Sumatra-Padang-Palembang Penang-) Colophonium, Copal, Dammar, Elemi, Palmen-Drachenblut, Socotra-Drachenblut, Guajakharz, Mastix, Sandarak, Styrax, Thapsiaharz, Anime, Carannaharz, Ladanum Turpethharz, Ammoniacum, Asa foetida, Galbanum, Myrrha, Bdellium, Opopanax, Sagapen und Olibanum in „allgemeinen“ und „speciellen“ Leitsätzen zusammengefasst hat. Dieselben mögen hier, unter Beifügung von den entsprechenden Beispielen für die speciellen Leitsätze angeführt sein:

Allgemeine Leitsätze. Im „allgemeinen“ sind für die grossen Schwankungen der bisher erhaltenen analytischen Werthe — abgesehen von den Schwankungen, welche den Harzen auf Grund ihrer wechselnden Zusammensetzung a priori zugebilligt werden müssen — folgende Punkte verantwortlich zu machen.

1. Das Fehlen einheitlicher, rationeller Methoden unter Festlegung allgemein giltiger Ausführungsvorschriften.

2. Die geringe Individualisirung der Methoden ohne Berücksichtigung der neueren Harzchemie.

3. Die Verwendung von Extrakten an Stelle der unveränderten Naturdroge.

4. Das Fehlen von Untersuchungen authentisch reiner, direkt vom Stammbaum entnommener Harzprodukte als Grundlage für die Werthbestimmung. (Bisher sind nur wenige derartiger authentisch echter Harzkörper — Perubalsam, Styrax und einige a. m. — untersucht worden.)

Man darf zur Verbesserung der Harzanalyse nach K. Dieterich folgende Punkte als massgebend aufstellen:

1. Die Verwendung der Naturdroge zur Analyse.

2. Die Feststellung einheitlicher Vorschriften zur Ausführung rationeller Methoden.

3. Die Individualisirung dieser Methoden auf Grund der neuesten Harzchemie.

4. Bevorzugung quantitativer Methoden vor qualitativen — besonders Farben-Reaktionen.

5. Festlegung von Grenznormalwerthen auf Grund von Untersuchungen authentisch reiner, vom Stammbaum direkt entnommenen Proben.

Im „Speciellen“ sind folgende Punkte bei der Analyse zu beachten:

Specielle Leitsätze mit Beispielen. I. Es ist unter allen Umständen falsch zur Analyse nur einen Theil des betreffenden Harzes oder Gummiharzes — so z. B. das alkoholische Extrakt — zu verwenden. Es entstehen hierbei — wie sich bei Siam-Sumatra-Benzoë, Styrax, Myrrha, Ammonicum, Galbanum u. s. w. gezeigt hat — Verluste und Veränderungen, welche die Resultate beeinflussen und einen massgebenden Schluss auf die Rohdroge selbst nicht mehr gestatten. Der grösste Theil der Werthe der Harzlitteratur ist bisher auf diesem Wege gewonnen und für einen massgebenden Schluss — wenigstens für einen auf das Rohprodukt bezüglichen — nur relativ brauchbar. Die für ein Extrakt erhaltenen Werthe dürfen also keinesfalls als für das Rohprodukt geltend bezeichnet werden.

II. Noch mehr zu verwerfen ist es, wenn zur Bestimmung dieser Zahlen nicht einmal jene Menge Extrakt herangezogen wurde, die 1 g Rohdroge entsprach, sondern wenn 1 g Extrakt genommen wurde. 1 g Extrakt entspricht aber viel mehr als 1 g Rohdroge und ergiebt eine Zahl, die keineswegs der Definition „Säurezahl" und „Esterzahl" nahekommt.

III. Das vorherige Lösen in heissem Alkohol ohne Verwendung des Rückflusskühlers etc. ist — soweit dies durchführbar — zu vermeiden, da hierdurch speciell bei solchen Körpern, die schwer oder nur theilweise löslich sind, Verluste an flüchtigen Substanzen auftreten (so bei Gummiharzen, Styrax etc.).

IV. Es sind darum alle Methoden, die durch Zurücktitration verfahren deshalb praktisch, weil sie die Lauge gleichzeitig als Bindungsmittel der Säure, und als Lösungsmittel benutzen und einen besseren Umschlag von roth in gelb geben, als bei der direkten Titration (so bei Ammoniacum, Galbanum, Asa foetida, Benzoë, Olibanum u. s. w.).

V. Bei einer Anzahl von Harzen, meist esterfreien, hat sich gezeigt, dass trotz ihrer Löslichkeit in indifferenten Lösungsmitteln, doch bei der direkten Titration die Bindung der Säure nicht quantitativ und sofort erfolgt. Es muss bei diesen esterfreien oder schwer verseifbaren Harzen durch Zurücktitration verfahren und der Lauge Zeit zur Bindung der Harzsäuren gelassen werden. (Zu diesen Harzen zählen Copal, Dammar, Guajakharz, Sandarak, Mastix u. s. w.) Auch bei diesen Harzen ist der Umschlag bei der Rücktitration von roth in gelb sehr scharf.

VI. Auch bei solchen esterfreien oder schwer verseifbaren Harzen, die sich mit geringeren Unterschieden direkt titriren lassen, hat die Zurücktitration zur Bestimmung der Säurezahl den Vortheil, dass man nicht erst zu lösen braucht, sondern die Lauge als Lösungsmittel mitbenutzt und einen schärferen Umschlag von roth in gelb erzielt, als bei einem von gelb in roth. Die so erhaltenen Zahlen stimmen meist auch besser überein als die direkt titrirten.

VII. Die bisherigen Verseifungsmethoden hatten öfters den Nachtheil, dass sie entweder nur partielle Verseifungszahlen lieferten, oder dass sie schlecht zu titrirende dunkelgefärbte Flüssigkeiten gaben, oder dass sie Zersetzungsprodukte, oder dass sie von vorneherein schon deshalb nur relativ brauchbare Zahlen gewinnen liessen, weil nicht die Naturdroge, sondern das Extrakt derselben verwendet wurde (vergl. Nr. 1), (so bei Perubalsam, Siambenzoë, Sumatrabenzoë u. s. w).

VIII. Am besten hat sich bisher — selbstredend nur unter Verwendung des Naturproduktes — die kalte und fraktionirte Verseifungsmethode bewährt, und zwar vor allem deshalb, weil die Verseifungsflüssigkeiten heller gefärbt und besser titrirbar sind.

Es hat sich gezeigt, dass viele Harze schon kalt durch alkoholische Lauge und Benzin, viele durch wässerige und alkoholische Lauge zusammen kalt verseift werden können. Erstere Art ist die „kalte", letztere die „fraktionirte" Verseifung; bei letzterer wird die Zahl, welche die alkoholische Lauge und Benzin allein ergiebt „die Harzzahl, das Resultat von alkoholischer und wässeriger Lauge zusammen als „Gesammt-Verseifungszahl" bezeichnet.

Es hat sich hierbei weiterhin ergeben, dass nach der einfachen, kalten Methode fast alle Balsame und viele Harze und nach der fraktionirten Methode mehrere Gummiharze, überhaupt solche Körper, die Gummi neben Harz enthalten (mit Ausnahme von Myrrha, Olibanum, Asa foetida) ohne Mitwirkung von Wärme innerhalb 24—48 Stunden verseifbar sind. Bei manchen Gummiharzen hat sich weiterhin ergeben, dass auf diesem Wege nur die Säure gebunden wird, nicht aber eine Verseifung eintritt:

Es sind nämlich kalt verseifbar innerhalb 24—48 Stunden:

Perubalsam

Copaïvabalsam· | *(Angostura-Bahia-,Carthagena-*
     " | *Maracaibo-Maturin-ostindischer*
     " | *Para-westindischer Balsam.)*

Benzoë   *(Siam)*   *durch alkoholische Lauge*
   "   *(Sumatra)*   *und Benzin*
   "   *(Palembang)*   *allein.*
   "   *(Padang)*
   "   *(Penang)*
Myrrha
Styrax
Mekkabalsam

Ammoniacum
Galbanum
Euphorbium
Gutti   *durch fraktionirte Verseifung.*
Drachenblut | (*Socotra*)
       „   ∫ (*Sumatra*)
Lactucarium

Weder auf die eine noch auf die andere Art — innerhalb 24 bis 48 Stunden — sind verseifbar:

Asa foetida \ *es wird bei Verwendung von alkoholischer und wässe-*
Olibanum   ∫   *riger Lauge nur die Säure gebunden.*

Hierzu ist zu bemerken, dass das Benzin, trotzdem es meist nur theilweise löst, keinesfalls weggelassen werden darf.

IX. Bei allen Titrationen ist zur Vermeidung von Fehlern Säure- und Verseifungszahl nicht in „einem" Versuche, sondern in „zwei" getrennten Versuchen zu bestimmen.

X. Um möglichst ungefärbte, gut titrirbare Flüssigkeiten zu erhalten, darf man bei allen Balsamen, Harzen, Gummiharzen nicht — wie bei den Fetten und Oelen — von 3 g, sondern nur von 1 g Substanz ausgehen. Wenn auch bei 1 g die Titrationsfehler vergrössert werden, so wiegen sie doch jene Fehler nicht auf, die bei der Titration zu dunkel gefärbter Flüssigkeiten auftreten. Ausserdem haben Versuche ergeben, dass die aus 1 g erhaltenen Zahlen, mit denen aus 3 g erhaltenen vollständig stimmen, ja dass sogar die aus 1 g erhaltenen bei hellgefärbten Harzen untereinander noch besser stimmen.

XI. Die Verdünnung einer Flüssigkeit, sei sie eine Lösung oder eine Verseifungsflüssigkeit, darf nur in den seltensten Fällen mit Wasser, meist nur mit Alkohol vorgenommen werden; man verfahre hierbei genau nach der vorgeschriebenen Methode. Wasser bewirkt meist milchige Trübung und eine schlecht zu titrirende Flüssigkeit oder aber es tritt eine Rückzersetzung der Harzseifen ein, so bei Colophonium, Dammar, Copal u. s. w.; aus diesem Grunde ist auch mit Recht für möglichst „wasserfreie" Pflaster zu plädiren.

XII. Da der Umschlag bei Verwendung von $\frac{n}{2}$ - Lauge bedeutend rascher und damit schärfer eintritt, wie bei Verwendung von $\frac{n}{2}$-Lauge und da hierbei trotz der inbegriffenen Titrationsfehler die unbestimmten Farbenzwischenstufen, die die Endreaktion zweifelhaft erscheinen lassen, nicht auftreten, so ist es stets praktischer, $\frac{n}{2}$ - und nicht $\frac{n}{10}$-Lauge zu nehmen.

XIII. Da überall die Naturdroge zu verwenden ist und nicht ein Theil derselben, so ist eine Hauptbedingung, ein wirkliches Durchschnittsmuster zu gewinnen Man erhält ein solches am besten dadurch, dass man mindestens 100 g der trockenen Droge so fein als möglich zerreibt und dieser grösseren Menge ein Durchschnittsmuster entnimmt. (Vergl. XXIII.) Balsame sind stets vorher gut umzuschütteln, Harze, die wasserhaltig sind, wie Styrax, sind — nach Entfernung des ausgeschiedenen Wassers — gut durcheinander zu rühren. Gummiharze, die sehr weich sind und sich schlecht zerreiben lassen, stellt man eventuell kalt oder direkt in eine Kältemischung und wiederholt das Zerreiben, bis ein wirkliches Durchschnittsmuster gewonnen wurde; Wärme ist in jedem Fall zu vermeiden. Zur Entnahme der grösseren zu zerreibenden Menge nimmt man, wenn grössere Posten vorliegen — beispielsweise ganze Kisten von Benzoë oder ganze Fässer von Styrax, oder ganze Ballen von Gummiharzen — stets von mehreren Stellen und nicht nur von einer Stelle Proben. Verwendet man, wie bei Myrrha, Ammoniacum, Galbanum, Opopanax, Sagapen das Gummiharz direkt, so ist, speciell für die Bestimmung der Säurezahl — sei es direkt oder indirekt — das vorherige Aufschliessen mit Alkohol und Wasser am Rückflusskühler — nacheinander — unumgänglich nothwendig.

XIV. Es ist weiterhin selbstverständlich, dass zur Untersuchung nie „eine" Analyse massgebend sein kann, sondern dass zur Gewinnung eines Urtheils stets von dem betreffenden Harz zwei Säure-, zwei Ester-, zwei Verseifungszahlen etc. festzustellen und die Mittel als Resultate anzugeben sind. Für alle kalten Verseifungen, überhaupt dort, wo die Flüssigkeiten längere Zeit stehen müssen, sind nur Glasstöpselflaschen von einem Liter Rauminhalt zu verwenden. Schlecht abwiegbare Harzkörper oder Balsame werden mit einem Glasstäbchen abgewogen und das Stäbchen mit in die Verseifungsflüssigkeit, resp. die Glasstöpselflasche hineingeworfen.

XV. Alle Werthe sind auf die wasserhaltige unveränderte Rohdroge und nicht, wie oft üblich, auf die bei 100^{0} C. getrocknete Waare zu berechnen. Mindestens sind beide Werthe nebeneinander anzugeben.

XVI. Die Bestimmung der Jodzahl und Bromzahl hat nur geringen Werth, da sie erstens leicht zu unzutreffenden Zahlen Anlass giebt und zweitens ungenaue Zahlen infolge des sehr schwer und ungenau zu sehenden Umschlages erhalten lässt (Jodzahlen wurden von fast allen Harzen und Balsamen, von ersteren bei dem alkoholischen Extrakt festgestellt).

XVII. Solche Harze, die Säure und Ester enthalten, können selbstredend nur Säure- und Verseifungszahlen, diejenigen, die nur Ester enthalten, nur Verseifungszahlen, und endlich solche, die nur freie Harzsäuren enthalten, nur Säurezahlen liefern.

Säurezahlen von D r a c h e n b l u t, welches keine freie Säure enthält, sind ebenso ein Unding, wie Esterzahlen vom esterfreien C o l o p h o n i u m, S a n d a r a k, C o p a l oder D a m m a r u. s. w. Derartige in der Litteratur vorhandene Zahlen sind auf Grund der neuesten Harzchemie zu streichen.

XVIII. Alle quantitativen Methoden sind qualitativen vorzuziehen; vor allem sind diejenigen quantitativen Methoden als brauchbar zu bezeichnen, welche nicht auf solche Harzbestandtheile gegründet sind, die minderwerthig und in nur g e r i n g e r Menge in der Droge vorhanden sind, sondern welche auf „H a u p t b e s t a n d theile" der Harze Rücksicht nehmen. Ebenso können n u r solche Methoden wirklichen Werth beanspruchen, welche auch für verfälschte Harze systematisch ausprobirt und als brauchbar anerkannt worden sind.

XIX. Ebenso wie bei den Fetten, liefert auch die Bestimmung der Acetylzahl Anhaltspunkte zur Beurtheilung, und das umsomehr, als fast alle Harze Oxysäuren enthalten.

So unterscheiden sich die Acetylprodukte der T e r p e n t i n e wesentlich untereinander und vom Ausgangsprodukt; ebenso liegen die Verhältnisse bei D a m m a r, C o p a l u. s. w. (Vergl. hierüber „Helfenberger Annalen", 1897, p. 39—44.) Ueber die Carbonyl- und Methylzahlen und die Harzalkohole und Harzsäuren vergl. weiter vorher: Untersuchungsmethoden p. 28 flg. und Chem. Revue 1898, Nr. 10.

XX. Im allgemeinen lassen sich die Untersuchungsmethoden der Fette und Oele wohl auf die Balsame, Harze und Gummiharze übertragen, jedoch ist hierbei zu beachten, dass die Harze als Gemische und zwar als nicht immer homogene, durch die Gewinnungsarten und äussere Einflüsse oft beliebig veränderte Gemenge, nicht mit „einer" Methode beurtheilt werden können, sondern, dass die jeweilige Methode dem betreffenden Harz oder Balsam, oder Gummiharz entsprechend angepasst werden muss. Schon eine geringe Abweichung von der genau gefassten Vorschrift bringt Veränderungen in den Resultaten hervor.

XXI. Von Indikatoren zur Titration der oft stark gefärbten Flüssigkeiten hat sich Phenolphtalein immer wieder am besten bewährt; andere Indikatoren, wie Tropaeolin, Hämatoxylin, Lackmus, Rosolsäure, Methylorange und Alkaliblau mussten alle als nicht oder weniger brauchbar verlassen werden.

XXII. Die zur kalten und fraktionirten Verseifung verwendete alkoholische Kalilauge muss so hergestellt sein, dass sie möglichst hochprozentig an Alkohol ist, d. h. man verwendet $96^0/_0$ igen Alkohol und filtrirt von dem unlöslichen $K_2 CO_3$ ab.

XXIII. Die Zerkleinerung und Pulverisirung der Harze (Vergl. VIII) und Gummiharze und aller solcher Produkte, die beim Zerreiben kleben, darf in Rücksicht auf die aromatischen Bestandtheile nicht durch vorheriges wochenlanges Erhitzen der Produkte im Trockenschrank, überhaupt nicht durch vorheriges Erwärmen vorgenommen werden (wie es vollkommen unsachgemäss das D. A. III vorschreibt), sondern muss so bewerkstelligt werden, dass die betreffenden Harzprodukte an einen recht kalten Ort gelegt werden und auf diese Weise zu möglichst harten, pulverisirbaren Körpern umgewandelt werden; wo dies im Grossen durchgeführt werden soll, empfiehlt es sich, diese Fabrikation im Winter vorzunehmen.

Uebergänge der Harzkörper untereinander und die Namen derselben. Zum Schluss der allgemeinen Abtheilung noch einige Worte über die Namen der Harze und über die Uebergänge der einzelnen Harze unter einander und ihre Beziehungen zu einander. Da wir Namen für die Harze gebrauchen — wie Dammar, Copal, Elemi, Kino u. s. w. — die nicht ein Harz speciell bedeuten, so werden durch diese „Sammelnamen" selbstredend leicht Uebergänge und Verwechselungen veranlasst. Derartige Nomenklatur-Zweideutigkeiten, werde ich im speciellen Theil besonders erwähnen und die Uebergänge von Kino zum Drachenblut, von Bdellium zu Myrrha, von Terpentinharzen zu Dammar und Copal, die zum Theil nahe verwandten Namen wie Resina Caranna, Gomart-Gummi, Res Kikekunemalo, Anime, Tacamahak und Elemi u. a. m. besonders hervorheben. Auch die oft verschieden benannten Handelssorten tragen viel zu manchen Zweideutigkeit der Namen bei.

II.

Specieller Theil.

———

Einleitung.

Vor der speciellen Abhandlung der einzelnen Harzprodukte machen sich noch einige allgemeine Bemerkungen nöthig, welche in folgendem erst vorausgeschickt sein mögen:

Unter der Bezeichnung „meist übliche Methode" ist bei der Bestimmung der Säure-Ester-Verseifungszahl diejenige gemeint, welche nichts Specielles vorschreibt, sondern in derselben Weise, wie bei den Fetten, also nach HÜBL verfährt; zur Bestimmung der Säurezahl nämlich: Lösen in Alkohol und direkte Titration mit $\frac{n}{2}$ Lauge und Phenolphtaleïn. Zur Bestimmung der Verseifungszahl $^1/_2$ Stunde am Rückflusskühler kochen, nachErkalten zurücktitriren und zwar unter Verwendung von alkoholischer $\frac{n}{2}$ Lauge und wässeriger $\frac{n}{2}$ Schwefelsäure. Esterzahl durch Berechnung (siehe auch Allgemeiner Theil, Untersuchungsmethoden sub „Esterzahl").

Die mehrfach aufgeführten petrolätherlöslichen Antheile nach HIRSCHSOHN sind so erhalten, dass vom Petroläther die bei 40° oder 60° oder 80° C. übergehenden Antheile zur Extraktion verwendet wurden und dann die Trockenlegung des Gelösten bei 120° C. bis zum konstanten Gewicht bewerkstelligt wurde. In anderen Fällen wurde dann die Lösung bei 17° C. verdunstet und der Rückstand nach Eintreten des konstanten Gewichtes gewogen. Die Bezeichnungen: Petroläther 40° C. Siedepunkt und Petroläther 17° C. und 120° C. sind also, wie oben ausgeführt aufzufassen. Alle specifischen Gewichte beziehen sich, wenn nichts näheres vermerkt, auf die Temperatur von 15° C.

Weiterhin sei für die Analyse und die hierzu nöthigen Wägungen ein praktischer Fingerzeig gegeben: Bei den Harzen, welche, wie weiches Elemi, Styrax etc. schmierige oder balsamähnliche Beschaffenheit haben, ist das Abwägen, besonders in die Literflaschen mit engem Hals (zur kalten und fraktionirten Verseifung) unbequem, da das Harz am Rand anhaftet und nur langsam abläuft. Man verfährt dann so, dass man einen kleinen Theil des Harzes auf ein Uhrglas bringt, dieses tarirt, dann ein kleines Glasstäbchen mit ungefähr 1 g — dem Augenmass nach — durch Eintauchen beschickt und dann das Glasstäbchen mit dem Harz zusammen direkt in die Flasche wirft. Durch Rückwägung des Uhrglases bestimmt man das angewandte Gewicht. Auf diese Weise umgeht man oben erwähnte Missstände. Betreffs Gewinnung von Durchschnittsmuster bei festen Harzkörpern vergl. Allgem. Theil spec. Leitsätze Nr. XXIII.

Häufiger vorkommende Abkürzungen:

A. d. Ph.   = Archiv der Pharmacie (SCHMIDT u. BECKURTS).
Ph. C.   = Pharmaceutische Centralhalle (A. SCHNEIDER).
Ph. Ztg.   = Pharmaceutische Zeitung (BÖTTGER).
Ch. Rev.   = Chemische Revue über die Fett- und Harzindustrie (R. HENRIQUES).
H. A.   = Helfenberger Annalen (K. DIETERICH).
Ch.-Ztg.   = Chemiker-Zeitung (KRAUSE).
Ap.-Ztg.   = Apotheker-Zeitung (SALZMANN).
Südd.Ap.-Ztg.   = Süddeutsche Apotheker-Zeitung (KOBER).
Ö Ch.-Ztg.   = Oesterreichische Chemiker-Zeitung ⎫
Ph. P.   = Pharmaceutische Post   ⎭ (HEGER).
N. z. Pr. d. A.   = Notizen zur Prüfung der Arzneimittel 1889 (KREMEL).
D. d. H. A.   = Decennium der Helfenberger Annalen (E DIETERICH).
R.-E.   = Real-Encyclopaedie (GEISSLER-MÖLLER).
I.-D.   = Inaugural-Dissertation.
G.-B u. H -B.   = Geschäftsbericht und Handelsbericht.
Ap -Ztg. R.   = Apotheker-Zeitung: Repertorium.
D. A. III.   = Deutsches Arzneibuch III. Ausgabe.

Definition

der

1. Säurezahl (direkt und indirekt): Die Anzahl Milligramme KOH, welche die freie Säure von 1 g Harz bei der direkten oder Rücktitration zu binden vermag.

2. Säurezahl der flüchtigen Antheile: Die Anzahl Milligramme KOH, welche 500 g Destillat von 0,5 g Gummiharz (Ammoniacum, Galbanum), mit Wasserdämpfen abdestillirt, zu binden vermögen.

3. Verseifungszahl (heiss und kalt): Die Anzahl Milligramme KOH, welche 1 g Harz bei der Verseifung auf kaltem oder heissem Wege zu binden vermag.

4. Harzzahl: Die Anzahl Milligramme KOH, welche 1 g gewisser Harze und Gummiharze bei der kalten fraktionirten Verseifung mit nur alkoholischer Lauge zu binden vermag.

5. Gesammt-Verseifungszahl (fraktionirte Verseifung): Die Anzahl Milligramme KOH, welche 1 g gewisser Harze und Gummiharze bei der kalten fraktionirten Verseifung mit alkoholischer und wässeriger Lauge nacheinander behandelt in summa zu binden vermag.

6. Gummizahl: Die Differenz von Gesammtverseifungs- und Harzzahl.

7. Esterzahl: Die Differenz von Verseifungs- und Säurezahl.

8. Acetylzahl: Die Differenz von Acetylverseifungs- und Acetyl säurezahl.

9. Carbonylzahl. Die Procente Carbonylsauerstoff der angewandten Substanz.

10. Methylzahl: Die Menge Methyl, welche 1 g Harz ergiebt.

Die nun folgenden Abkürzungen resp. die mit kleinen Buchstaben beigefügten Bezeichnungen, wie d. = direkt, ind. = indirekt (Rücktitration), k. = kalt, h = heiss, f = flüchtig werden im ganzen speciellen Theil durchgeführt, um diesen Bezeichnungen, welche sofort die angewendete Methode erkennen lassen, allgemeinen Eingang und Geltung zu verschaffen (vgl. Vorwort).

Es bedeutet:
S.-Z d.   = Säurezahl direkt bestimmt.
S -Z. ind.   = Säurezahl durch Rücktitration bestimmt.
S.-Z. f.   = Säurezahl der flüchtigen Antheile.
E -Z.   = Ester-Zahl.
V.-Z. h.   = Verseifungszahl heiss.
V.-Z k.   = Verseifungszahl kalt.
H -Z.   = Harzzahl.
G.-V.-Z.   = Gesammt-Verseifungszahl.
G.-Z.   = Gummi-Zahl.
A.-Z   = Acetyl-Zahl (resp. A.-S.-Z., A.-E.-Z., A.-V.-Z.).
C.-Z.   = Carbonyl-Zahl.
M.-Z.   = Methyl-Zahl.

Bei den Vorschriften für die Berechnung der Werthe ist die neuerdings von Landolt, Ostwald und Seubert ausgearbeitete und von der Deutschen Chemischen Gesellschaft endgiltig angenommene Tabelle der Atomgewichte zu Grunde gelegt worden.

A. Balsame.

1.

Canadabalsam.
Balsamum Canadense.

Abstammung und Heimat. Abies balsamea D. C., Coniferen.

Nordamerika.

Chemische Bestandtheile. Aetherisches Oel linksdrehend (18,6%),
in Alkohol lösliches Harz (46%), in Alkohol schwer lösliches Harz
(33,4%), Federharz (4%), Bitterstoff, Extraktivstoff, Spuren Essigsäure
(4%) (nach BONASTRE).

Allgemeine Eigenschaften und Handelssorten. Der Canadabalsam ist vollkommen klar, von hellgelber, fast grünlicher Farbe
und schwach fluorescirend. Der Geruch ist angenehm aromatisch,
der Geschmack bitter. An heisses Wasser giebt er Bitterstoff ab. In
absolutem Alkohol ist der Balsam nur theilweise löslich. (Vergl. auch
sub Terpentine: Tereb. argentoratensis, Strassburger T.)

Verfälschungen resp. Verwechslungen. Colophonium, venet.
Terpentin.

Analyse. Im allgemeinen sind die analytischen Daten über den
Canadabalsam sehr spärlich vorhanden. HIRSCHSOHN fand, dass Canadabalsam mit geringem Rückstand in Petroläther löslich ist, dass aber
mehr Petroläther, später hinzugefügt, Trübung hervorruft.

Es wurden bisher zum Theil S.-Z, dann aber auch E.-Z. und V.-Z.
bestimmt.

A. KREMEL fand:

$$\begin{array}{ll} \text{S.-Z. d.} & 83,0 \\ & 81,3 \\ \text{E.-Z.} & - \\ \text{V.-Z. h.} & - \end{array} \Big\} \text{ nicht bestimmt.}$$

Die S.-Z. d. wurde so festgestellt, dass ca. 1 g in starkem Alkohol gelöst und mit alkoholischer $\frac{n}{2}$-Kalilauge direkt titrirt wurde.

F. Dietze fand:

	I.	II.	III.
S.-Z. d.	84,89	85,93	84,40
E.-Z.	4,54	9,83	9,00
V.-Z. h.	89,43	95,76	93,40

Die Titration der S.-Z. d. wurde, wie oben bei Kremel ausgeführt; die V.-Z. h. wurde nach der meist üblichen Methode (vergl. Spec. Th. Einl.) festgestellt.

E. Dieterich fand:

S.-Z. d. 84,00—86,80

Löslichkeit:

Chloroform
Essigäther } völlig löslich
Benzol·

Aether
Terpentinöl } fast völlig bis vollständig löslich
Alkohol 90 %, 90,90—93,58 % löslich
Petroläther 83,46—92,73 %   „

Die S.-Z. d. wurde nach der Kremel'schen Methode festgestellt.

Die von E. Dieterich angegebenen Jodzahlen werden hier — wie überall — ausgeschlossen, da dieselben bei den Harzprodukten unzuverlässig sind; (vergl. allgemeiner Theil, specielle Leitsätze).

Gregor und Bamberger bestimmten Methylzahlen und fanden die Werthe = 0.

Ueber den Nachweis von Colophonium in Balsamen und Harzen nach Storch-Morawski vergl. sub Colophonium.

Litteratur.

E. Dieterich, D. d. H. A. p. 27. — F. Dietze, Südd. Ap.-Ztg. 1897, Nr. 44. — Gregor u. Bamberger, Oestr. Ch.-Ztg. 1898, Nr. 8 u. 9. — Hirschsohn, A. d. Ph. 211, p. 159. — Hirschsohn, A. d. Ph 211, p. 188. — Kremel, N. z. P. d. A. 1889.

Copaïvabalsame.

Balsamum Copaïvae (officinell im D. A. III).

Abstammung und Heimat. Verschiedene Copaïferaarten wie Copaïfera officinalis und guianensis u. s. w. Caesalpiniaceen.

Südamerika, Ostindien und Afrika.

Chemische Bestandtheile. Zwischen 40—60 % ätherisches Oel und 40—60 % Harz.

Das ätherische Oel entspricht der Formel $(C_5 H_8) = C_{15} H_{24}$ (BERTHELOT) resp. für Parabalsam $C_{20} H_{32}$ (ENGLÄNDER). Das Harz ist in Alkohol, Benzol, Amylalkohol löslich und besteht meist aus amorphen Säuren. Krystallinisch ist die Copaïvasäure $C_{20} H_{30} O_2$ (SCHWEITZER). Parabalsam enthält die Oxycopaïvasäure $C_{20} H_{28} O_3$ (FEHLING). Maracaïbobalsam enthält die Metacopaïvasäure $C_{22} H_{34} O_4$ (STRAUSS), ausserdem ist in allen Balsamen noch Bitterstoff nachgewiesen worden.

Allgemeine Eigenschaften und Handelssorten. Man unterscheidet dick- und dünnflüssige Balsame. Als Vertreter des dickflüssigen ist der „Maracaibo"-(Venezuela-), als derjenige der dünnflüssigen der „Para"-(Maranham)-Balsam zu nennen. Die übrigen bleiben meist in der Mitte. Die meisten Balsame, wie der „Gurjunbalsam", zeigen eine starke grüne Fluorescens. Im Handel sind in der Hauptsache die Maracaïbobalsame und Parabalsame. Als Ersatz der officinellen dicken Maracaïbobalsame wird neuerdings auch der „Maturinbalsam" — wie früher „Angostura"- und „Carthagenabalsam" — empfohlen. Der Geruch ist bei allen sehr stark und aromatisch, der Geschmack bitter und kratzend. „Bahia-", „Carthagena-", „Surinam-", „Angostura-"Balsame und „westafrikanische" (Illurin, Antillen) Balsame sind kaum mehr im Handel. Der „Baume à cochon", welcher wie Copaïvabalsam wirkt und verwendet wird, stammt nach HARTWIG von einer Burseracee und zwar Hedwigia balsamifera. Ebenso liefert Humiria floribunda einen nach Benzoë riechenden Balsam, der ebenso wie Copaïvabalsam gegen Gonorrhoe angewendet wird (HARTWIG).

Verfälschungen resp. Verwechslungen. Die officinellen Balsame werden mit Gurjunbalsam, fetten Oelen (Ricinusöl, Olivenöl), Styrax, Colophonium, Terpentin, Sassafrasöl[1]), Terpentinöl, Paraffinöl u. s. w. verfälscht, die anderen Balsame öfters unter einander verwechselt, oder verschnitten. Der Maracaïbobalsam wird meist mit dünnflüssigen Parabalsamen verfälscht.

Analyse. Es giebt wohl kaum einen Balsam — ausser dem Perubalsam — der in Bezug auf seine Prüfung so viel untersucht worden ist, wie der Copaïvabalsam. Fast alle Sorten, wie Angostura-, Bahia-Carthagena-, Maracaïbo-, Maturin-, Gurjun-, Para-, Surinam- und westafrikanischer Balsam wurden geprüft. Dass gerade der Maracaïbobalsam, als der officinelle des D. A. III besonders oft untersucht wurde, brauche ich nicht besonders hinzuzufügen. Der Hauptgrund, warum die Ansichten

---

[1]) Sassafrasöl, als im Preise theurer, als Copaïvabalsam, dürfte als Verfälschung wohl nur mehr in der Theorie, nicht in der Praxis vorkommen.

und Ergebnisse der einzelnen Autoren so stark abweichen, ist darin zu suchen, dass ein wirklich echter Balsam wohl so gut, wie gar nicht in unsere Hände gekommen ist und kommt. Es wird und ist vielmehr zu verschiedenen Zeiten, auch verschieden gefälscht worden. Auf diese Verhältnisse haben Gehe & Co., der Oil Paint and Drugg Reporter und in neuester Zeit wieder K. Dieterich hingewiesen. Unendlich ist die Zahl der qualitativen Reaktionen resp. ihre Modifikationen nach Ulex, Wagner, Maisch, Proeter, Guibourt, Dierbach, Raleigh, Chrestien, König, Lowe, Gerber, Rose, Thorn, Gutnik, Vigne, Vallet, Redwood, Hager, Wimmel, Gehe & Co., Enell, Muter, Hirschsohn, Maupy u. a. m. E. Praël hat die erste grosse und eingehende Arbeit über die verschiedenen Copaïvabalsame geliefert und auch Harz und ätherisches Oel quantitativ bestimmt. Später hat dann A. Kremel die quantitative Methode, Bestimmung des spec. Gew., S.-Z., E.-Z. und V.-Z. eingeführt. Aber auch hier gehen die Ansichten über die Brauchbarkeit dieser Kennzahlen sehr auseinander. Während Beckurts und Brüche für die Jodzahlen eintreten, hält Wimmel und Gehe & Co. und neuerdings wieder K. Dieterich wenig von dieser letzten Prüfung. Wohl aber empfehlen alle Autoren, mit ganz wenigen Ausnahmen die quantitative Prüfung auf Grund der S.-Z., E.-Z. und V.-Z. und die Normirung des specifischen Gewichtes. Die optische Drehung nach Hager (Handelsbalsame fast alle links, Maracaïbo rechts), die Säureprobe nach dem D A. III oder nach Enell, die Ammoniakprobe nach Gehe & Co., Wimmel, Bosetti, die Schüttelprobe nach Grote können nie einen sicheren Aufschluss geben, solange wir nicht echte und gleichmässige Produkte im Handel haben. Die Werthbestimmung ist nur durch die Bestimmung der obengenannten Kennzahlen auf quantitativem Wege möglich und zwar unter Festlegung gewisser Grenzwerthe nach oben und unten, innerhalb welcher die einzelnenBalsame nur schwanken dürfen. Die quantitative Bestimmungsmethode in diesem Sinne ist erst kürzlich wieder von Caesar und Loretz und auch Gehe & Co. als ein Fortschritt empfohlen worden. Selbstredend darf, wie schon Thoms ausführte, die Bestimmung dieser Kennzahlen nicht in einer so unvollkommenen Weise geschehen, wie es das D. A. III vorschreibt. Allerdings muss man sich, wie Gehe & Co. kürzlich ausführten, in der Festlegung von Grenzwerthen z. B. der von K. Dieterich vorgeschlagenen noch abwartend verhalten da, wie Gehe & Co. gefunden haben, auch verfälschte Balsame unter Umständen noch innerhalb der K. D.'schen Norm liegen können. K. Dieterich bemerkt hierzu, dass erst die Untersuchung wirklich authentisch reiner Copaïvabalsame, direkt vom Stammbaume entnommen — wie beim Perubalsam und Styrax — wirkliche Anhaltspunkte zur Aufstellung von

Grenzwerthen geben könne. Wenn Gehe & Co. die bisher aufgestellten Grenzzahlen als zu weit gefasst bezeichnen, so misst K. Dieterich — entgegen Gehe & Co. — der qualitativen Probe mit Ammoniak und Colophonium (nach Bosetti) eine nur untergeordnete Bedeutung bei. Die Untersuchung des ätherischen Oeles, wie es die British Pharmacopeia vorschreibt, oder die des Copaïvaharzes ist bei der schwankenden Menge dieser Bestandtheile ebensowenig zu empfehlen, wie die Jodzahl. Wohl aber ist bei den einzelnen Balsamen — soweit bekannt — die quantitative Bestimmung der von verschiedenen Lösungsmitteln aufgenommenen Antheile, wie es für fast alle Harze früher von E. Dieterich in Verfolg der Zahlen von Hirschsohn, v. Schmidt und Erban, Muter, Praël u. a. m. durchgeführt wurde, zu empfehlen. Die qualitativen Reaktionen und die Jodzahlen sind von der Aufnahme in die Methode und von der speciellen Berichterstattung aus obigen Gründen ausgeschlossen. Die von Mauch vorgeschlagene Methode, die Farbenreaktionen mit den durch Chloralhydratlösung isolirten ätherischen Oelen anzustellen, dürfte für die Farbenreaktionen selbst schon etwas mehr Sicherheit bieten, wenngleich auch diese, wie alle Farbenreaktionen unsicher bleiben. Der Werth seiner Methode, das ätherische Oel mit Chloralhydrat leicht sicher isoliren zu können, darf aber keinesfalls unterschätzt werden.

Die von Gregor und Bamberger erhaltenen Methylzahlen können nicht registrirt werden, da nicht angegeben, welcher Balsam gemeint ist.

2.

Angostura-Copaïvabalsam.

Ueber diesen Balsam liegen nur wenige Angaben vor.

Praël fand: Spec. Gew. 0,980—1,009, 59,90 % Harz, 40,10 % ätherisches Oel, spec. Gew. desselben 0,906.

Beckurts und Brüche fanden:

S.-Z. d.   99.6,
E.-Z.   0,0,
V.-Z. h.   99,6,
Spec. Gew   1,022.

Die S.-Z. d. wurde durch Titration der Lösung (1 g in q. s. 95 %igem Alkohol) mit alkoholischer $\frac{n}{2}$ Kalilauge und Phenolphtaleïn, die V-Z h. durch Kochen von 1 g mit 25 ccm alkoholischer $\frac{n}{2}$ Kalilauge 15 Minuten am Rückflusskühler und nachfolgender Titration mit $\frac{n}{2}$ Schwefelsäure bestimmt.

GEHE & CO. wollen neben dem Maracaïbo- auch dem Angostura-balsam für das D. A. III Eingang verschaffen. Der Angosturabalsam ist dem Maracaïbo gleichwerthig, giebt aber mit der Säureprobe des D. A. III rothe Farbe.

BECKURTS und BRÜCHE fanden die Säureprobe normal, also entgegen GEHE & CO. keine auftretende Färbung!

Nach BECKURTS und BRÜCHE deuten sowohl die qualitativen, wie quantitativen Prüfungen darauf hin, dass der untersuchte Angostura-balsam verfälscht war.

Dass jedenfalls verschiedene Produkte existiren, zeigen schon die abweichenden Befunde von BECKURTS und BRÜCHE und GEHE & CO. Die erhaltenen Ergebnisse sind also cum grano salis aufzunehmen und um so weniger in die Waagschale fallend, als dieser Balsam heute nicht mehr im Handel ist.

K. DIETERICH hat mehrere Angosturabalsame nach der von ihm für Maracaïbobalsam (siehe dort) angegebenen Methode untersucht und folgende Werthe gefunden:

	I.	II.	III.
S.-Z. d.	79,52 80,70	83,00 83,50	75,87 76,32
E.-Z.	16.24 17,38	8,36 7,94	16,07 16,19
V.-Z. k.	95,76 98,08	96,36 91,44	91,54 92,51

Die Säureprobe der Arzneibuchs hat K. DIETERICH nicht angestellt. Diese Zahlen weichen von denen von BECKURTS und BRÜCHE ab, was dafür sprechen dürfte, dass letztere, wie sie selbst annehmen, ein ver-fälschtes Produkt unter Händen hatten [1]).

3.

Bahia-Copaïvabalsam.

Auch für diesen Balsam liegen nur wenige analytische Daten vor:

PRAËL fand: Spec. Gew. 0,980, 59,80 % Harz, 40,20 % ätherisches Oel, spec. Gew. desselben 0,908.

---

[1]) Die Litteraturzusammenstellung erfolgt für alle Copaïvabalsame am Ende dieser Abtheilung: „Copaïvabalsame".

Beckurts und Brüche fanden:

	I.	II.
S.-Z. d.	73,0	97,5
E.-Z.	0,0	15,2
V.-Z. h.	73,0	112,7
Spec. Gew.	0,962	1,031 (!).

Die betreffenden S.-Z. d., E.-Z., V.-Z. h. wurden nach ᴜer meist üblichen Methode (spec. Th. Einl.) bestimmt. Auf Grund weiterer und zwar qualitativer Prüfungen glauben die Autoren beide Balsame als zweifelhaft ansehen zu sollen.

Da auch Bahiabalsam heute im Handel kaum anzutreffen ist, so mögen obige, so schwankende Zahlen nur registrirt sein, ohne ihnen vorläufig irgend welche massgebende Bedeutung beilegen zu wollen.

K. Dieterich hat ebenfalls Bahiabalsam untersucht und zwar nach seiner bei Maracaïbobalsam (s. d.) angegebener Methode und folgende Werthe gefunden:

I. Balsam aus der K. D.-schen Sammlung (zweifellos echt!)

	I.	II.
S.-Z. d.	81.09	81.27
E.-Z.	5.08	6.08
V.-Z. k.	86.17	87.32

II. Ein aus Hamburg stammender Balsam (zweifellos verfälscht!)

	I.	II.
S.-Z. d.	64.19	64.25
E.-Z.	1.76	2.60
V.-Z. k.	65.95	66.85

Während der Balsam I in Alkohol fast völlig klar löslich war (nur geringe Trübung), war der Balsam II dünnflüssiger und in Alkohol trübe und nur theilweise löslich. Es blieben viele grosse Flocken zurück. Nr. II war zweifellos verfälscht (vielleicht mit Paraffinöl). Nr. I war zweifellos echt.

4.

Carthagena-Copaïvabalsam.

Für diesen Balsam fanden

Praël: Spec Gew. 0,958, 46,20 % Harz, 53,80 % ätherisches Oel, spec. Gew. desselben 0,904.

Kebler fand: Spec. Gew. 53 % Oel, Siedepunkt desselben 250—265° C.

Beckurts und Brüche fanden:

S.-Z. d.	88,9
E.-Z.	0,0
V.-Z. h.	88,9
Spec. Gew.	0,988.

S.-Z. d. und V.-Z. h. wurden, wie oben beim Angosturabalsam, also nach der meist üblichen Methode (Spec. Th. Einl.) bestimmt.

Gehe & Co. empfehlen wie oben den Angostura-, so hier den Carthagenabalsam als Ersatz des Maracaïbobalsams; unterschieden ist derselbe nach Gehe & Co., wie der Angosturabalsam von Maracaïbobalsam durch den positiven Ausfall der Säureprobe (Rothfärbung) nach dem D.A.III.

K. Dieterich hat mehrere Carthagenabalsame nach der von ihm für Maracaïbobalsam (s. d.) ausgearbeiteten Methode untersucht und folgende Werthe gefunden:

	I.	II.	III.
S.-Z. d.	49,00 49,40	62,30 62,76	87,75 88,23
E.-Z.	56,20 87,17	41,15 40,90	4,55 4,67
V.-Z. k.	105,20 106,57	103,45 103,57	92,30 92,90

Nr. III stimmt gut mit den Zahlen von Beckurts und Brüche überein, Nr. I und II scheinen zweifelhafte Produkte zu sein.

<h1 style="text-align:center">5.</h1>

<h1 style="text-align:center">Maracaïbo-Copaïvabalsam.</h1>

Dieser, jetzt officinelle, dicke Balsam hat bereits öfters eine quantitative Prüfung erfahren:

Praël fand: Spec. Gew. 0,983—0,995, 54,80—61,43 % Harz, 38,57—45,20 % ätherisches Oel, spec. Gew. desselben 0,897—0,905.

A. Kremel fand:

	I.	II.
S.-Z. d.	73,0 — 75,0	76,0

Die S.-Z. d. wurde durch direkte Titration mit alkoholischer $\frac{n}{2}$ Kalilauge, E.-Z. und V.-Z. h. wurden nicht bestimmt.

Beckurts und Brüche fanden:

	I	II	III
S.-Z. d.	98,0	79,3	95,8
E.-Z.	0,0	19,7	5,4
V.-Z. h.	98,0	99,0	100,8
Spec. Gew.	0,995	0,973	0,991

Die Bestimmung der S.-Z. d., E.-Z und V.-Z. h. wurden nach der meist üblichen Methode (Spec. Th. Einl.) durchgeführt.

E. Dieterich fand: S.-Z. d.   76,52 — 94,90
                     E.-Z.   0,47 — 8,75
                     V.-Z. h.   80,27 — 100,80

Löslichkeit in

Aether	
Chloroform	
Petroläther	vollständig löslich.
Terpentinöl	
Schwefelkohlenstoff	
Alkohol 90 %	fast völlig löslich.
Essigäther	

S.-Z. d., E.-Z u. V.-Z. h. wurden nach der meist üblichen Methode (Spec.Th. Einl.) festgestellt, nur mit dem Unterschied, dass die Verseifungsflüssigkeit bis zum Verschwinden der Alkohole eingedampft, wieder aufgenommen und erst dann titrirt wurde.

Ueber den Nachweis von Ricinusöl im Copaïvabalsam giebt L. Maupy eine Anleitung. Der Nachweis beruht darauf, dass Ricinusöl in Gegenwart von Kali- oder Natronhydrat bei der trockenen Destillation unter anderen Produkten auch Sebacinsäure und Caprylalkohol liefert. Die Sebacinsäure erhält man durch Zersetzen der gebildeten Seife mit Mineralsäuren. Sie ist in kochendem Wasser leicht löslich. Zur Prüfung auf Ricinusöl werden 10 g des verdächtigen Copaïvabalsams mit 10 g trockenem Natriumhydrat erhitzt, wobei sich das ätherische Oel in Form weisser Dämpfe verflüchtigt. Bei Gegenwart von Ricinusöl gewahrt man dann den ausgeprägten Geruch nach Caprylalkohol. Die sich inzwischen in zwei Schichten, eine untere flüssige und eine obere wachsartige trennende Masse verrührt man mit einem Glasstab, lässt erkalten, versetzt mit 50 g Wasser, erhitzt und filtrirt die Masse durch ein genässtes Filter. Die Sebacinsäure scheidet sich dann im Filtrat aus, aus ihrer schwach sauren Lösung in kochendem Wasser erhält man durch Versetzen mit Bleiessig das weisse Bleisalz.

In neuester Zeit hat K. Dieterich ein Verfahren zur Untersuchung der Copaïvabalsame ausgearbeitet und vor allem Schemata aufgestellt, an denen die Einflüsse sichtbar gemacht werden, welche zugesetzte Verfälschungen hervorbringen.

K. Dieterich fand für n o r m a l e n Maracaïbobalsam:

          Spec. Gew.   0,980 — 0,990
          S.-Z. h.   75,0 — 85,0
          E.-Z.   3,0 — 6,0
          V.-Z. k.   80,0 — 90,0.

Das Verfahren zur Bestimmung obiger Kernzahlen nach K. Dieterich ist folgendes:

a) S.-Z d. Man löst 1 g Balsam in 200 ccm starkem Alkohol (96 °/o) und titrirt mit alkoholischer $\frac{n}{2}$ Kalilauge unter Verwendung von Phenolphtaleïn als Indikator bis zur Rothfärbung. Durch Multiplikation der verbrauchten ccm Lauge mit 28,08 erhält man die S.-Z.

b) V.-Z. k. 1 g Balsam übergiesst man in einer Glasstöpselflasche von 1 Liter Inhalt mit 20 ccm alkoholischer $\frac{n}{2}$ Kalilauge und 50 ccm Benzin (spec. Gewicht 0,700). Man stellt 24 Stunden wohl verschlossen in Zimmertemperatur beiseite und titrirt nach Verdünnung mit starkm Alkohol mit $\frac{n}{2}$ Schwefelssäure und Phenolphtaleïn zurück. Die Anzahl der gebundenen ccm KOH mit 28,08 multiplicirt, giebt die V.-Z.

c) E.-Z. durch Berechnung.

Nach demselben Verfahren hat dieser Autor auch verfälschte und alte Balsame untersucht und folgende Zahlen gefunden:

Balsamum Copaïvae	Spec. Gew. b. 15°C.	S.-Z. d.	V.-Z. k.	E.-Z.
Maracaïbo D. A. III. (das zu den folgenden Verfälschungen verwendete Produkt)	0,985	77,31— 78,12	80,32— 83,41	3,01— 5,29
Maracaïbo D. A. III. (Aus der K. D.'schen Sammlung, 3 Jahre alt)	1,001	93,88— 94,33	97,56—101,35	3,68— 7,02
D.A.III. +10°/o Gurjunbalsam	0,987	70,20— 71,13	76,35— 78,64	6,15— 7,51
„ +20°/o „	0,985	62,68— 63,90	71,56— 71,83	7,93— 8,88
„ +30°/o „	0,983	55,92— 56,14	75,09— 82,03	19,13—25,89
„ +10°/o Olivenöl (gewöhnl.)	0,982	71,87— 72,11	112,48—113,55	40,61—41,44
„ +20°/o „	0,974	63,39— 64,66	104,74—104,87	40,21—41,35
„ +30°/o „	0,967	58,46— 58,56	122,86—124,80	64,40—66,24
„ +10°/o Ricinusöl	0,986	68,43— 69,89	93,79— 97,96	25,36—28,07
„ +20°/o „	0,983	63,14— 63,32	102,94—105,46	39,80—42,14
„ +30°/o „	0,980	56,80— 58,19	114,15—115,95	57,35—57,76
„ +10°/o Sassafrasöl[1]	0,994	69,98— 70,75	75,14— 75,44	4,69— 5,16
„ +20°/o „	1,001	61,96— 64,13	68,40— 68,56	4,43— 6,44
„ +30°/o „	1,010	55,73— 57,00	59,30— 62,14	3,57— 5,14

[1] Vergl. die Bemerkung p. 56 unten.

Balsamum Copaïvae	Spec. Gew. b.15°C.	S.-Z. d.	V.-Z. k.	E.-Z.
D.A.III. $+$ 10% Terpentinöl	0,986	69,43— 70,69	79,74— 86,64	10,31—15,95
„ $+$ 20% „	0,981	63,56— 63,98	76,97— 75,75	12,19—12,99
„ $+$ 30% „	0,972	56,58— 57,29	70,00— 70,77	13,42—13,48
„ $+$ 10% Terpentin (venet.)	0,992	81,14— 82,74	85,70— 90,58	4,56-- 7,84
„ $+$ 20% „	0,996	85,44— 85,76	89,76— 90,59	4,32— 4,83
„ $+$ 30% „	0,999	88,36— 89,07	95,06— 97,80	6,70— 8,73
„ $+$ 10% Colophonium	0,995	85,03— 85,40	95,13—102,34	10,10 - 16,94
„ $+$ 20% „	1,003	95,91— 97,47	102,65—103,03	5,56— 6,74
„ $+$ 30% „	1,018	105,70 -106,25	110,49—111,17	4,79— 4,92
„ $+$ 10% Paraffin(flüss.)	0,975	68,90— 69,41	75,98— 77,09	7,08— 7,68
„ $+$ 20% „ „	0,963	61,41— 62,41	70,67— 72,38	9,26—10,17
„ $+$ 30% „ „	0,951	54,55— 56,11	78,09— 79,04	22,93—23,54

Zugesetzte Verfälschungen verändern somit den normalen Maracaïbo-Balsam nach K. DIETERICH in folgender Weise:

1. Gurjunbalsam: erhöht spec. Gew.; drückt S-Z. d. herab, erhöht V.-Z. k. und E.-Z.

2. Olivenöl: drückt spec. Gew. herab; drückt S.-Z. d. herab; erhöht E.-Z. und V.-Z. k. sehr.

3. Sassafrasöl: erhöht spec. Gew.; drückt S.-Z. d. herab; drückt V.-Z. k. herab; E.-Z. fast unverändert.

4. Terpentinöl: drückt spec. Gew. herab; drückt S.-Z. d. herab; drückt V.-Z. k. herab; erhöht E.-Z. stark.

5. Terpentin (venet.): erhöht spec. Gew.; erhöht S.-Z. d.; erhöht V.-Z. k.; E.-Z. fast unverändert.

6. Colophonium: erhöht spec. Gew. stark; erhöht S.-Z. d. stark; E.-Z. und V.-Z. k. lassen keinen massgebenden Schluss zu.

7. Paraffin, flüssig: drückt spec. Gew. herab; drückt S.-Z. d. herab; erhöht E.-Z., V.-Z. k. fast normal.

8. Ricinusöl: drückt spec. Gew. herab; drückt S.-Z. d. herab, erhöht E.-Z. und V.-Z. k. wie bei Olivenöl (Nr. 2) sehr stark.

9. Verharzter alter Balsam: S.-Z. d. sehr erhöht; spec. Gew. und V.-Z. k. sehr erhöht; ähnlich wie bei Colophonium (Nr. 6).

Wenn man demnach einen Maracaïbobalsam anormal findet, so kann man — wenn auch nicht mit unfehlbarer Sicherheit — so doch, unter Anwendung der K. DIETERICH'schen Methode, ungefähr einen Schluss ziehen, ob derselbe alt, verharzt oder verfälscht ist und zwar an der Hand folgender Aufstellung:

Der Maracaïbo-Balsam zeigt im Vergleich zum normalen:	lässt Anwesenheit vermuthen von:
I. zu hohes spec. Gew. zu niedrige S.-Z. d. zu hohe E.-Z. zu hohe V.-Z. k.	Gurjunbalsam
II. zu hohes spec. Gew. zu hohe S.-Z. d. zu hohe V.-Z. k.	alter, verharzter Balsam
III. zu niedriges spec. Gew. zu niedrige S.-Z. d. zu hohe E.-Z. zu hohe V.-Z. k.	Olivenöl oder Ricinusöl
IV. zu niedriges spec. Gew. zu niedrige S.-Z. d. zu niedrige V.-Z. k. zu hohe E.-Z.	Terpentinöl
V. zu hohes spec. Gew. zu hohe S.-Z. d.	Colophonium
VI. zu niedriges spec. Gew. zu niedrige S.-Z. d. zu hohe E.-Z.	Paraffin (flüssig)
VII. zu hohes spez. Gew. zu niedrige S.-Z. d. zu niedrige V.-Z. k.	Sassafrasöl
VIII. zu hohes spec. Gew. zu hohe S.-Z. d. zu hohe V.-Z. k.	Terpentin (venet.)

Diejenigen Zahlen, die am wenigsten Anhaltspunkte geben, sind die specifischen Gewichte. Schon aus diesem Grund ist eine relativ enge Begrenzung der specifischen Gewichte, speciell für den officinellen Maracaïbobalsam sehr nöthig; K. DIETERICH hat die Zahlen 0,980—0,990, vorgeschlagen. Die von KREMEL, E. DIETERICH, BECKURTS und BRÜCHE erhaltenen Zahlen sind nur theilweise (z. B. in Bezug auf die S.-Z.) mit denen von K. DIETERICH zu vergleichen, weil erstere eine andere Methode anwendeten wie letzterer. Die Schemata der Verfälschungen können selbstredend nur dann Wegweiser sein, wenn die Zahlen nach der K. DIETERICH'schen Methode festgestellt wurden. Die augenblickliche Prüfung des Maracaïbobalsams im Arzneibuches ist wohl quantitativ, aber in seiner praktischen Fassung durchaus ungenau und unbrauchbar.

Wie schon in der allgemeinen Einleitung über Copaïvabalsam erwähnt, haben GEHE & Co. die oben von K. DIETERICH vorgeschlagenen Grenzwerthe für zu weit gefasst, resp. für nicht immer zum Nachweis von Verfälschungen brauchbar erklärt, weil sie auch Mischungen von Maracaïbo- und Parabalsam mit Colophonium noch innerhalb der von letzterem vorgeschlagenen Grenzen liegend fanden. GEHE & Co. glauben der BOSETTI'schen Probe (Zusammenschmelzen des Balsams mit 30 % Colophonium, Zusatz von 10 %igem Ammoniak und Beobachtung der Gelatinirung: das Ausbleiben der letzteren ist ein Beweis für die Echtheit) besonderen Werth — im Gegensatz zu K. DIETERICH — zuerkennen zu sollen. Letzterer glaubt, dass, wie beim Perubalsam hierüber erst definitiv entschieden werden kann, wenn echte, vom Stammbaum direkt entnommene Proben untersucht worden sind. Bisher existiren Werthe für authentisch reinen Balsam nicht, sodass natürlich auch die von ihm vorgeschlagenen Grenzwerthe (vergl. auch Parabalsam), als aus den relativ unreinen Handelssorten gewonnen, a priori nur als relativ sicher aufgefasst werden können. GEHE & Co. heben noch, was besonders wichtig ist, hervor, dass zur Verfälschung des Maracaïbobalsams weniger Gurjunbalsam, als dünnflüssiger Parabalsam verwendet wird.

<h2 style="text-align:center">6.</h2>

<h2 style="text-align:center">Maturin-Copaïvabalsam.</h2>

PRAËL fand: Spec. Gew. 0,983, 55 % Harz, 45 % ätherisches Oel, spec. Gew. desselben 0,898.

A. KREMEL fand:

$$\text{S.-Z. d} \quad 77,1$$
$$\text{E.- und V.-Z. h. nicht bestimmt.}$$

Die S.-Z. d. wurde wie oben bei Maracaïbobalsam bestimmt.

F. DIETZE fand:

$$\text{S.-Z. d.} \quad 78,17$$
$$\text{E.-Z.} \quad 4,26$$
$$\text{V.-Z. h.} \quad 82,43.$$

Die Zahlen wurden nach der meist üblichen Methode (Spec. Th. Einl.) erhalten.

DIETZE empfiehlt diesen Balsam als Ersatz des officinellen Maracaïbobalsams, was um so berechtigter erscheint, als die Kennzahlen des Maturin- mit denen des Maracaïbobalsams gut übereinstimmen, was die anderen Copaïvabalsame bekanntlich nicht thun.

K. Dieterich hat nach seiner für Maracaïbobalsam (s. dort) ausgearbeiteten Methode Maturinbalsame untersucht und folgende Werthe
gefunden:

	I.	II.
S.-Z. d.	78,52	82,73
E.-Z.	12,86	9,29
V.-Z. k.	91,38	92,02

Diese Zahlen stimmen mit denen der übrigen Autoren gut überein.

7.

Ostindischer (Gurjun-)Copaïvabalsam.

Dieser zur Verfälschung von Maracaïbobalsam verwendete Balsam
ist mehrfach untersucht worden.

A. Kremel fand:

	I.	II.	III.	IV.
S.-Z. d.	20,0	19,3	14,2	5,8

S.-Z. d. nach der meist üblichen Methode bestimmt, E.- und V.-Z. h.
nicht bestimmt.

Kebler fand: Spec. Gew. bei 15^0 C. 0,9796, äth. Oel: 54% bei
$254-263^0$ C. siedend.

Beckurts und Brüche fanden:

S.-Z. d.	8,7
E.-Z.	0,0
V.-Z. h.	8,7
Spec. Gew.	0,955

E. Dieterich fand:

S.-Z. d.	6,5 - 7,4
E.-Z.	10,30 — 11,20
V.-Z. h.	16,80 — 18,60

Löslichkeit in:

Alkohol 90%
Chloroform
Essigäther
Benzol
Terpentinöl
} vollständig löslich.

Aether
Petroläther
Schwefelkohlenstoff
} fast vollständig löslich.

Die Bestimmungen wurden nach der meist üblichen Methode
(Spec. Th. Einl.) ausgeführt, mit der unter Maracaïbobalsam bei
demselben Autor angegebenen Modifikation. In neuerer Zeit hat

K. Dieterich, ebenso wie Maracaïbo- und Parabalsam, so auch den
Gurjunbalsam nach seiner bei Maracaïbobalsam angegebenen Methode
untersucht.

K. Dieterich fand:

Spec. Gew.	0,955— 0,965
S.-Z. d.	5,0 —10,0
E.-Z.	1,0 —10,0
V.-Z. k.	10,0 —20,0

Später fand derselbe Autor:

	I.	II.
S.-Z. d.	10,80 / 10,98	10,64 / 10,77
E.-Z.	14,00 / 15,37	14,83 / 15,00
V.-Z. k.	24,80 / 26,35	25,47 / 25,77

Die Zahlen stimmen mit denen von Beckurts und Brüche und
E. Dieterich überein, nicht aber mit den theilweise sehr hohen Säurezahlen, wie sie Kremel fand.

Gregor und Bamberger bestimmten Methylzahlen und fanden
M.-Z. = o.

8.

Para-Copaïvabalsam.

Praël fand: Spec. Gew. 0,916—0,989, 23,87—59,53 % Harz, 40,47
bis 76,13 % ätherisches Oel, spec. Gew. desselben 0,898—0,902.

A. Kremel fand:

	I	II
S.-Z. d.	29,6 (!)	78,2

Die S.-Z. d. wurde nach der meist üblichen Methode (Spec. Th. Einl.),
E.-Z. und V.-Z. h. hingegen gar nicht bestimmt.

Die von Kremel für Parabalsam angegebene niedrige S.-Z. 29,6 hält
Kremel selbst für zweifelhaft.

Beckurts und Brüche fanden:

	I.	II.
S.-Z. d.	87,0	38,1 (!)
E.-Z.	0,0	2,9 (!)
V.-Z. h.	87,0	41,0 (!)
Spec. Gew.	0,984	0,949

Die Bestimmungen wurden nach der meist üblichen Methode (Spec. Th. Einl.) ausgeführt. Die mit (!) versehenen Zahlen sind nach der Ansicht der Autoren selbst unmassgebend und wahrscheinlich auf einen verfälschten Balsam zurückzuführen.

Kebler fand: Spec. Gew. 0,9254 und 90 $^0/_0$ Oel, bei 258—270^0 siedend.

E. Dieterich fand:

$$
\begin{array}{ll}
\text{S.-Z. d.} & 29,40\text{—}65,80 \\
\text{E.-Z.} & 1,90 \\
\text{V.-Z. h.} & 31,30\text{—}67,70
\end{array}
$$

Löslichkeit in

$$
\left.\begin{array}{l}
\text{Aether} \\
\text{Chloroform} \\
\text{Benzol} \\
\text{Terpentinöl}
\end{array}\right\} \text{vollständig löslich.}
$$

$$
\left.\begin{array}{l}
\text{Alkohol } 90\%\\
\text{Essigäther} \\
\text{Petroläther} \\
\text{Schwefelkohlenstoff}
\end{array}\right\} \text{fast vollständig löslich.}
$$

Die Zahlen wurden nach der meist üblichen Methode (Spec. Th. Einl.) mit der unter Maracaïbobalsam angegebenen Modifikation festgestellt.

K. Dieterich fand:

$$
\begin{array}{ll}
\text{Spec. Gew.} & 0,95\text{—}0,97 \\
\text{S.-Z. d.} & 40 \ \text{—}60 \\
\text{E.-Z.} & 2,0 \ \text{—}8,0 \\
\text{V.-Z. k.} & 30,0\text{—}60,0
\end{array}
$$

Später fand derselbe Autor:

$$
\text{S.-Z d.} \left\{\begin{array}{l} 49,47 \\ 49,92 \end{array}\right. \qquad \left\{\begin{array}{l} 61,62 \\ 61,86 \end{array}\right.
$$

$$
\text{E.-Z.} \left\{\begin{array}{l} 15,15 \\ 18,06 \end{array}\right. \qquad \left\{\begin{array}{l} 9,06 \\ 8,89 \end{array}\right.
$$

$$
\text{V.-Z. k.} \left\{\begin{array}{l} 64,62 \\ 67,98 \end{array}\right. \qquad \left\{\begin{array}{l} 70,68 \\ 70,75 \end{array}\right.
$$

Diese Werthe entsprechen bis auf die etwas höhercn E.-Z. den oben mitgetheilten.

Diese letzteren Zahlen wurden nach der K. Dieterich'schen Methode, wie sie unter Maracaïbobalsam ausführlich beschrieben ist, festgestellt. Derselbe möchte die oben zuerst mitgetheilten Zahlen als Norm für einen guten Parabalsam vorschlagen, was jedoch, wie durch Gehe & Co. nachgewiesen wurde, nicht acceptirbar ist; vergl. hierzu und über die Bosetti'sche Probe unter Maracaïbobalsam.

K. DIETERICH hat auch eingehend die Einflüsse studirt, die Verfälschungen auf die normalen Zahlen hervorbringen:

Balsamum Copaïvae	Spec Gew.	S.-Z. d.	V.-Z. k.	E.-Z.
Para + 10⁰/₀ Gurjunbalsam	0,971	41,59—43,27	62,54— 70,13	20,95—26,86
„ + 20⁰/₀ „	0,974	38,13—38,97	73,33— 74,93	35,20—35,96
„ + 30⁰/₀ „	0,974	34,25—34,30	71,85— 71,94	37,60—37,64
„ + 10⁰/₀ Olivenöl (gew.)	0,971	41,36—46,02	86,26— 89,85	43,83—44,90
„ + 20⁰/₀ „ „	0,964	37,40—38,22	90,89— 97,85	53,49—59,63
„ + 30⁰/₀ „ „	0,955	35,44—37,05	102,40—103,26	66,21—66,96
„ + 10⁰/₀ Ricinusöl	0,972	40,83—41,34	93,45— 94,54	52,62—53,20
„ + 20⁰/₀ „	0,970	37,55—38,07	89,28— 92,33	51,73—54,26
„ + 30⁰/₀ „	0,966	38,89—38,97	97,01— 97,95	58,12—58,98
„ + 10⁰/₀ Sassafrasöl [1])	0,985	45,45—45,98	53,67— 54,44	8,22— 8,46
„ + 20⁰/₀ „	0,985	43,84—44,90	47,31— 47,98	3,08— 3,47
„ + 30⁰/₀ „	0,995	39,83—40,29	44,81— 46,65	4,98— 6,36
„ + 10⁰/₀ Terpentinöl	0,973	42,44—42,97	70,26— 75,04	27,82—32,07
„ + 20⁰/₀ „	0,969	41,18—41,33	59,01— 59,04	17,71—17,83
„ + 30⁰/₀ „	0,960	39,76—40,12	51,10— 52,45	11,34—12,33
„ + 10⁰/₀ Terpentin (venet.)	0,980	53,69—54,14	70,99— 71,17	17,03—17,30
„ + 20⁰/₀ „	0,982	62,82—63,18	72,17— 75,96	9,35—12,78
„ + 30⁰/₀ „	0,986	68,99—69,02	81,81— 82,99	12,82—13,97
„ + 10⁰/₀ Colophonium	0,982	57,92—60,16	68,92— 70,98	10,82—11,00
„ + 20⁰/₀ „	0,991	75,56—75,72	89,80— 91,21	14,24—15,49
„ + 30⁰/₀ „	1,000	90,33—91,67	93,13— 94,12	2,45— 2,80
„ + 10⁰/₀ Paraffin (flüss.)	0,962	39,95—41,68	66,83— 68,49	26,81—26,88
„ + 20⁰/₀ „ „	0,951	33,86—34,09	55,35— 57,66	21,49—23,57
„ + 30⁰/₀ „ „	0,935	30,79—31,11	51,89— 53,46	21,10—22,35

Es verändern somit die Verfälschungen den normalen Parabalsam in folgender Weise:

1. Gurjunbalsam: erhöht spec. Gew., drückt S.-Z. d. herab, erhöht V.-Z. k. und E.-Z. bedeutend.

2. Olivenöl, Ricinusöl und andere fette Oele: drücken spec. Gew. herab; drücken S.-Z. d. herab; erhöhen V.-Z. k. und E.-Z. bedeutend.

3. Sassafrasöl[1]): erhöht spec. Gew.; drückt S.-Z. d. herab; drückt V.-Z. k. herab.

---

[1]) Vergl. die Bemerkung sub [1]) p. 56.

4. Terpentinöl: drückt spec. Gew. herab; drückt S.-Z. d. herab; erhöht E.-Z. bedeutend

5. Terpentin (venet.): erhöht spec. Gew.; erhöht S.-Z. d. und E.-Z. und V.-Z. k.

6. Colophonium: erhöht spec. Gew.: erhöht S.-Z d. und V.-Z. k.

7. Paraffin (flüssig): drückt spec. Gew. herab; drückt S.-Z. d. stark herab; erhöht E.-Z. stark.

Wenn man demnach einen Para-Balsam anormal findet, so kann man — wenn auch nicht mit unfehlbarer Sicherheit — so doch unter Anwendung der K. Dieterich'schen Methode ungefähr einen Schluss ziehen, ob derselbe alt, verharzt, verfälscht, oder sonst wie verändert worden ist. Folgende Aufstellung dürfte hierzu eine Anleitung geben:

Der Para-Balsam zeigt im Vergleich zum normalen:	lässt die Anwesenheit vermuthen von:
I. zu hohes spec. Gew. zu niedrige S.-Z. d. zu hohe V.-Z. k. sehr hohe E.-Z.	Gurjunbalsam.
II. zu niedriges spec Gew. zu niedrige S.-Z. d. sehr hohe E.-Z. sehr hohe V.-Z. k.	Olivenöl, Ricinusöl, überhaupt fette Oele.
III. zu hohes spec. Gew. zu niedrige S.-Z. d. zu niedrige V.-Z. k.	Sassafrasöl.
IV. zu niedriges spec. Gew. zu niedrige S.-Z. d. sehr hohe E.-Z.	Terpentinöl.
V. zu hohes spec. Gew. zu hohe S.-Z. d. zu hohe E.-Z. zu hohe V.-Z. k.	Terpentin (venet.)
VI. zu hohes spec. Gew. zu hohe S.-Z. d. zu hohe V.-Z. k.	Colophonium.
VII. zu niedriges spec Gew. sehr niedrige S.-Z. d. sehr hohe E.-Z.	Paraffin (flüssig.)

Ueber das spec. Gew. ist dasselbe zu sagen wie bei Maracaïbobalsam.

9.

Surinam-Copaïvabalsam.

Abstammung und Heimat. Copaïfera guianensis und andere Copaïferaarten. *Surinam.*

Chemische Bestandtheile. Copaïvasäure, ätherisches Oel (78%) (nach Pool).

Allgemeine Eigenschaften und Handelssorten. Eine gelbliche, klare, nicht opalescirende, dem Olivenöl ähnliche Flüssigkeit, mit Aether, Chloroform, Petroläther und Schwefelkohlenstoff in allen Verhältnissen mischbar. In Surinam wird dieser Balsam Hoepal- oder Hoaper-Oil (Fassbänder- oder Reifenöl) genannt, weil man das Holz zur Anfertigung von Zuckerfässern verwendet. Der Balsam ist kaum im Handel anzutreffen.

Verfälschungen resp. Verwechslungen. Andere Balsame.

Analyse. Pool hat den Balsam näher untersucht und hat folgende Resultate erhalten:

Der Balsam hat ein spec. Gew. von 0,942 und ist mit Petroläther, Aether, Chloroform und Schwefelkohlenstoff in jedem Verhältniss mischbar. Mit absolutem Alkohol zu gleichen Theilen trübt er sich, löst sich aber in 4—5 Theilen. V.-Z. h. 34. 1 g Balsam bindet 94 mg Jod. Der Balsam enthält 78% farbloses ätherisches Oel von 0,91 spec. Gew. und 250—260° C. Siedepunkt. Der bei der Oeldestillation restirende Harzrückstand, mit verdünntem Spiritus ausgezogen, ergiebt verdunstet Krystalle von bei 130° C. schmelzender Copaïvasäure. Von gewöhnlichem dickflüssigen Balsam des Handels weicht er durch die Löslichkeit in Petroläther ab. Wird die Schwefelkohlenstofflösung mit einer Mischung gleicher Theile Schwefel- und Salpetersäure geschüttelt, so wird letztere braunroth, erstere aber nicht violett gefärbt. — Mit ⅓ Vol. Ammoniakflüssigkeit vermischt, giebt er eine klare Lösung. Brom in 20 Theilen Chloroform giebt mit dem Balsam schön violette Färbung, Bleiacetat weder Trübung noch Fällung. Das ätherische Oel giebt mit obiger Bromchloroformmischung eine rein rothe, mit koncentrirter Schwefelsäure eine braunrothe, mit Chloralhydrat in der Wärme eine grüne Färbung.

10.

Westafrikanischer (Illurin-)Copaïvabalsam.

Einige Notizen hierüber stammen von Tschirch, der mittheilte, dass von London ein westafrikanischer Balsam in den Handel komme, der dieselben Reaktionen gäbe, wie der Maracaïbobalsam. Auch hat sich Umney näher mit diesem Balsam beschäftigt und ist geneigt, ihn von Hardwickia Manii abzuleiten. Auch Peinemann (Ap.-Ztg. 1884, p. 8 ff.) hat mehrere Sorten, speciell die Oele derselben untersucht.

Gehe und Co fanden:

$$\text{Spec. Gew.} \quad 0{,}990$$
$$\text{S.-Z. d.} \quad 57{,}60$$
$$\text{Harzrückstand } 56\,\%.$$

Erstarrt mit Ammoniak, giebt aber mit der Säureprobe des D. A. III keine Färbung, verhält sich also, wie echter Balsam. Der Balsam ist dick und dunkelbraun.

K. Dieterich hat ebenfalls Illurinbalsam nach seiner für Maracaïbobalsam (s. d.) ausgearbeiteten Methode untersucht und folgende Werthe gefunden:

	I.	II.
S.-Z. d.	58,74	59,33
E.-Z.	9.62	9,62
V.-Z. k.	68.36	68.95.

Diese Zahlen stimmen gut mit denen von Gehe & Co. überein; hiernach scheint der Illurinbalsam dem Parabalsam näher, als dem Maracaïbobalsam zu stehen.

Litteratur.

Beckurts und Brüche, A. d. Ph. 1892, p. 68 u. 70. — Caesar & Loretz, G.-B. 1897 u. 1898. — E. Dieterich, I. D. d. H. A. p. 30 ff. — K. Dieterich, H. A. 1897, p. 56—60; H. A. 1897, p. 58—59; Die analytische Prüfung für das D. A. III. Ph. C 1898, Nr. 19; H A. 1897, p. 46—55; Ph. C. 1899, Nr. 20. — Dietze, Ph. C. 1897, p 380. — Enell, Ph. C. 1895, p. 460; Ph. C. 1897, p. 566—567. — Flückiger, A. d. Ph. 185, p. 278; A. d. Ph. 208, p. 420. — Gehe & Co., Ph. C. 1897, p. 285; Ph C. 1890, p. 607; Ph. C. 1891, p. 236; Ph. C. 1894, p. 531; Ph. C. 1892, p. 241; Ph. C. 1892, p. 554; Ph. C. 1887, p. 202; H.-B. April 1899, p. 10; Ph C. 1883, p. 443. — Geissler, Ph. C. 1884, p. 496. — Gregor und Bamberger, Oestr. Ch.-Ztg. 1898, Nr. 8 u. 9. — Hager, Ph. C. 1883, p. 108; Ph. C. 1883, p. 141. — Hirschsohn, Ph. C. 1895, p. 529. — B Hirsch, Ph. C. 1892, p. 636. — Kebler, Ap.-Ztg. 1897, p. 855. — A. Kremel, N. z. P. d A 1889, p. 30 ff. — Maisch, A. d. Ph. 212, p. 462. — Mauch, I.-D. Strassburg 1898; Muter, A. d. Ph. 211, p 273. — Mylius, Ph. C. 1882, p. 518 — Oil Paint and Drugg Reporter, Ap.-Ztg. 1897, 103, p. 855. — Pool, Nederl. Tijd v. Ph. 1898, p. 321. — Praël, A. d. Ph. 223, p 735—769 — Roussin, A. d. Ph. 181, p. 259 — Thoms, Ph. C 1890, p. 567. — Tschirch, Ph C. 1887, p. 476; Ph. C. 1891, p. 337. — Quincke, A. d. Ph. 211, p 247. — Ulex, A. d. Ph. 205, p. 523. — Wagner, A. d. Ph. 204, p. 85. — Th Wimmel, Ph. C. 1893, p. 600.

11.

Mekkabalsam.

Balsamum de Mecca.

Abstammung und Heimat. Balsamodendron gileadense. Commiphora opobalsamum.   *Arabien.*

Chemische Bestandtheile. Aeth. Oel (10 %), lösliches klebendes Harz (70 %). unlösliches Harz (Burserin) (12 %), bitteres Extrakt (4 %), saure Substanz und fremde Beimengungen (1 %), (nach BONASTRE) Bitterstoff, Resene (nach BAUR).

Allgemeine Eigenschaften und Handelssorten. Je nach dem Alter ein heller, dünnflüssiger, oder zäher, dicker, dunkelgelber bis brauner Balsam von höchst angenehm aromatischem Geruch (frisch) oder von terpentinartigem Geruch (alt).

In Bombay ist der Gilead-Balsam unter dem Namen Balsan-Ka-tel bekannt und wird als Duhnul-balasan aus Arabien importirt. Das Holz des Balsambaumes (Balsamodendron opobalsamum) ist in Indien unter dem Namen „Xylobalsamum", die Früchte als „Carpobalsamum" bekannt.

Verfälschungen resp. Verwechslungen. Terpentin, künstliche Produkte aus Harz und Terpentinöl.

Analyse. Die Angaben über diesen Balsam sind sehr spärlich gesät: HIRSCHSOHN fand für mehrere Balsame, für deren Echtheit er jedoch nicht einsteht, dass sie in Aether-Alkohol klar löslich waren, ebenso in Petroläther.

A. KREMEL fand: I.   II.

           S.-Z. d.   45,1   51,8

E. DIETERICH fand:

           S.-Z. d.   40,10—94,08 (!)

     Löslichkeit in:

Aether	
Chloroform	vollständig
Essigäther	löslich.
Benzol	
Alkohol 90 %	fast
Petroläther	vollständig
Terpentinöl	löslich.
Schwefelkohlenstoff	

Die S.-Z. d. wurden bei E. DIETERICH und KREMEL nach der meist üblichen Methode (Spec. Th. Einl.) bestimmt.

Nach SAWER ist der echte Balsam zuerst trübe und weiss, von starkem, angenehmem Geruche und bitterem, zusammenziehendem Geschmack. Nach einiger Zeit wird der Balsam dünnflüssig, grünlich schimmernd, dann goldgelb und schliesslich honigfarben. Lässt man einen Tropfen auf Wasser fallen, so sinkt er zuerst unter, kommt dann wieder an die Oberfläche und breitet sich zu einer nebligen Haut aus, welche infolge der schnellen Verdunstung des ätherischen Oeles bald erhärtet und herausgehoben werden kann. — Nach GUIBOURTS Beobachtungen wird der Balsam im Alter braun und dicklich und verliert infolge der Verflüchtiguug des ätherischen Oeles die Fähigkeit, nach dem Untersinken in Wasser wieder aufzutauchen und sich auszubreiten. Beim Reiben in der Hand verliert der Balsam das ätherische Oel und wird fest. Auf Papier bringt er keinen Fettfleck hervor, mit gebrannter Magnesia erhärtet er nicht, 5 g Balsam geben mit 30 g 90 %igem Alkohol eine milchige Flüssigkeit, welche nach 8—10 Tagen unter Abscheidung einer schleimigen Masse durchscheinend wird.

Nach BAUR ist der Mekkabalsam in Aether, Aether-Alkohol, Aceton, Essigsäure löslich, in Alkohol, Petroläther, Benzol, Chloroform, Toluol und Schwefelkohlenstoff (bei letzterem scheidet sich eine braungelbe Schicht oben ab), trübe löslich.

K. DIETERICH hat nach der von ihm für Maracaïbocopaïvabalsam (s. d.) ausgearbeiteten Methode auch mehrere Mekkabalsame untersucht und zwar einen frischen (I) und einen alten, verharzten Mekkabalsam (II). Die mit der Copaïvabalsammethode erhaltenen Werthe sind folgende:

	I.	II.
S.-Z. d.	39,84 39,96	60,77 61,37
E.-Z.	101,10 101,39	81,90 82,66
V.-Z. k.	140,94 141,35	142,67 144,03

Dieser Autor hat hierbei beobachtet, dass frischer und echter Mekkabalsam von sehr heller Farbe ist, einen sehr angenehmen aromatischen Geruch und niedrigeres spec. Gew. hat, wie ein älterer. Alter Mekkabalsam zeigt nach diesem Autor höheres spec. Gew, einen sehr unangenehmen, terpentinartigen Geruch, grosse Dickflüssigkeit und dunkelbraune Farbe. Mit der eintretenden Verharzung steigt — wie es K. DIETERICH auch beim Copaïvabalsam nachgewiesen hat — die S.-Z. d. Die von E. DIETERICH erhaltenen hohen Säurezahlen (bis 90) dürften auf alte Balsame Bezug haben.

Wiesner führt an, dass beim reinen Mekkabalsam, wenn man ihn mit Kartoffelstärke verreibt und unter dem Mikroskop beobachtet, nur noch die alleräussersten Konturen der Stärke sichtbar sind. Die Stärke und Mekkabalsam zeigen somit das gleiche Lichtbrechungsvermögen. Sowie fettes Oel (von 6% ab) beigemischt ist, treten die Stärkekörner deutlich hervor, woraus diese Verfälschung nachweisbar ist.

Litteratur.

E. Dieterich, I. D. d. H. A. p. 28. — K. Dieterich, Ph. C. 1899, Nr. 20 — W. Hirschsohn, A. d. Ph. 1877, p. 160. — A. Kremel, N. z. P. d. A. Wien 1889. — Sawer, Ap.-Ztg. 1895, p. 845.

12.

Perubalsam.
Balsamum de Peru (officinell im D. A. III).

Abstammung und Heimat.   Myroxylon Pereirae Papilionaceen.
Westliches Mittelamerika.

Chemische Bestandtheile. Cinnameïn, bestehend aus Benzoësäure-Benzylester (zum grössten Theil) und aus Zimmtsäure-Benzylester (zum kleinsten Theil); freie Zimmtsäure, Vanillin; Zimmtsäure und Benzoësäureperuresinotannolester; das isolirte Peruresinotannol hat die Formel $C_{18} H_{20} O_5$ (nach Trog).

Das Cinnameïn oder Perubalsamöl besteht nach neusten Forschungen im wesentlichen aus Estern der Benzoësäure und Zimmtsäure mit Benzylalkohol und einem neuen, honigartig riechenden Alkohol, dem Peruviol $C_{13} H_{22} O$. Zimmtalkohol nicht gefunden, wahrscheinlich aber Dihydrobenzoësäure. Das Verhältniss von Zimmt- zur Benzoësäure ist ungefähr 40 : 60. Iso- und Allo-Zimmtsäure nicht nachgewiesen (nach Thoms).

Die Zusammensetzung des weissen Perubalsams ist mit Sicherheit nicht ermittelt, da die noch in Sammlungen anzutreffenden Proben sehr voneinander abweichen und keine sicheren Schlüsse zulassen. Jedenfalls ist das aus den Früchten von Myroxylon Pereirae gewonnene Produkt nach Germann anders zusammengesetzt, als die von ihm gleichzeitig untersuchten weissen Perubalsame. Nach Guibourt ist der weisse (indische) Perubalsam identisch mit dem amerikanischen Styrax von Liquidambar styraciflua (vergl. sub Styrax).

Allgemeine Eigenschaften und Handelssorten. Während früher auch der weisse Perubalsam aus den Früchten von Myroxylon Pereirae im Handel war (vgl. oben), ist heute nur mehr der schwarze Perubalsam in den Listen. Derselbe stellt einen dickflüssigen, braunschwarzen in dünnen Schichten durchsichtigen Balsam von sehr angenehmem aromatischem Geruch und von kratzendem Geschmack dar. Derselbe ist in Alkohol, Chloroform, Essigäther fast vollständig, in anderen indifferenten Lösungsmitteln jedoch nur theilweise löslich.

Der durch Auskochen der Rinde gewonnene Balsam: Balsamo de Cascara oder Tacuasonte ist minderwerthig. Ein dem officinellen Präparat ähnlicher Balsam von Myrocarpus frondosus ist nicht im Handel.

Verfälschungen, resp. Verwechslungen. Ricinusöl, Olivenöl, überhaupt fette Oele, Copaïvabalsam, Gurjunbalsam, Styrax, Colophonium, Terpentin, Tolubalsam.

Analyse. Ebenso wie der Copaïvabalsam, so hat auch der Perubalsam eine sehr eingehende und vielseitige Bearbeitung erfahren. Leider ist die viele Mühe und die grossen Widersprüche der einzelnen Autoren heute kaum mehr ins Gewicht fallend, nachdem K. DIETERICH zuerst an der Hand mehrerer, dem Stamme direkt entnommener, wirklich authentisch reiner Perubalsame aus Honduras gezeigt hat, dass alle im Handel befindlichen Perubalsame verfälscht sind, und dass über den Werth eines Perubalsams nur quantitative, nie aber qualitative Proben Aufschluss geben können. Hieraus erklärt auch K. DIETERICH die ausserordentlich grossen Widersprüche in den Befunden einzelner Autoren, denen bei der qualitativen Prüfung immer andere, jedenfalls aber verfälschte Balsame vorgelegen haben.

In neuester Zeit hat auch THOMS San-Salvador-Balsame, die er ebenfalls direkt dem Stammbaume hatte entnehmen lassen, untersucht und die quantitative Methode als die einzig richtige zur Prüfung bezeichnet. Von den Autoren, die sich früher mit der Ausarbeitung und Prüfung heute nicht mehr brauchbarer qualitativer Reaktionen, speciell der Kalk- und Petrolätherprobe und derjenigen des Arzneibuches beschäftigten, seien hier folgende genannt: ULEX, GROTE, EVAN, NIETZSCHE, SCHWEICKERT, OBERDÖRFFER, VULPIUS, MUSSET, GEHE & CO., CAESAR & LORETZ, HIRSCHSOHN, KINZEL, SCHADE, WIMMEL, DENNER u. a. m.

Die erste quantitative Methode, Bestimmung des Cinnameïns, Styracins etc. veröffentlichte in einer grossen ausführlichen Arbeit ANDRÉE; nach dieser Methode arbeitete später KREMEL und fügte noch die Bestimmung der S.-Z., E.-Z. und V.-Z. hinzu. GEHE & CO. sind sofort weitsichtig genug gewesen und haben mit Recht diese quantitativen Methoden als eine werthvolle Bereicherung bezeichnet.

Später hat auch KINZEL die Cinnameïnbestimmung — allerdings ohne auf die von ANDRÉE und KREMEL schon veröffentlichte Methode Bezug zu nehmen — nach eigener Fassung empfohlen. THOMS hat dann gegen die Bestimmung der S.-Z., E.-Z. und V.-Z. im Arzneibuch gesprochen, da er sehr richtig die noch zu grossen Schwankungen betonte. Ueber das spec. Gew. berichtet Wimmel (nie unter 1,138, nie über 1,148, Regel: 1,140—1,145) und weiterhin Vulpius und Schlickum. Musset hat eine quantitative Methode durch Bestimmung der benzin- und alkohollöslichen Antheile, ähnlich der von E. Dieterich ausgearbeitet; Denner theilte neue Cholesterinreaktionen und eine quantitative Methode, die auf dem Verhalten der Erdalkaliverbindungen der einzelnen Bestandtheile gegründet waren, mit. (Neuerdings hat ja auch Tschirch wieder die Cholesterinreaktionen der Harze und ihrer Bestandtheile weiter verfolgt.) K. Dieterich hat an der Hand der authentischen, unverfälschten Hondurasbalsame gezeigt, dass gerade die Prüfungen des Arzneibuches völlig irrthümlich sind; derselbe führt aus:

1. Der ganz reine Balsam erhärtet mit Kalkhydrat, obwohl das Arzneibuch ein Nichterhärten verlangt.

2. Ganz reiner Balsam hinterlässt nach dem Anreiben mit Schwefelsäure und Auswaschen keine — wie das D. A. III verlangt — harte sondern eine fast schmierige Masse.

3. Die Probe auf Gurjunbalsam (blaugrüne Färbung nach Ausziehen mit Petrolbenzin und Behandeln mit HNO_3) ist gerade für reinen Balsam charakteristisch und daher für eine Probe auf Gurjunbalsam völlig unbrauchbar.

4. Schwefelkohlenstoff nimmt aus den echten Balsamen Antheile auf, die denselben stark färben, sodass die Forderung des D. A. III, dass der Schwefelkohlenstoff nur sehr wenig — nicht braun — gefärbt sei, keinesfalls berechtigt ist, geschweige denn Schlüsse auf die Reinheit der Balsame gestattet.

Nach diesen Erfahrungen ist also den obigen qualitativen Reaktionen so ziemlich jeder Werth abzusprechen; es ist nicht wunderbar, wenn bei diesen Methoden die verschiedenen Autoren zu verschiedenen Resultaten gelangten und probehaltiger Balsam immer schwerer zu erhalten war. Hier schienen selbst die gewiegtesten Fälscher in Konflikt zu gerathen. Bei einer so wechselnden Zusammensetzung der Produkte durfte es auch nicht Wunder nehmen, wenn die ersten Zahlen der quantitativen Methoden sehr schwankend waren. Welche Zahlen als ungefähre Norm anzunehmen sind, hat erst K. Dieterich an reinen und unverfälschten Balsamen aus Honduras und später Thoms an reinen Salvador-Balsamen gezeigt.

Die Farbenreaktionen, die neuerdings Mauch mit salzsäurehaltigem Chloralhydrat für den Nachweis von Verfälschungen im Perubalsam mittheilte, seien, ohne ihnen mehr Werth, wie überhaupt allen Farbenreaktionen beilegen zu wollen, nur erwähnt. Wohl brauchbar dürfte die Methode mit Chloralhydrat nach MAUCH sein, wo es sich um den Nachweis von Ricinusöl handelt (letzteres ist in Chloralhydratlösung 60 % schwer löslich); ein schon mit 8 % Ricinusöl verfälschter Balsam giebt, so behandelt eine trübe Mischung, während reiner Perubalsam in 60 %iger Chloralhydratlösung und zwar im Verhältniss von 1 : 5 völlig klar löslich ist.

KREMEL hat zuerst S.-Z., E.-Z. und V.-Z., Cinnameïn, Harzester und die V.-Z. von Harzester und Cinnameïn festgelegt. Die Cinnameïnbestimmung hat KREMEL nach der ANDRÉE'schen Methode ausgeführt.

KREMEL fand:

		I.	II.	III.
von Balsam	S.-Z. d.	40,4	40,4	49,4
	E.-Z.	187,8	199,2	181,1
	V.-Z. h.	228,2	239,6	230,5

	I.	II.	III.	IV.
% Cinnameïn	68,75	67,53	66,65	77,53
% Harzester	29,94	32,31	32,95	21,58

		I.	II.	III.	IV.
vom Cinnameïn	S.-Z. d.	20,3	23,4	37,9	28,3
	E.-Z.	214,7	207,0	202,0	68,5
	V.-Z h.	235,0	230,4	239,9	96,8

		I.	II.	III.
vom Harzester	S.-Z. d.	93,0	82,4	71,4
	E.-Z.	128,8	110,4	116,4
	V.-Z. h.	221,8	192,8	187,8

Weiterhin seien auch die Zahlen registrirt, die E. DIETERICH und zwar nach der KREMEL'schen Methode fand:

E. DIETERICH fand:

S.-Z. d.	30,80 — 61,60
E.-Z.	159,60 — 223,60
V.-Z. h.	221,20 — 254,80
Spec. Gew.	1,139

Löslichkeit in

Chloroform } vollständig löslich
Essigäther }

Alkohol 90 %	99,74 %
Aether	93,77 — 97,60 %
Benzol	94,27 — 98,03 %
Petroläther	66,04 — 67,93 %
Terpentinöl	85,83 — 88,86 %
Schwefelkohlenstoff	86,16 — 87,66 %

löslich.

K. DIETERICH hat eingehende Studien über den Perubalsam angestellt und eine neue Methode ausgearbeitet, die vor den Resultaten
ausführlich mitgetheilt sei.

a) S.-Z. d.

*Man löst 1 g Balsam in 200 ccm Alkohol (96°/o) und titrirt mit
alkoholischer $\frac{n}{10}$ Kalilauge unter Verwendung von Phenolphtaleïn als
Indikator. Durch Multiplikation der verbrauchten ccm Lauge mit 5,616
erhält man die S.-Z. d.*

b) V.-Z. k.

*Man wägt 1 g Perubalsam in eine Glasstöpselflasche von 500 ccm
Inhalt, setzt 50 ccm Petrolbenzin (spec. Gew. 0,700) und 50 ccm
alkoholische $\frac{n}{2}$ Kalilauge zu und lässt unter öfterem Umschütteln gut
verschlossen 24 Stunden in Zimmertemperatur stehen. Nach Verlauf
dieser Zeit fügt man 300 ccm Wasser hinzu, schwenkt gut um, bis sich
die am Boden ausgeschiedenen dunklen Kalisalze gelöst haben und titrirt
unter fortwährendem Umschwenken mit $\frac{n}{2}$ Schwefelsäure unter Verwendung von Phenolphtaleïn als Indikator zurück. Die Anzahl der gebundenen ccm KOH geben mit 28,08 multiplicirt die V.-Z. k.*

c) E.-Z.

Die E.-Z. erhält man durch Subtraktion der S.-Z. d. von der V.-Z. k.

d) Aetherunlöslicher Antheil.

*Zur quantitativen Bestimmung des ätherunlöslichen Antheils erwärmt
man 1 g Balsam mit Aether in einem kleinen Bechergläschen und zieht
auf einem gewogenen Filter solange aus, als der Aether noch gefärbt
erscheint und 1 Tropfen auf einem Uhrglas verdunstet, einen Rückstand
hinterlässt. Den Filterrückstand trocknet man dann bei 100° C., wägt
und berechnet auf Procente.*

*e) Bestimmung der aromatischen und flüchtigen Be-
standtheile (Cinnameïn u. s. w.).*

*Die praktische Ausführung der Cinnameïnbestimmung schliesst sich
direkt an diejenige des ätherunlöslichen Antheils an. Die ätherische Lösung, welche als Filtrat von der Bestimmung des ätherunlöslichen Antheils
resultirt, wird in einem Scheidetrichter einmal mit 20 ccm einer zwei
procentigen Natronlauge ausgeschüttelt und sorgfältig getrennt. Zur
Lösung des Harzesters genügt es auch vollständig einmal auszuschütteln.
Die ätherische gelbe Lösung überlässt man der Selbstverdunstung und
stellt, wenn kein Aether mehr wahrzunehmen ist, 12 Stunden in den Exsiccator. Man wägt nun das erste Mal und nach nochmaligem 12 stün-
digem Stehen im Exsiccator zum zweiten Mal und giebt das Mittel beider*

Zahlen, wie sie die Wägungen nach 12 und 24 Stunden ergaben, als Norm an.

f) Harzesterbestimmung.

Zur Bestimmung des Harzesters fällt man die von der ätherischen Flüssigkeit getrennte braune, alkalische Harzlösung mit verdünnter Salzsäure aus, filtrirt durch ein gewogenes Filter und wäscht unter Verwendung der Saugpumpe mit möglichst wenig Wasser bis zum Ausbleiben der Chlorreaktion aus. Das bei 80° C. bis zum konstanten Gewicht getrocknete Harz wird auf Procente berechnet angegeben. Ausserdem ist das Verhältniss vom Harzester zum Cinnameïn zu berechnen.

g) Specifisches Gewicht.

Nach dieser Methode erhielt K. Dieterich für zahlreiche Handelsbalsame folgende Grenzwerthe:

Spec. Gew.	1,135—1,145
S.-Z. d	60,0—80,0
E.-Z.	180,0—200,0
V.-Z. k.	240,0—270,0
Harzester	20,0—28,0 %
Aromat. Bestandtheile	65,0 – 77,0 %
(Cinnameïn etc.)	
Aetherunlösl. Antheil	1,5 — 4,5 %

Für die **authentisch reinen** und **naturellen** Hondurasbalsame fand K. Dieterich folgende Werthe:

	I.	II.	III.
S.-Z. d.	77,46	76,92	77,34
E.-Z.	165,61	137,42	137,67
V.-Z. k.	243,07	214,34	215,01
Aromat. Bestandtheile (Cinnameïn etc.)	71,41 %	77,56 %	73,63 %
Harzester	15,70 %	13,18 %	17,32 %
Aetherunlösl. Anth.	4,38 %	4,31 %	3,57 %

Die Resultate seiner Studien über Perubalsam fasst K. Dieterich in folgenden Sätzen zusammen:

1. Sowohl die Verseifung mit alkoholischer Lauge am Rückflusskühler, als auch die wässerige, durch Einleiten von Wasserdämpfen in die alkalische Flüssigkeit, als diejenige mit Petrolbenzin auf heissem Wege mit alkoholischer Lauge am Rückflusskühler, liefert zu niedrige Zahlen.

2. Die Verseifung mit Petrolbenzin und alkoholischer Lauge auf kaltem Wege und Titration unter Wasserzusatz giebt bei scharfem

Umschlag höhere und konstantere Werthe und zwar bei den untersuchten Balsamen 260—270, im Gegensatz zu den früheren Zahlen
218—259.

3 Bei der Bestimmung der S.-Z. d. ist möglichste Verdünnung
nöthig, und ergaben die untersuchten Balsame S.-Z. d. von 68—80,
übereinstimmend mit früheren Resultaten.

4. Verfälschungen erhöhen die S.-Z. d. und drücken die V.-Z. k.
herab, so dass demnach niedrige V.-Z. k. und hohe S.-Z. d. auf Verfälschung hindeuten.

5. Die durch Subtraktion der S.-Z. d. von der V.-Z. k. erhaltene
E.-Z. schwankt bei den von K D. untersuchten Sorten nur zwischen
188—196, im Gegensatz zu den früher erhaltenen Zahlen von
155—206.

6. Eine zu niedrige E.-Z. deutet auf eine Verfälschung und
zwar eine unter 100 auf Verfälschung mit Colophonium, Tolubalsam
oder Benzoë.

7. Die Bestimmung des ätherunlöslichen Antheils ist für die
Identifizirung brauchbar, nicht aber für Verfälschungen. Der ätherunlösliche Antheil beträgt bei den untersuchten Handelssorten
1,5—3 %.

8. Der Gehalt an Cinnameïn und Harzester beträgt in den untersuchten Sorten 20—28% Harzester und 65—75% Cinnameïn, so dass
das Verhältniss von beiden im Durchschnitt 1 : 3 ausmacht; Verhältnisse von 1 : 2 und 1 : 5 lassen auf gröbere Verfälschungen
schliessen; bei der Werthbestimmung eines Balsams ist ein
solcher mit hohem Cinnameïngehalt einem mit hohem Harzgehalt
vorzuziehen.

9. Der Brechungsindex des Perubalsams liegt nicht zwischen
1,42 und 1,49, entsprechend der 100theiligen Skala des Butter-
refraktometers.

10. Die kritische Temperatur lässt sich bei Perubalsam nicht
bestimmen und die MAUMENÉ'sche Zahl ist nur zur Identifizirung
eines Balsames brauchbar.

Auch für zahlreiche Verfälschungen hat K. DIETERICH seine Methode
ausprobirt und folgende Werthe gefunden.

I. S.-Z. d.:

Perubalsam, verfälscht mit:	5 %	10 %	20 %
Copaïvabalsam	68,04	72,24	84,28
Styrax	91,00	76,16	84,28
Colophonium	91,00	148,96	166,32
Benzoë	92,40	116,20	167,44
Ricinusöl	113,12	118,72	130,48
Tolubalsam	140,00	148,96	166,32
Terpentin	66,64	62,60	—

II. V.-Z. k.:

Perubalsam, verfälscht mit:	5 %	10 %	20 %
Copaïvabalsam	246,0	240,0	212,8
Styrax	254,0	249,0	240,0
Colophonium	252,0	252,0	—
Benzoë	240,8	236,6	232,0
Ricinusöl	243,6	236,6	229,6
Tolubalsam	258,0	252,0	243,0
Terpentin	252,0	235,0	212,8

III. E.-Z.:

Perubalsam, verfälscht mit:	5 %	10 %	20 %
Copaïvabalsam	178,96	167,76	137,41
Styrax	183,44	172,84	155,72
Colophonium	161,00	104,04	65,68
Benzoë	148,40	120,40	61,62
Ricinusöl	130,48	117,88	99,12
Tolubalsam	118,00	103,24	77,28
Terpentin	186,35	172,40	—

IV. Cinnameïn und aromatische Bestandtheile nebst Harzester:

Perubalsam, verfälscht mit:	% Harz	% Cinnameïn	% Harz	% Cinnameïn	% Harz	% Cinnameïn
Copaïvabalsam	24,05	65,95	27,98	63,03	31,90	60,82
Styrax	17,28	72,35	18,06	73,02	19,06	73,70
Colophonium	17,50	73,25	—	—	—	—
Benzoë	22,90	68,05	22,56	69,25	21,56	63,40
Ricinusöl	21,00	73,50	20,36	74,68	16,88	80,10
Tolubalsam	27,32	67,05	25,72	67,76	31,44	60,07
Terpentin	25,78	65,02	26,10	62,08	—	—
	5 %		10 %		20 %	

V. Aetherunlöslicher Antheil:

Perubalsam, verfälscht mit:	$5\,\%$	$10\,\%$	$20\,\%$
Copaïvabalsam	0,96	1,06	0,98
Styrax	1,86	1,24	0,66
Colophonium	1,70	1,62	1,05
Benzoë	1,12	0,82	0,56
Ricinusöl	0,54	0,92	0,52
Tolubalsam	0,56	0,50	0,28
Terpentin	0,94	0,92	0,61

K. Dieterich schliesst hieraus:

1. Verfälschungen erhöhen die S.-Z. d. und drücken die V.-Z. k. herab, sodass demnach niedrige V.-Z. k. und hohe S.-Z. d. auf Verfälschung hindeuten.

2. Eine zu niedrige E.-Z. deutet auf eine Verfälschung und zwar eine unter 100 auf Verfälschung mit Colophonium, Tolubalsam oder Benzoë.

K. Dieterich verlangt hiernach in Uebereinstimmung mit Gehe & Co. mindestens 65 % Cinnameïn, nach seiner Methode bestimmt, und nicht über 28 % Harzester. Je mehr Cinnameïn ein Balsam nach K. Dieterich und Gehe & Co. enthält und je weniger Harzester, desto besser ist er. Die Honduras-Balsame hatten einen Gehalt an Cinnameïn von über 70 %. Als niedrigste V.-Z. k. nimmt K. Dieterich 240 an, in der Absicht, nicht zu hohe Anforderungen an die Handelswaare zu stellen. Sowohl Gehe & Co., wie Caesar & Loretz bezeichnen die K. Dieterich'sche Methode und die hieraus gezogenen Schlüsse als einen weiteren Fortschritt in der Perubalsam-Analyse.

Gehe & Co. selbst fanden:

         Cinnameïngehalt   57—60 %

         V.-Z. h. desselben   235—238

Die Methode, nach der Gehe & Co. arbeiteten, war folgende:

Zur Ausführung der Probe werden ungefähr 5 g Perubalsam mit 5 g Wasser und ebensoviel officineller Natronlauge durchgeschüttelt; dem Gemisch wird durch dreimalige Ausschüttelung mit je 10 g Aether das Cinnameïn entzogen. Den Aether verdunstet man im Wasserbade und wägt das zurückbleibende Cinnameïn. Es bedarf längerer Zeit, bevor die letzten Antheile Aether entfernt sind, und muss man sich durch öfteres Wägen des Rückstandes überzeugen, dass keine Gewichtsabnahme mehr stattfindet. Zu dem gewogenen Rückstande fügt man 35—40 ccm alkoholische $\frac{n}{2}$

Kalilauge und etwa 20 ccm Alkohol und verseift auf dem Wasserbade. Die überschüssige Kalilauge titrirt man mit $\frac{n}{2}$ Salzsäure
zurück.

Géhe & Co. haben nach dieser Methode eine grössere Anzahl
Perubalsamsorten des Handels untersucht und berichten ein Jahr nach
ihrer ersten Mittheilung, dass der Cinnameïngehalt bei zuverlässig echten Balsamen zwischen 56,5 und 62,2% schwanke, die V.-Z. h. des
Cinnameïns betrage 236 bis 240.

Während K. Dieterich bei dem Verdunsten der Cinnameïnlösung
eine zu grosse und zu leichte Verdunstung des Cinnameïns etc. fürchtet
und deshalb Wärme vermeidet, haben Gehe & Co. andere Erfahrungen
gemacht und haben im Erlmeyer'schen Kölbchen erwärmt. Die Gehe-
schen Werthe liegen infolge dessen etwas niedriger, wie die nach
K. Dieterich. Beide Methoden geben aber Zahlen, die unter sich gut
übereinstimmen.

Zum Schluss sei noch die von Thoms aus der Methode von Gehe
& Co. und K. Dieterich kombinirte Methode erwähnt, weil sie Thoms,
wie schon oben gesagt, auf ganz reine San-Salvador-Balsame, die dem
Baume direkt von zweiter Hand entnommen waren, anwendete.

Thoms fand:

  Spec. Gewicht 1,139

    S.-Z. d.   83 ⎫
             ⎬ nach K. Dieterich bestimmt.
    V.-Z. k.   264 ⎭

  In Aether unlöslich 3,36%.

  Cinnameïn

  a) nach K. Dieterich mit der Abänderung, dass die ätherische
Cinnameïnlösung zweimal mit 2 procentiger Natronlauge, darauf
folgend zweimal mit Wasser geschüttelt, und der Rückstand nach
dem Abdampfen des Aethers eine halbe Stunde auf dem Wasserbade erwärmt wurde:

       1. = 60,84 %
       2. = 60,88 „
       3. = 61,30 „
  b) nach Gehe & Co.: 4. = 60,52 „
       5. = 61,036 „
       6. = 60,22 „
       7. = 60,768 „

Die Bestimmungen von Nr. 1 und 2 wurden von Lüders, Nr. 3
von Thoms, Nr. 4 bis Nr. 7 von E. Kennert ausgeführt. Thoms liess
nach der Gehe'schen Methode deshalb vier Bestimmungen ausführen,

um festzustellen, ob durch längeres oder kürzeres Abdampfen der ätherischen Lösung in dem Wasserbade grosse Unterschiede in dem Procentgehalt an Cinnameïn sich ergeben würden. Das ist, wie aus obigen Zahlen ersichtlich, nicht der Fall.

Esterzahl des Cinnameïns (die sog. „Verseifungszahl" GEHE's).

a) des nach K. DIETERICH abgeschiedenen Cinnameïns.

Nr. 3 = 239,8

b) des nach GEHE & Co. abgeschiedenen Cinnameïns.

Nr. 7 = 240,9

Harzester (nach K. DIETERICH bestimmt).

1.　　20,28

2.　　19,76

THOMS zieht das Ausschüttelverfahren von K. DIETERICH vor, schüttelt aber mehreremals aus und erhält so mit GEHE & Co. übereinstimmende Werthe.

Die V.-Z. h. oder richtiger E.-Z. des Cinnameïns bestimmt THOMS folgendermassen:

Das Cinnameïn spült man mit wenig Alkohol in einen Kolben, fügt 50 ccm alkoholischer $\frac{n}{10}$ Kalilauge hinzu, überlässt das Gemisch eine Stunde sich selbst und erwärmt noch eine Stunde auf dem Wasserbade.

Das sich ausscheidende Kaliumsalz bringt man mit wenig Wasser wieder in Lösung. Nach dem Erkalten titrirt man unter Benutzung von Phenolphtaleïn als Indikator mit $\frac{n}{10}$ Salzsäure zurück. Die Differenz zwischen dieser Zahl und 50, mit 0,005616 multiplicirt, giebt die Menge Kaliumhydroxyd an, welche zur Verseifung der gefundenen Menge Cinnameïn gedient hat.

K. DIETERICH theilt weiterhin die Untersuchung eines verfälschten Perubalsams mit, welcher nach seiner Methode durch HAMPE untersucht wurde.

Es wurde gefunden:

S.-Z. d.	72,90—74,09
E.-Z	145,01—145,04 (!)
V.-Z. k.	218,3—219,1 (!)
Aether unlöslich	0,93 % (!)
Ciannmeïn und aromatische Bestandtheile	58,69 % (!)
Harzester	24,28 %

In 60 % iger Chloralhydratlösung nicht ganz klar löslich, die Konsistenz sehr dünnflüssig, Farbe relativ hell und in dünnen Schichten röthlich.

Da die Werthe von normalem Balsam in anderen Grenzen, V.-Z. k. nicht unter 240, ätherunlösliche Antheile nicht unter 1,5 %, Cinnameïn nicht unter 65 % liegen, so war obiger Balsam zweifellos verfälscht. Auch K. DIETERICH fand in seinen Studien über Perubalsam (Helfenberger Annalen 1896), dass Verfälschungen die Säurezahl erhöhen und die Verseifungszahlen herabdrücken. Ganz echte Balsame zeigen weiterhin bis 4 % ätherunlösliche Antheile und eine vollkommene und klare Löslichkeit in obiger Chloralhydratlösung. Man ersieht aus diesen Ergebnissen, dass die K. DIETERICH'sche Methode in praxi gute Resultate giebt.

Noch seien die Werthe erwähnt, die GREGOR als „Methylzahlen" erhielten.

$$M.-Z. \qquad 16,7$$
$$21,8$$
$$22,6$$

Ueber die Prüfung des Perubalsams im Deutschen Arzneibuch, vergl. K. DIETERICH, Pharm. Centralhalle 1898, Nr. 19.

Litteratur.

ANONYM, Ph. C. 1879, p. 297, 300, 347; 1881, p. 231. — A. ANDRÉE, A. d. Ph. 223, p. 561. — BINZ, Ph. C 1889, p. 318. — BECKURTS & BRÜCHE, A. d. Ph. 1892. — CAESAR & LORETZ, Ph. C. 1894, p. 277, 1897, p. 702; G.-B. 1898. — A. DENNER, Ph. C. 1887, p. 527. — E. DIETERICH, D. d. H. A. p. 29. — K. DIETERICH, H. A. 1896, p. 84—98, 1897, p. 63—68, 69—75; Ph. C. 1898, Nr. 19. — F. DIETZE, Ph. C. 1897, p. 268. — GEHE & Co., Ph. C. 1883, p. 444, 1885, p. 199, 1886, p 458, 1887, p. 202, 1888, p 218, 1889, p. 639, 1891, p. 236, 1890, p. 554, 1894, p. 531, 1895, p. 241, 495, 1897, p. 268; G. B. April 1899, p. 10. — P. M. EVAN, A. d. Ph. 223, p. 553. — GREGOR & BAMBERGER, Oest Ch.-Ztg. 1898, Nr. 8 u. 9. — C. GROTE, Ph. C 1880, p 179, 1883, p. 179. — HIRSCHSOHN, Ph. C 1893, p. 513. — HIRSCH, Ph. C. 1893, p. 517. — W. KINZEL, Ph. C. 1892, p. 180. — A. KREMEL, Ph C. 1886, p. 390. — MAUCH, I.-D. Strassburg 1898. — FR. MUSSET, Ph. C. 1893, p. 720, 738, 1894, p. 316, 1895, p. 5, 76. — A. NIETSCH, Ph. C. 1879, p. 373. — OBERDÖRFFER, A. d. Ph. 183, p. 84, 199, p. 84. — C. SCHACHT, Ph. C. 1895, p. 185. — A. SCHNEIDER, Ph. C. 1894, p. 32. — O. SCHLICKUM, A. d. Ph. 220, p. 498. — SCHWEICKERT, A. d. Ph. 203, p. 53. — SCHADE, Ap.-Ztg. 1894, p. 427. — THOMS, Ph. C. 1890, p. 568. — G. VULPIUS, Ph. C. 1885, p. 611, 1888, p. 41, 1889, p. 21. — WIMMEL, Ph. C. 1893, p. 638, 1894, p. 111.

13.
Tolubalsam.

Balsamum de Tolu (officinell im D. A. III).

Abstammung und Heimat. Myroxylon Toluifera, Papilionaceen.

Nördliches Südamerika.

Chemische Bestandtheile: Säure, ölige Antheile, zum grössten Theil aus Benzoesäurebenzylester und zum kleineren Theil aus Zimmtsäurebenzylester bestehend (7,5 %), Verunreinigungen (3 %), Vanillin (0,05 %), Zimmt- und Benzoësäure (12—15 %), Zimmtsäure und Benzoësäuretoluresinotannolester; das isolirte Toluresinotannol hat die Formel $C_{16}H_{14}O_3OCH_3OH$ (nach OBERLÄNDER).

Allgemeine Eigenschaften und Handelssorten. In frischem Zustand ist der Balsam braungelb, in dünnen Schichten vollständig durchsichtig, ohne Krystalle. Aeltere Waare ist erhärtet und unter dem Mikroskop krystallinisch, ein solcher Balsam ist röthlichbraun, schmilzt bei 60—65° C. und schmeckt aromatisch, kratzend. In Alkohol, Chloroform, Alkalien ist er löslich. Die alkoholische Lösung reagirt sauer. Die Ansicht, dass Schwefelkohlenstoff denselben gar nicht löst (vergl. Nachweis von Colophonium) ist nicht haltbar, da auch Balsame existiren, die grosse Mengen an Schwefelkohlenstoff abgeben.

Verfälschungen resp. Verwechslungen. Colophonium.

Analyse. Die Untersuchungen des Tolubalsams haben schon früher gezeigt, dass auch dieses Produkt viel und zwar meist mit Colophonium verfälscht wird. Die Verfälschung wird geradezu durch die merkwürdige Forderung des D. A. III unterstützt, indem nur der „erhärtete" Balsam verlangt wird. Die Werthe sind also alle mit gewisser Reserve aufzunehmen. Der qualitative Colophonium-Nachweis wurde von BRAITWAITE, GEHE & Co., CRIPPS und HIRSCHSOHN behandelt, während THOMS und GEHE & Co. die Prüfung des Arzneibuches mehrfach kritisirten. Ueber den Nachweis des Colophoniums mit der STORCH-MORAWSKY'schen Reaktion, vgl. sub Colophonium. Auch die Löslichkeit des Tolubalsams in Benzol (soll nur 5 % an Benzol abgeben) wurde von anderer Seite als specielles Kriterium herangezogen. Quantitative Untersuchungen, speciell durch Bestimmung der S.-Z., E.-Z. und V.-Z. — nach der meist üblichen Methode — hat zuerst KREMEL, dann BECKURTS und BRÜCHE mitgetheilt.

A. KREMEL fand:

	I.	II
S.-Z. d.	127,2	100,6
E.-Z.	26,7	58,7
V.-Z. h.	153,9	159,3

Beckurts und Brüche fanden:

Spec. Gew.   1,092—1,101

S.-Z. d.   106—132

E.-Z.   55—71

V.-Z. h.   177—188

Asche   0,25—1,2%

Dieselben empfehlen zum Nachweis des Colophoniums weniger die S.-Z. d., welche nur bei 20% Colophoniumszusatz abnorm hoch ausfällt, als wie die Schmidt'sche Probe. Man lässt 0,5 g Balsam mit 25 ccm Schwefelkohlenstoff unter bisweiligem Umschütteln 30 Minuten stehen, filtrirt und verdunstet das Filtrat in der Porzellanschale. Colophonium giebt sich im Verdunstungsrückstand schon durch den Geruch zu erkennen, sowie durch die grüne Färbung, wenn man in die Lösung des Rückstandes einige Tropfen Schwefelsäure einfliessen lässt. Reiner Tolubalsam soll in Schwefelkohlenstoff so gut wie unlöslich sein. Nach Braitwaite löst Schwefelkohlenstoff die Zimmtsäure. Derselbe giebt folgende Modifikation der obigen Probe: Werden fünf Theile des Balsams zweimal mit 25 bezw. 10 Theilen Schwefelkohlenstoff erwärmt, so muss nach dem Verdunsten des Filtrates ein krystallinischer Rückstand verbleiben, der eine V.-Z. h. von nicht weniger als 300 Theilen KOH auf 1000 Theile ergeben muss. Der Schmidt'sche Befund steht sehr in Widerspruch mit dem von E. Dieterich (s. w. u.), der bis fast 90% in Schwefelkohlenstoff löslich fand; jedenfalls ist dieser Theil der Schmidtschen Probe unsicher.

E. Dieterich fand:

S.-Z. d.   114,80—158,60

E.-Z.   31,20— 40,50

V.-Z. h.   155,30—187,40

Löslichkeit in:

Alkohol 90 %
Essigäther   } vollständig löslich

Chloroform fast vollständig löslich

Aether   53,20 – 87,90% löslich

Benzol   82,27 % bis fast völlig löslich

Petroläther   2,22—10,22 %

Terpentinöl   27,82 – 54,55 % } löslich.

Schwefelkohlenstoff 19,60—88,18 %

Die sehr hohen Werthe für in Schwefelkohlenstoff löslichen Antheile zeigen, dass dieser Theil der Schmidt'schen Probe — wie schon oben erwähnt — nicht sicher ist, wenn auch vielleicht vermuthet werden kann, dass verfälschte Proben vorgelegen haben. Jedenfalls sind die S.-Z., E.-Z. und V.-Z. weit mehr für die Beurtheilung massgebend. Reiner Tolubalsam scheint so gut wie gar nicht im Handel zu sein, woraus auch die geringe Zuverlässigkeit obiger Proben zu erklären ist. Eine erneute, eingehende Untersuchung ist dringend nothwendig.

Gehe & Co. führen über die Prüfung der Tolubalsame und seine Löslichkeit Folgendes aus:

Durch längeres Liegen oder durch kurzes Erwärmen im Wasserbade geht er unter einem Gewichtsverluste von 8—10% in den spröden Zustand über. Die Bevorzugung des harten Balsams seitens des Arzneibuches, wofür es an stichhaltigen Gründen fehlt, hat dazu beigetragen, dass die jetzt im deutschen Drogenhandel befindlichen harten Balsame beinahe ausnahmslos mit Colophonium gehärtet sind, was nach der vom Arzneibuche vorgeschriebenen Prüfungsmethode nicht entdeckt wird. Denn auch echter Balsam ist nicht unlöslich in Schwefelkohlenstoff, sondern giebt an ihn bis zu 25% ab. Andere behaupten sogar, dass es Sorten gebe, die sich bis zu 80% darin lösen; doch scheint es uns fraglich, ob auch die untersuchten Balsame sämmtlich echt waren.

Dieses Urtheil schliesst sich über die Prüfung und Forderung des Arzneibuches und die Löslichkeit in Schwefelkohlenstoff den K. Dieterich'schen Ansichten an.

Mit den Werthen von Beckurts u. Brüche, Kremel, E. Dieterich stimmen auch die Werthe, welche K. Dieterich erhalten hat, gut überein. Diese Werthe brauchen somit nicht noch speciell aufgeführt zu werden. Der Tolubalsam soll möglichst aschefrei sein.

Gregor fand als Methylzahlen: M.-Z. 41,6 und 41,7 und Bamberger M.-Z. 46,8.

Ueber die Prüfung des Tolubalsams im D. A. III vergl. K. Dieterich, Ph. C. 1898, Nr. 19.

Litteratur.

Anonym, Ph. C. 1878, p. 503. — Beckurts & Brüche, A. d. Ph. 1892. — Braitwaite, Ph. C. 1895, p. 596 — Cripps, A. d. Ph. Nr. 227, p. 142. — E. Dieterich, I. D. d. H. A. p. 29 — K. Dieterich, H A 1897, p. 312; Ph. C. 1898, Nr. 19 — Gehe & Co., Ph. C. 1891, p. 236, 1892, p. 555, 1897, p. 286; H. B April 1899, p. 11. — Gregor & Bamberger, Oest. Ch.-Ztg. 1898, Nr. 8 u. 9. — Hirschsohn, A d. Ph. 1877, p. 321. — Thoms, Ph. C. 1890, p. 569.

B. Harze.

Vor der speciellen Abhandlung der Harze sei im allgemeinen vorausgeschickt, dass ebenso wie bei den Gummiharzen, so auch bei den Harzen weit verschiedenere Methoden zur Bestimmung der Kennzahlen angewendet wurden, wie bei den Balsamen. Schon hier wurden zum Theil Extrakte gebraucht, die der Naturdroge nicht mehr entsprachen. Es sind also die grossen Schwankungen der Werthe zum Theil hieraus zu erklären. Auch die sehr dunkeln Lösungen der fast stets gefärbten Harze sind an den Schwankungen des Werthe zum Theil schuld. Einheitliche und praktisch ausprobirte Methoden, die solche Uebelstände beseitigen und auf Grund der modernen Harzchemie aufgebaut sind, hat neuerdings K. DIETERICH veröffentlicht. Es wäre wünschenswerth, wenn auch andere Autoren zur einheitlichen Beurtheilung auf moderner Grundlage Beiträge liefern, oder das schon Vorhandene nachprüfen und somit das so nöthige Zahlenmaterial vermehren würden.

14.

Akaroïdharz.
Resina Acaroïdes, Xanthorrhoeaharz.

I. Rothes Akaroïdharz.

Abstammung und Heimat. Xanthorrhoea australis, quadrangularis, Drumondii, Preisii u. a., überhaupt verschiedene Xanthorrhoearten; Asphodeleae. *Neu-Südwales.*

Chemische Bestandtheile. Paracumarsäure $C_9H_8O_3$ frei ($1\,^0/_0$) Paracumarsäure ($2\,^0/_0$) Benzoësäure (Spuren) beide gebunden an Erythroresinotannol $C_{40}H_{39}O_9$ OH, Paraoxybenzaldehyd ($0,6\,^0/_0$). Die Hauptmenge des Harzes ($85\,^0/_0$) ist der Paracumarsäure-Erythroresinotannolester. Das Fehlen von Zimmtsäure unterscheidet dieses Harz vom gelben Akaroïd (nach HILDEBRAND).

II. Gelbes Akaroïdharz.

Abstammung und Heimat. Xanthorrhoea hastilis Asphodeleae.

Tasmanien.

Chemische Bestandtheile. Paracumarsäure $C_9H_8O_3$ frei (4%), Zimmtsäure frei (0,5%), Paracumarsäure gebunden (7%), Zimmtsäure gebunden (0,6%). Beide Säuren, esterficirt mit dem Xanthoresinotannol $C_{43}H_{45}O_9OH$ bilden in der Hauptsache als Paracumarsäure-Xanthoresinotannolester den Hauptbestandtheil dieses Harzes. Ausserdem noch Styracin $C_{18}H_{16}O_2$, Zimmtsäurephenylpropylester (?), Paraoxybenzaldehyd (?) und Vanillin (?). Letztere Bestandtheile nicht ganz sicher (nach HILDEBRAND).

Allgemeine Eigenschaften und Handelssorten. Das rothe Harz, Grasstree-Gum, stellt kleine rothbraune, stark bestaubte Stücke von glänzendem Bruch mit circa 10% Verunreinigungen dar, welches in Alkohol völlig löslich ist und keine Zimmtsäurereaktion giebt.

Das gelbe Harz, Resina lutea, Botany, Bay-Gummi, ist von gelber durchsichtiger Farbe, ebenfalls bestäubt und giebt Zimmtsäurereaktion.

Die australischen Akaroïdharze werden neuerdings ausgebeutet und als Colophoniumersatz, speciell zum Leimen in der Papierfabrikation — wie schon lange in Nordamerika — mit Recht empfohlen. Zur Gasfabrikation, Lacken, Parfümeriezwecken wird es schon lange — speciell in Nordamerika — benützt. Die Harze der verschiedenen Xanthorrhoeaspecies unterscheiden sich äusserlich und innerlich nicht unwesentlich[1]).

Verfälschungen resp. Verwechslungen dürften bei dem relativ billigen Preis nur in Form von mineralischen Bestandtheilen und pflanzlichen Verunreinigungen und Verwechslungen beider und verwandter Sorten bestehen.

Analyse. Wenngleich die eigentlichen analytischen Angaben über die Akaroïdharze so gut wie fehlen, so hat dieses technisch wichtige Harz an dieser Stelle doch Aufnahme gefunden, weil es auch in Europa eingeführt und schon jetzt zur Lack-, Papier- und Parfümeriefabrikation Verwendung findet. Die Verarbeitung des Botany-Gum zur Gewinnung von Gas dürfte auch erwähnenswerth sein[2]). Speciell wird jetzt aus Australien Akaroïd von X. quadrangularis zu einem billigen Preis eingeführt und mit Recht empfohlen[1]). Das gelbe Akaroïdharz erweicht nach

---

[1]) Vergl. K. DIETERICH, Helfenberger Annalen 1897, p. 37 und 38.

[2]) Die medicinische Verwendung als Tinktur in Dosen bis 70 g ist nur in Amerika gegen Phthysis und chronische Katarrhe gebräuchlich (60 g Harz zu 1 l Alkohol).

MAIDEN nicht im Munde, Petroläther nimmt 1—2%/o daraus auf, Alkohol 91—94%/o. Ebenso wie das gelbe Harz sind auch andere rothe Handelssorten, speciell das Harz von X quadrangularis nach K. DIETERICH's Untersuchungen zimmtsäurefrei.

Das rothe Harz von X. arborea giebt an Petroläther etwa 3% ab, während es in Alkohol bis auf 5—10% Verunreinigungen völlig löslich ist. HIRSCHSOHN fand, dass drei verschiedene Sorten in Chloroform und Aether unvollkommen, in Alkohol vollkommen löslich waren.

Eigentliche analytische Daten finden sich äusserst wenige. SCHIMMEL & Co. theilen für gelbes Akaroïdharzöl mit: S.-Z. d. 4,9, E.-Z. 69,4 und V-Z. h. 74,3. Praktisch ist das Akaroïdöl ohne Bedeutung.

KITT fand folgende Carbonylzahlen:

C.-Z.

Akaroïdharz gelb   0,29—0,46

    „   roth   0,84—0,98

Ueber den Werth dieser Zahlen vergl. K. DIETERICH, Chem. Revue 1898, No. 10. Vergl. im Uebrigen: WIESNER, „Die technisch verwendeten Gummiarten, Balsame und Harze" p. 189—195. Bei der wichtigen Rolle, welche das Akaroïdharz in technischer Beziehung gewiss noch spielen wird, wäre es sehr erwünscht, wenn für beide Sorten weitere analytische Anhaltspunkte geschaffen würden.

Litteratur.

K. DIETERICH, H A. 1897, p. 37 u. 38; Ch. R. 1898, Nr. 10. — HIRSCHSOHN, A. d. Ph. 213, p. 302. — KITT, Ch.-Ztg. 1898, p. 358. — MAISCH, A. d. Ph. 219, p. 464. — MAIDEN, Ap.-Ztg. 1891, R. 62. — SCHIMMEL & Co., Ap.-Ztg. 1897, p. 692.

15.

Anime.

Resina Anime.

Abstammung und Heimat. Die Abstammung ist sehr unsicher, da zahlreiche Uebergänge und verwandte Harze speciell Elemi, Resina Kikekunemalo, Resina Tacamahaca dem Anime (s. Tacamahaca) sehr nahe zu stehen scheinen. (Vergl. hierzu vor allem sub Elemi.) In England versteht man jetzt unter dem Namen „Anime" Copal und zwar bezeichnet man so speciell die weichen Copale. Theilweise nennen die französischen Drogenhäuser auch den Madagaskar-Copal: Animé. Das Harz von Hymenea Courbaril ist ein völlig anderes Produkt, als das westindische oder ostindische Anime. Dass man Anime fälschlich als identisch mit Courbarilharz (E. Schmidt, organ. Chemie 1896, Kolbe, organ. Chemie 1868) bezeichnet hat, resp. Hymenea Courbaril als Stammpflanze der Anime bezeichnet, kommt daher, dass das Courbarilharz als „amerikanischer Copal" bezeichnet wird und als weicher Copal (s. o.) in England „Anime" genannt wird. Schon die oberflächliche äussere Betrachtung und der Geruch von Animeharz und von Courbarilcopal und Madagaskarcopal zeigt auf das deutlichste, dass Anime und Courbarilcopal nichts gemein haben. Anime steht dem Elemi, Courbarilcopal und Madagaskarcopal dem echten Copal nahe. Wahrscheinlich stammt Anime, wie Elemi von einer Icicaart (Burseraceen). *West- und Ostindien.*

Chemische Bestandtheile. In kaltem Alkohol lösliches Harz (54,30 %), in kaltem Alkohol unlösliches, in heissem Alkohol aber lösliches, blassgelbes gelatinöses Unterharz von terpentinartigem Aeusseren (42,80 %), ätherisches Oel (24 %) (nach Paoli).

Allgemeine Eigenschaften und Handelssorten: Das westindische Anime stellt weiss bestäubte, leicht zerbrechliche, innen gelblich weisse, schwach harzglänzende Stücke dar, die mehr nach Elemi, als nach Weihrauch riechen und beim Kauen wie Mastix erweichen. In kochendem Alkohol fast ganz, in kaltem und Petrolbenzin nur theilweise löslich. Diese Sorte ist dunkler als das ostindische Anime.

Das ostindische Anime stellt Massen dar, die aus kleineren, abgerundeten, unregelmässigen Körnern von ungleich rothgelber Farbe, bröcklichem und wachsglänzendem Bruch bestehen. Es erweicht schwerer als obige Anime, und riecht mehr nach Dill und Fenchel, auch ist es heller und etwas stärker riechend.

Verfälschungen resp. Verwechslungen. Pflanzliche und mineralische Verunreinigungen.

Analyse. Da ein echtes und wohl charakterisirtes Produkt heute nicht mehr im Handel ist, so darf es nicht Wunder nehmen, dass so gut wie gar keine analytischen Werthe existiren. In den 90iger Jahren war Anime noch im Handel, heute ist es fast ganz daraus verschwunden. Williams untersuchte mehrere Sorten und fand nach der meist üblichen Methode (Spec. Th. Einl.) unter Verwendung des Naturproduktes folgende Zahlen:

	I.	II.	III.
S.-Z. d.:	26,6	18,2	25,2
E.-Z.:	47,0	55,4	62,3
V.-Z. h.:	73,6	73,6	87,5
Wassergehalt:	0,1 %	0,48 %	0,31 %
Asche:	0,05 %	0,11 %	0,07 %

Hirschsohn fand folgende Zahlen für die in heissem Petroläther löslichen bei 120° C. getrockneten Antheile:

$$\left.\begin{array}{lr} \text{Anime occidentale} & 72,89\,^0/_0 \\ \text{\textquotedbl\ orientale} & 74,05\,^0/_0 \\ \text{\textquotedbl\quad\textquotedbl} & 65,05\,^0/_0 \\ \text{\textquotedbl\quad\textquotedbl} & 77,85\,^0/_0 \end{array}\right\} \text{löslich.}$$

K. Dieterich hat ostindisches und westindisches Anime nach derselben Methode, wie Williams untersucht, d. h. nach der meist üblichen (Spec. Th. Einl.) und folgende Werthe gefunden:

	I.	II.	III.	IV.
S.-Z. d.	29,69	30,64	45,36	47,20
E.-Z.	29,77	38,67	113,93	102,39
V.-Z. h.	59,46	69,31	159,29	149,59
	ostindisch		westindisch	

Diese Zahlen von I und II entsprechen ungefähr den von Williams gefundenen Werthen, so dass auch die von Williams untersuchten Sorten ostindisches Anime gewesen sein dürften. Die Zahlen für westindisches Anime scheinen bedeutend höher zu liegen, als für ostindisches.

Litteratur.

K. Dieterich, Ph. C. 1899, Nr. 30. — Hirschsohn, A. d. Ph. 211, p. 440. — Williams, Ph. C. 1889, p. 150 ff.

16.

Bernstein [1].

Succinum, Succinit.

Abstammung und Heimat. Pinites succifer (vorweltlich) Abietineen.
Preussische Ostseeküste.

Chemische Bestandtheile. Borneolester der Succinoabietinsäure (2 %), freie Succinoabietinsäure $C_{80}H_{120}O_5$ (28 %), Bernsteinsäure-Succinoresinolester $C_{12}H_{20}O$ (70 %). Die Succinoabietinsäure liefert bei der Spaltung mit alkoholischer Kalilauge einen zweisäurigen Alkohol: Succinoabietol $C_{40}H_{60}O_2$ und die Succinosilvinsäure $C_{24}H_{36}O_2$. Der Succinoresinol-Bernsteinsäureester ist Oxydationsprodukt der Succinoabietinsäure. Der in Alkohol unlösliche Theil des Succinits wird ausschliesslich

---

[1] Mit dem Kollektivnamen „Bernstein", der eine Anzahl fossiler Harze wie Succinit, Glessit, Stantienit, Beckerit u s. w in sich schliesst, bezeichne ich hier nur den eigentlichen Bernstein, den „Succinit".

durch den Bernsteinester des Succinoresinols gebildet. Der Succinit ist schwefelhaltig (nach AWENG).

Die Bestandtheile des G e d a n i t sind dieselben, wie die des Succinit, nur ist derselbe schwefelfrei. HELM hat diese Bernsteinsorte, weil sie geringere Härte besitzt als der Succinit, auch als m ü r b e n B e r n s t e i n beschrieben. Der G l e s s i t scheint mit dem Succinit in der Zusammensetzung übereinzustimmen, statt Borneol enthält derselbe aber einen an Carvol erinnernden Körper. Der A l l i n g i t enthält weder Borneol, noch Bernsteinsäure, dagegen ist derselbe schwefelhaltig. Die daraus isolirte Harzsäure stimmt mit der Succinoabietinsäure nicht überein (nach AWENG).

Allgemeine Eigenschaften und Handelssorten. S u c c i n i t: Gelbe oder gelbbräunliche, durchsichtige oder undurchsichtige, spröde auf dem Bruch muschelige und glänzende Stücke, Schmelzpunkt 250° bis 300° C. G e d a n i t ist von weissgelber Farbe und durchsichtig, zeigt weder Fluorescenz, noch Polarisationserscheinungen, zersplittert leicht, bei 140° C. und 180° C. bläht er sich auf.

G l e s s i t zeigt unter dem Mikroskop schon bei 100facher Vergrösserung zellenartige, kugelige Gebilde mit körnigem Inhalt, der Schmelzpunkt ist derselbe wie beim Succinit.

A l l i n g i t ist weissgelb bis röthlich, Schmelzpunkt bei 300° C., spec. Gew. 1,076.

Das B e r n s t e i n - G u a j a k h a r z ist keine Bernsteinsorte, sondern eine gute Guajaksorte (s. Guajak). Der O s t e e - B e r n s t e i n führt den Namen „b a l t i s c h e r B e r n s t e i n".

Verfälschungen resp. Verwechslungen: Copal, Colophonium und künstlicher Bernstein.

Analyse: Es kann hier nicht der Platz sein, auf die vielen werthvollen Abhandlungen von O. HELM[1] näher einzugehen und alle die Eigenschaften der verschiedenen Sorten Bernstein, wie sie oben aufgezählt wurden, wiederzugeben. Einzelne wichtige Daten, die dem Analytiker zur Unterscheidung der einzelnen Sorten nöthig sein dürften, greife ich aus den HELM'schen und POTONIÉ'schen[2] Arbeiten heraus. Nach letzterem sind folgende Arten von Bernstein auseinander zu halten:

I. G e d a n i t rein gelb und durchsichtig, schon bei 140—180° C. sich aufblähend und bei weiterem Erhitzen schmelzend; führt auch den Namen „m ü r b e r B e r n s t e i n" und enthält weniger Bernsteinsäure als der Succinit.

---

[1] Speciell. A. d. Ph. 213, 215 u. 222.
[2] Ph. C. 1890, p. 744.

II. Glessit gewöhnlich braun und undurchsichtig.

III. Stantienit auch Schwarzharz genannt, sehr spröde und leicht zerbrechlich.

IV. Beckerit oder Braunharz, undurchsichtig, von zäher Beschaffenheit.

V. Succinit eigentlicher Bernstein, spec. Gew. 1,050—1,096 bei 250—300° C. schmelzend.

Bei der Verarbeitung des Bernsteins zu Lacken wird derselbe (vergl. Copal und Dammar) geschmolzen oder destillirt. Das Bernsteinöl wird dann wieder als Lösungsmittel verwendet. Geschmolzener oder destillirter Bernstein ist in Terpentinöl und fetten Oelen, überhaupt leichter löslich, als ungeschmolzener.

Ueber Sicilianische und Rumänische Bernsteinsorten vergl. O. Helm, Archiv der Pharmacie 218, p. 307 und 447.

Vor allem sei erwähnt, dass der Bernstein als Verwechslung des Copals und Copal als Verfälschung des Bernsteins gilt, und dass sich beide dadurch unterscheiden, dass Bernstein in Cajeputöl unlöslich, Copal hingegen darin vollständig (vergl. Copal) löslich ist.

Ebenso wie der Copal ist der Bernstein in den Chlorhydrinen des Glycerins (Epi-Dichlorhydrin) nach Flemming löslich. (Vergl. Tabelle Allgem. Theil p. 23 u. 24.) Weiterhin ist echter Copal (nicht solcher der Dipterocarpeen und Coniferen! siehe Copal) in 60 %iger Chloralhydratlösung so gut wie unlöslich. Ausserdem kommen rein analytische Merkmale in Betracht, indem Copal keine Esterzahl, Bernstein hingegen eine solche giebt (siehe oben chem. Bestandtheile und weiter unten analytische Daten). Fernerhin ist der Copal schon durch seine leichte Löslichkeit in Aether, Cajeputöl und noch dadurch charakterisirt, dass er beim Verbrennen feuchtes Bleizuckerpapier nicht schwärzt (Fehlen der schwefelhaltigen Körper, die sich beim Erhitzen des Bernsteins als sekundäre Schwefelverbindungen verflüchtigen). Auch kommen künstliche Nachahmungen des Bernsteins aus gefärbtem Glas, Celluloïd, Colophonium mit künstlichen Einschlüssen vor. Zur Erkennung des Colophoniums braucht man nur Alkohol oder Schwefeläther auf das betreffende Stück zu tropfen. Echter Bernstein wird nicht angegriffen, bei unechtem bleibt ein matter Fleck. Ausserdem giebt der Schmelzpunkt sofort darüber Aufschluss, ob Kunstprodukte vorliegen.

Da es auch vorkommen kann, dass ein grosses Stück künstlich aus kleinen Bernsteinstückchen zusammengepresst, und der minderwerthige Abfall so zu den theueren grossen Stücken verarbeitet wird, so

hat O. Helm eine Methode zum Nachweis solcher Kunstprodukte angegeben. Derselbe sagt über diese „Bernstein-Imitation“:

„Die durchsichtigen Pressstücke zeigen, wenn sie polirt, eine
nur dem geübteren Auge kenntliche Eigenschaft. Hält man nämlich das betreffende Stück an das Licht, so erblickt man innerhalb
desselben keine völlig gleichförmige Beschaffenheit, sondern das
ganze Innere ist, namentlich wenn das Stück etwas gedreht wird,
mit feinen wellenförmigen Schlieren durchsetzt. Das sind die Be-
grenzungsflächen, aus denen die einzelnen Stücken zusammengesetzt sind.

Gegen das polarisirte Licht zeigt der zusammengepresste Bernstein ein sehr charakteristisches Verhalten. Natürlich polirter Ost-
see-Bernstein zeigt, zwischen gekreuzte Nikols gelegt schwach her-
vortretende, sehr selten lebhafte Interferenzfarben. Wird der Polari-
sator um 90° gedreht, so geht die betreffende Farbe in die kom-
plementäre über; wird bis 180° gedreht, so tritt wieder die ursprüngliche Farbe hervor; bei einer vollen Umdrehung wechseln die
Farben also zweimal. Gewöhnlich werden die Farben Roth, Grün
und Orange bis Blau beobachtet. Ein aus kleinen Stücken zusammen-
gepresster Bernstein zeigt stets lebhafte Interferenzfarben nebeneinander und oft durcheinander gemischt, welche je nach der Grösse
der Stückchen, aus denen er zusammengesetzt ist, beim Wechseln
des Gesichtsfeldes ebenfalls wechseln. Oft sind alle Farben im Ge-
sichtsfelde vertreten und ändern sich bei einer Umdrehung des
Polarisators um 90° in die komplementären Farben um.“

Bei dem nicht völlig durchsichtigen Bernstein lässt sich dieses Unter-
scheidungszeichen weniger leicht anwenden. Hier hat Klebs ein anderes
charakteristisches Merkmal angegeben. Alle trüben und undurchsichtigen
Bernsteinsorten sind nämlich, wie Helm im Jahre 1877 zuerst beobachtete,
durch das Mikroskop betrachtet, im Innern mit mehr oder minder feinen
runden, ovalen oder länglichen Hohlräumen erfüllt. Die Grösse, Lage
und Dichtigkeit dieser Hohlräume ist eine sehr verschiedene und hierauf beruhen die verschiedenen im Handel vorkommenden Varietäten des
trüben Bernsteins. Durch den beim Zusammenpressen des Bernsteins
bei der Kunststeinfabrikation angewandten gewaltigen Druck, welcher
sich bis zu 3000 Atmosphären steigert, werden diese Hohlräume nun zusammengepresst und erscheinen unter dem Mikroskop besehen, gedrückt,
oft dendritisch gestaltet. Ferner giebt Klebs an, dass man den flohmigen
gepressten Bernstein daran erkennt, dass er ein mehr wolkiges Klar
zeigt, bei welchem die Trübungen in parallelen Streifen übereinander,
etwa wie bei den Cirrhus- oder Federwolken angeordnet sind. An den

Uebergangsstellen vom Trüben zum Klaren bemerkt man bei durchfallendem Lichte die gelbrothe, und bei auffallendem Lichte und dunklem Untergrunde die bläuliche Farbe, hervorgerufen durch die äusserst feinen Hohlräume, viel lebhafter und regelmässiger, als beim echten Bernstein.

O. Rössler berichtet über die Unterscheidung von Copal und Bernstein auf Grund von Alterthumsfunden und Untersuchungen derselben wie folgt:

„Zur Entscheidung der Frage, ob echter Bernstein oder vielleicht ein aus Ostafrika stammender fossiler Copal vorliegt, ist der Schwefelgehalt des Bernsteins zu beachten. Bringt man in ein kleines, unten zugeschmolzenes Glasröhrchen einen Splitter Bernstein und erhitzt, so entweichen schwefelhaltige Dämpfe, die ein über die Oeffnung gelegtes, mit Bleiacetat getränktes Stückchen Filtrirpapier schwärzen. Die Copale der verschiedensten Herkunft dagegen sind schwefelfrei. Die untersuchten Bernsteine aus Troja und Mykene erwiesen sich als echte Bernsteine."

Neben den Untersuchungsmerkmalen der einzelnen Sorten und der Verfälschungen sind auch eine Anzahl rein analytischer Daten vorhanden.

So fand Williams:

S.-Z. d.	15,4
E.-Z.	71,4
V.-Z. h.	86,8
Wassergehalt	1,05 %
Asche	0,28 %

Derselbe stellte diese Zahlen nach der meist üblichen Methode (Spec. Th. Einl.) fest.

A. Kremel fand:

	I.	II.
S.-Z. d.	34,4	33,4
E.-Z.	74,5	91,1
V.-Z. h.	108,9	124,5

Derselbe stellte diese Zahlen wie oben Williams fest; die Uebereinstimmung beider ist keine sehr gute.

von Schmidt und Erban fanden:

Bernstein naturell	V.-Z. h.	144,8
„ geschmolzen	„	36,0

Die nach derselben Methode, wie Kremel und Williams erhaltenen Zahlen stimmen ebenfalls schlecht mit denen von ersteren Autoren überein. Für die Löslichkeit stellen von Schmidt und Erban folgende Daten auf:

	geschmolzen	naturell
Alkohol:	fast unlöslich	fast unlöslich
Aether:	theilw. löslich	„ „
Methylalkohol:	fast unlöslich	„ „
Amylalkohol:	theilw. löslich	„ „
Benzol:	fast ganz löslich	„ „
Petroläther:	fast unlöslich	„ „
Aceton:	fast unlöslich	unlöslich
Eisessig:	theilw. löslich	fast „
Chloroform:	theilw. löslich	„ „
Schwefelkohlenstoff:	fast ganz löslich	theilw. löslich
Terpentinöl	„ „ „	„ „

Wie schon oben erwähnt, giebt Bernstein als esterhaltiges Harz im Gegensatz zu Copal Esterzahlen, was ihn analytisch genau vom Copal unterscheidet.

Litteratur.

Aweng, A. d. Ph. 233, p. 660. — O. Helm, Ph. C. 1892, p. 589; A. d. Ph. 213, p. 496, 215, p. 540, 218, p. 307, 447, 233, p. 191, 224, p. 860. — Kremel, N. z. P. d A. 1889, p. 33. — Napier und Draper, A. d. Ph. 166, p 81. — Potonié, Ph. C. 1890, p. 744. — O. Rössler, A. d. Ph. 1899, p. 237, 239. — von Schmidt und Erban, R. E. Bd. V, p. 142 u. 143. — Williams, Ph. C. 1889, p. 150 ff.

17.

Siam-Benzoë.
Resina Benzoës (officinell im D. A. III).

Abstammung und Heimat. Styrax Benzoïn, Styraceen.

Siam.

Chemische Bestandtheile. Oelige, neutrale Flüssigkeit, ein Benzoësäureester, dessen Alkohol wahrscheinlich Zimmt- oder Benzylalkohol ist (0,3 %), Vanillin (0,15 %), freie Benzoësäure, Verunreinigungen 1,6—3,3 %. Benzoësäurebenzoresinolester und Benzoësäuresiaresinotannolester. Benzoresinol hat die Formel $C_{16}H_{26}O_2$ Siaresinotannol die Formel $C_{12}H_{14}O_3$. Die Hauptmasse der Siambenzoë macht das Estergemisch aus Benzoësäurebenzoresinolester und Benzoësäuresiaresinotannolester aus und zwar:

38,2 % Benzoësäure

56,7 % Siaresinotannol

5,1 % Benzoresinol (nach Fr. Lüdy).

Allgemeine Eigenschaften und Handelssorten. Während die Siambenzoë flache, gerundete, bräunliche, innen weisse, jedenfalls relativ helle und reine Stücke darstellt, sind die anderen Sorten, wie Sumatra-, Padang-, Penang-, Palembang-Benzoë unreiner und stellen Blöcke oder Massen von röthlichgrauer Farbe mit einzelnen eingebetteten hellen Thränen dar. Während die Siam-, Padang- und Palembangbenzoë keine Zimmtsäure enthält, ist in der Sumatra- und Penangbenzoë Zimmtsäure vorhanden. Siambenzoë ist die beste Sorte, während Palembang- und Sumatrabenzoë auf der nächsten gleichen Stufe stehen.

Verwechslungen resp. Verfälschungen. Siambenzoë mit Padang-Palembangbenzoë und mit mechanischen Verunreinigungen, Sumatrabenzoë mit Palembangbenzoë und mechanischen Verunreinigungen, Colophonium, Dammar, Styrax und Terpentin.

Analyse. Mit der Werthbestimmung der Benzoësorten, speciell der Löslichkeit, Asche, Verfälschungen u. s. w. haben sich eine grosse Anzahl Autoren beschäftigt, von denen Stoltze, Grassmann, Helmstädt, Frémy, v. d. Pliet, Wach, Unverdorben, Kopp, Hirschsohn u. a. m. genannt seien.

In der Hauptsache werden die verschiedenen Sorten nur qualitativ unterschieden; eine sehr eingehende Arbeit aus vergangenen Jahren, die im Archiv der Pharmacie 200, p. 205 erschienen ist, verdient hier wegen ihres zusammenfassenden Charakters erwähnt zu werden. Später hat dann Hirschsohn die verschiedenen Sorten auf ihren Gehalt an petrolätherlöslichen Stoffen geprüft und dann Kremel, von Schmidt & Erban, Beckurts & Brüche, Helbing, Lüdy, E. Dieterich, Evans, Dunlop, K. Dieterich u. a. m. quantitative Bestimmungen vorgenommen. Besonders Fr. Lüdy, dem wir die genaue Kenntniss der verschiedenen Benzoësorten verdanken und der dieselben auf Grund der modernen Harzchemie analysirt hat, muss als ein erfahrener Benzoëkenner bezeichnet werden. Derselbe äussert sich dahin, dass die sehr schwankenden Werthe vor allem auf die nicht einheitlichen Methoden zurückzuführen seien. Leider ist K. Dieterich bis heute der Einzige gewesen, der der Untersuchung reiner und verfälschter Benzoësorten wieder auf Grund neuerer Erfahrungen näher getreten ist. Nach Lüdy unterscheiden sich Siam- und Palembangbenzoë von der Sumatra- und Penangbenzoë dadurch, dass erstere Benzoësäure, letztere Zimmtsäure enthalten. Noch sei erwähnt, dass K. Dieterich über eine Siambenzoë berichtet, die er vom Londoner Markt mitgebracht hatte, welche Zimmtsäurereaktion gab. Es scheinen also — wenn auch selten — zimmtsäurehaltige Siambenzoësorten vorzukommen. Dass gerade die Benzoë viel gefälscht wird, zeigte Helbing an Kunstprodukten aus Sand, Harz und Talcum, die er in den London Docks eruirt hatte.

Hirschsohn fand:

	%/o in Petroläther löslich:	
	bei 17⁰ C.	120⁰ C. getrocknet
Siam-Benzoë	27,53	16,49
„	26,66	21,19
„ i. granis	28,73	17,49

Ausser den Aschebestimmungen und Löslichkeitsverhältnissen wurden S.-Z., E.-Z., V.-Z. und M.-Z. bestimmt. Die von Williams angegebenen Werthe müssen unberücksichtigt bleiben, da nicht angegeben ist, welche Benzoë gemeint ist. Die neuerdings von Mauch für Benzoë vermittelst Chloralhydrat angegebenen Farbenreaktionen seien der Vollständigkeit halber erwähnt, ohne ihnen mehr Werth, wie überhaupt Farbenreaktionen beimessen zu wollen. Von Schmidt und Erban berichten auch über die Löslichkeit der Benzoë und theilen S.-Z. und V.-Z. mit, die aber ebenfalls unerwähnt bleiben müssen, da nicht angegeben ist, welche Benzoë gemeint ist. Ueber den Nachweis von Colophonium in der Benzoë vermittelst der Storch-Morawski'schen Reaktion s. sub Colophonium.

A. Kremel fand:

$$\text{vom Extrakt} \begin{cases} \text{S.-Z. d.} & 141,1 \\ \text{E.-Z.} & 55,4 \\ \text{V.-Z. h.} & 196,5 \end{cases}$$

Da Kremel nicht die Benzoë selbst, sondern ein alkoholisches Extrakt verwendete (siehe Allgemeiner Theil, Leitsätze Nr. 1), so ist obigen Zahlen nur relativer Werth beizumessen:

Beckurts und Brüche fanden:

Spec. Gew.	1,150—1,171
Asche	0,27—1,04 %/o
in Alkohol unlöslich	2,1—4,0 %/o

$$\text{vom Extrakt} \begin{cases} \text{S.-Z. d.} & 119-167 \\ \text{E.-Z.} & 39-60 \\ \text{V.-Z. h.} & 172-211 \end{cases}$$

Von dem Werth dieser 3 letzten Zahlen ist dasselbe zu sagen wie oben von den Kremel'schen.

E. Dieterich fand:

$$\text{vom Extrakt} \begin{cases} \text{S.-Z. d.} & 140,0 \\ \text{E.-Z.} & 35,0 \\ \text{V.-Z. h.} & 175,0 \end{cases}$$

Von diesen Zahlen ist dasselbe zu sagen, wie von den Kremelschen. Alle diese Autoren bestimmten die registrirten Werthe vom Extrakt und zwar nach der meist üblichen (Spec. Th. Einl.) Methode.

Evans fand 1,30—2,48 % in Alkohol unlösliche Antheile.

K. Dieterich hat neuerdings die Benzoësorten einer eingehenden Untersuchung unterzogen und vor allem Methoden geschaffen, die nicht das Extrakt, sondern die unveränderte Droge, so wie sie ist, zur Untersuchung verwenden lassen.

Die Methode K. Dieterich's ist folgende:

I. Bestimmung der Asche.

II. Bestimmung der S.-Z. ind.:

„1 g Siambenzoë, die einer grösseren Menge der möglichst fein zerriebenen Droge als Durchschnittsmuster entnommen wurde, bringt man in ein Kölbchen und fügt 10 ccm alkoholische $\frac{n}{2}$ Kalilauge und 50 ccm 96 % igen Alkohol hinzu. Man lässt genau 5 Minuten — nicht länger — stehen und titrirt mit $\frac{n}{2}$ Schwefelsäure und Phenolphtalein bis zur Gelbfärbung, d. h. solange zurück, bis ein einfallender Tropfen Indikator nicht mehr roth gefärbt wird, und bis sich die ausgeschiedenen Salze schnell und vollständig absetzen. Die überstehende Flüssigkeit muss rein gelb gefärbt sein. Durch Multiplikation der gebundenen ccm Lauge mit 28,08 erhält man die S.-Z. ind."

III. Bestimmung der V.-Z. k.

1 g Siambenzoë, die einer grösseren Menge der möglichst fein zerriebenen Droge als Durchschnittsmuster entnommen wurde, bringt man in eine Glasstöpselflasche, übergiesst mit 20 ccm alkoholischer $\frac{n}{2}$ Kalilauge und mit 50 ccm Petrolbenzin (0,700 spec. Gew.). Man lässt wohlverschlossen 24 Stunden in Zimmertemperatur stehen und titrirt nach dem Verdünnen mit Alkohol mit $\frac{n}{2}$ Schwefelsäure und Phenolphtaleïn zurück. Die Anzahl der gebundenen ccm KOH mit 28,08 multiplicirt, ergiebt die V.-Z. k.

IV. E.-Z. erhält man durch Subtraktion der S.-Z. ind. von der V.-Z. k.

Für die Werthbestimmung der Siambenzoë stellt K. Dieterich folgende Punkte und Anforderungen bei Anwendung seiner Methode als massgebend auf:

   I. Asche 0,03—1,50 %.

   II. Löslichkeit in Alkohol: Soll bis auf geringe pflanzliche Rückstände löslich sein, im höchsten Fall sind 5 % unlöslicher Rückstand zulässig.

III. S.-Z. ind.	140—170	
IV. E.-Z.	50—75	nach obiger Methode bestimmt.
V. V.-Z. k.	220—240	

Ebenso wie bei anderen Sorten von Benzoë, so hat K. Dieterich auch hier bei Siambenzoë die Veränderungen festgestellt, welche die gewöhnlichen Verfälschungen der Benzoë: Colophonium, Dammar, Styrax und Terpentin auf die Normalzahlen hervorbringen.

Die diesbezüglichen Studien, die hier nicht in extenso wiedergegeben werden können, haben ergeben (s. Litteratur), dass die Normalzahlen bei Benzoë von Dammar, Styrax und Terpentin wohl beeinflusst werden. Dammar drückt die S.-Z. ind. herab, Terpentin die E.-Z. und V.-Z. k., Styrax drückt ebenfalls die S.-Z. ind. herab, während Colophonium sich nur sehr schwer und nur dann zu erkennen giebt, wenn grössere Mengen zugesetzt sind. Schmelzpunkt und Löslichkeit in Alkohol werden ausserdem noch überall gute Anhaltspunkte geben.

Endlich seien noch die von GREGOR und BAMBERGER bestimmten M.-Z. erwähnt. Es wurden für Siambenzoë gefunden:

	GREGOR	BAMBERGER
M.-Z.	43,4	30,0
„	43,0	28,5

Ueber den Werth dieser Zahlen vergl. Chemische Revue 1898, Heft 10.

Ueber die Prüfung der Siambenzoë im Deutschen Arzneibuch, vergl. K. DIETERICH, Pharm. Centralhalle 1898, No. 20.

(Gesammtlitteratur am Ende der Abtheilung Benzoë.)

18.

Sumatra-Benzoë.

Abstammung und Heimat. Styrax Benzoïn, Styraceen.

Sumatra.

Chemische Bestandtheile. Asche (0,01 $^0/_0$) freie Benzoësäure, Styrol, Spuren von Benzaldehyd C_6H_5COH, Benzol C_6H_6, Vanillin $C_8H_8O_3$ (1 $^0/_0$), Zimmtsäurephenylpropylester $C_{18}H_{18}O_2$ (ca. 1 $^0/_0$), Zimmtsäurezimmtester $=$ Styracin. $C_{18}H_{19}O_4C_9H_7O$ (ca. 2—3 $^0/_0$), Zimmtsäurebenzoëresinolester $C_{16}H_{25}O_2C_9H_7O$ und Zimmtsäurebenzoresinotannolester; dieses Estergemisch ist der Hauptbestandtheil der Sumatrabenzoë. Die isolirten Alkohole haben die Formel: Benzoresinol (krystallinisch) $C_{16}H_{26}O_2$ und Benzoresinotannol (amorph) $C_{18}H_{20}O_4$, Verunreinigungen (14—17 $^0/_0$) (nach FR. LÜDY).

Allgemeine Eigenschaften und Handelssorten. Siehe Siambenzoë.

Verfälschungen resp. Verwechslungen. Siehe Siambenzoë.

Analyse.

Hirschsohn fand:

$^0/_0$ in Petroläther löslich

	bei 17° C.	120° C. getrocknet
Sumatra-Benzoë	12,06	4,48
„	7,70	2,06
„	4,90	3,64
„	9,83	2,98

A. Kremel fand:

vom Extrakt
$$\begin{cases} \text{S.-Z. d.} & 96,0 \\ \text{E.-Z.} & 60,9 \\ \text{V.-Z. h.} & 156,9 \end{cases}$$

Wie bei der Siam-Benzoë, so hat auch hier Kremel Extrakt verwendet und Zahlen von nur relativem Werth erhalten (vergl. Siambenzoë).

Beckurts und Brüche fanden:

Spec. Gew.	1,120—1,154
Asche	0,15—0,60 $^0/_0$
in Alkohol unlöslich	6—7 $^0/_0$

vom Extrakt
$$\begin{cases} \text{S.-Z. d.} & 97{-}132 \\ \text{E.-Z.} & 48{-}65 \\ \text{V.-Z. h.} & 160{-}188 \end{cases}$$

Die S.-Z. d., E.-Z. und V.-Z. h. sind ebenfalls, wie bei Kremel aus dem Extrakt gewonnen und für einen Schluss auf das Rohprodukt nicht einwandsfrei.

E. Dieterich fand:

vom Extrakt
$$\begin{cases} \text{S.-Z. d.} & 93,76 {-} 186,60 \\ \text{E.-Z.} & 29,40{-}170,80 \\ \text{V.-Z. h.} & 160,64{-}265,05 \end{cases}$$

Wassergehalt	4,00—8,20 $^0/_0$
Asche	0,57—1,23 $^0/_0$
Löslich in 96$^0/_0$ Alkohol	68,09—85,80 $^0/_0$

Die S.-Z. d., E.-Z. und V.-Z. h. sind, wie bei Kremel, aus dem Extrakt gewonnen und für einen Schluss auf das Rohprodukt nicht einwandsfrei. Die Zahlen wurden von den oben genannten Autoren vom Extrakt und zwar nach der meist üblichen Methode (Spec. Th. Einl.) festgestellt.

K. Dieterich hat, wie für Siambenzoë, so auch für Sumatrabenzoë eine neue Methode ausgearbeitet; dieselbe ist folgende:

a) S.-Z. ind.

1 g Benzoë, die einer grösseren Menge der möglichst fein zerriebenen Droge als Durchschnittsmuster entnommen wird, bringt man in ein

Kölbchen und fügt 10 ccm alkoholische $\frac{n}{2}$ Kalilauge und 50 ccm 96%-igen Alkohol zu. Man lässt genau 5 Minuten — nicht länger — stehen und titrirt mit $\frac{n}{2}$ Schwefelsäure und Phenolphtaleïn bis zur Gelbfärbung d. h. solange zurück, bis ein einfallender Tropfen Indikator nicht mehr roth-gefärbt wird und bis sich die ausgeschiedenen Salze schnell und voll-ständig absetzen. Die überstehende Flüssigkeit muss rein gelb ge-färbt sein.

Durch Multiplikation der gebundenen ccm KOH mit 28,08 erhält man die S.-Z. ind.

b) V.-Z. k.

1 g Benzoë, wie oben als Durchschnittsmuster entnommen, bringt man in eine Glasstöpselflasche von 1 Liter Inhalt und übergiesst mit 20 ccm alkoholischer $\frac{n}{2}$ Kalilauge und 50 ccm Petrolbenzin (0,700 spec. Gewicht). Man lässt verschlossen 24 Stunden in Zimmertemperatur stehen und titrirt nach dem Verdünnen mit Alkohol mit $\frac{n}{2}$ Schwefelsäure und Phenolphtaleïn zurück. Die Anzahl der gebundenen ccm KOH mit 28,08 multiplicirt, giebt die V.-Z. k.

c) E.-Z.

Erhält man durch Subtraktion der S.-Z. ind. von der V.-Z. k.

d) Alkohollöslicher Antheil.

Man erschöpft 10 g Benzoë mit heissem 96%igem Alkohol und be-stimmt den nach dem Verdunsten des Alkohols bei 100° C. getrock-neten Rückstand. Ebenso sammelt man den unlöslichen Rückstand auf einem Filter und bestimmt diesen nach dem Trocknen bei 100° C.

e) Aschebestimmung.

1 g verascht man und glüht bis konstantes Gewicht eingetreten ist.

Nach dieser Methode fand K. Dieterich:

$$
\begin{array}{ll}
\text{S.-Z. ind.} & 100\text{—}130 \\
\text{E.-Z.} & 65\text{—}125 \\
\text{V.-Z. k.} & 180\text{—}230 \\
\text{in Alkohol 96\% löslich} & 70\text{—}80\,\% \\
\text{Asche} & 0,0\text{—}1,5\,\% \\
\end{array}
$$

Diese Werthe sind alle aus der Naturdroge gewonnen und nicht, wie die von Kremel, Beckurts und Brüche, und E. Dieterich aus einem der Naturdroge nicht entsprechenden Extrakt.

Auch hat K. Dieterich die Einflüsse studirt, welche Verfälsch-ungen auf die Normalwerthe hervorbringen und ist zu demselben Schluss, wie oben bei Siambenzoë gekommen (vgl. Siambenzoë).

Evans fand 10,10—10,67 % in Alkohol unlösliche Antheile.

Gregor und Bamberger fanden folgende M.-Z.:

Gregor   M.-Z.   20,0—25,5

Bamberger   M.-Z.   13,0—16,5

Über den Nachweis von Colophonium an der Hand der Storch-Morawski'schen Reaktion vergl. sub Colophonium.

19.

Palembang-Benzoë.

Abstammung und Heimat. Nicht von Styrax Benzoïn, sondern von anderen, noch nicht näher bekannten Styraceen. *Hinterindien.*

Chemische Bestandtheile. Verunreinigungen (7,5 %), keine Zimmtsäure, aber Benzoësäure und Harz (90—95 %) (nach Fr. Lüdy).

Allgemeine Eigenschaften und
       Handelssorten
Verfälschungen resp. Verwechslungen   } siehe Siam-Benzoë.

Analyse.

Beckurts und Brüche fanden:

	Spec. Gew.	1,131
	Asche	2,38 %
	in Alkohol unlöslich	9,0 %
vom Extrakt {	S.-Z. d.	97
	E.-Z.	71
	V.-Z. h.	168

Auch hier sind die 3 letzten Bestimmungen mit dem Extrakt nach der meist üblichen Methode (Spec. Th. Einl.) festgestellt worden und von nur relativem Werth.

K. Dieterich hat die Palembangbenzoë genau nach seiner bei Siam- und Sumatra-Benzoë angegebenen Methode untersucht und unter Verwendung der Naturdroge gefunden:

S.-Z. ind.	113,40—130,90
E.-Z.	84,0—91,00
V.-Z. k.	198,0—219,80
Asche	1,101—4,023 %

20.
Padang-Benzoë.

Ueber **Abstammung** und **Chem. Bestandtheile** nichts Sicheres bekannt, jedenfalls enthält dieselbe, wie die Siam- und Palembang-Benzoë, keine Zimmtsäure (nach K. Dieterich).

Allgemeine Eigenschaften und Handelssorten
Verfälschungen resp. Verwechslungen } siehe Siam-Benzoë.

Analyse. K. Dieterich hat auch diese Sorte untersucht und zwar nach derselben Methode — unter Verwendung der Naturdroge — wie bei Siam-, Sumatra- und Palembang-Benzoë angegeben.

K. Dieterich fand:

$$
\begin{array}{ll}
\text{S.-Z. ind.} & 121,80-124,60 \\
\text{E.-Z.} & 79,80-81,20 \\
\text{V.-Z. k.} & 201,60-205,80 \\
\text{Asche} & 1,070\ ^{0}/_{0}.
\end{array}
$$

21.
Penang-Benzoë.

Abstammung und Heimat: wahrscheinlich von Storax subdenticulata Mic. Styraceen.   *Hinterindien.*

Chemische Bestandtheile. Benzoësäure, Zimmtsäure und Harzester (nach Fr. Lüdy).

Allgemeine Eigenschaften und Handelssorten
Verfälschungen resp. Verwechslungen } siehe Siam-Benzoë.

Analyse.

A. Kremel fand folgende Werthe:

$$
\text{vom Extrakt}
\begin{cases}
\text{S.-Z. d.} & 122,2 \\
\text{E.-Z.} & 57,9 \\
\text{V.-Z. h.} & 180,1
\end{cases}
$$

Kremel verwendete zur Bestimmung dieser Werthe die Extrakte und verfuhr nach der meist üblichen Methode (Spec. Th. Einl.); aus diesem Grund ist über diese Werthe dasselbe zu sagen, wie oben unter den anderen Benzoësorten über die auf gleichem Weg erhaltenen Zahlen.

Evans fand bis 6,17% in Alkohol unlösliche Antheile.

K. Dieterich hat auch diese Sorte nach demselben Verfahren (siehe

Siam-Benzoë) untersucht, welches er auf die anderen Benzoësorten anwendete.

K. Dieterich fand:

S.-Z. ind.	121,80--137,20
E.-Z.	87,50—91,70
V.-Z. k.	210,00—296,80
Asche	0,380—0,773 %

Litteratur.

Bamberger und Gregor, Methylzahlen der Harze, Oestr. Ch.-Ztg. 1898, Nr. 8 u 9. — Beckurts & Brüche, A. d. Ph. 230, p. 85—87. — E. Dieterich, I. D. d. H. A. p. 30. — K. Dieterich, H. A. 1897, p. 76—86, 87—93; Ph. C. 1898, Nr. 20. — Dunlop, Beschreibung aller Benzoësorten (Preisarbeit), A. d. Ph. 200, p. 205. — Evans, Ph. Ztg. 1898, 65, p. 576. — Gehe & Co., Ph. C. 1880, p. 146. — Hirschsohn, A. d. Ph. 211, p. 317. — Helbing, Ph. C. 1891, p. 298. — A. Kremel, N. z. P. d. A. 1889. — Mauch, I.-D., Strassburg 1898. — Mills u. Muter, Ph. C. 1889, p. 151 ff. — F. Lüdy, A. d. Ph. 231, p. 43—95, 461—504, 509, 511. — v. Schmidt und Erban, Sitzungsbericht (Novemberheft) der Wiener Akademie der Wissenschaften 1886. — Salfeld, Ph. C. 1880, p. 193. — Williams, Ph. C. 1889, p. 152. — F. Woody, A. d. Ph. 227, p. 186.

22.

Carannaharz.
Resina Caranna.

Abstammung und Heimat. Icica und Amyris Caranna und Bursera acuminata; Burseraceen.										*Antillen.*

Chemische Bestandtheile. Nicht näher untersucht, jedenfalls elemiähnliche Zusammensetzung.

Allgemeine Eigenschaften und Handelssorten. Meist in Blätter eingeschlagene, dichte, glänzende, braungrünliche Harzmassen, leicht erweichend, von balsamischem Geruch. In Alkohol und Aether zum grössten Theil löslich. Wird als Verfälschung von Elemi benützt (vgl. Elemi), manchmal auch als dem Elemi, resp. den Elemisorten nahe stehend, zu letzteren gezählt. Jetzt ist es nur noch vereinzelt im Handel.

Auch Protium Caranna (Burseraceen). Brasilien liefert einen Balsamo de Caranna, welcher, wie andere Protiumelemis (Amessega etc.) den Elemisorten nahe steht.

Das Carannaharz der Antillen wird auch verschiedentlich als identisch mit dem Bourbon-Tacamahak von Calophyllum Tacamahaca (s. d. und sub Elemi) bezeichnet. Jedenfalls muss das Carannaharz als ein elemiähnliches Harz betrachtet werden.

Verfälschungen resp. Verwechslungen. Pflanzliche Verunreinigungen.

Analyse. Das heute kaum mehr im Handel anzutreffende Carannaharz — das was man heute als solches erhält macht mehr den Eindruck eines Kunstproduktes — hat an dieser Stelle nur deshalb Aufnahme finden müssen, weil es als Verfälschung resp. Verwechslung der Elemi gebraucht wird und wurde.

Hirschsohn hat 11 Sorten von Carannaharz untersucht und gefunden, dass fast alle, mit Ausnahme von 2 Sorten, in Alkohol, Aether, Aether-Alkohol vollständig löslich waren. Nach Hirschsohn ist das Carannaharz identisch mit Bourbon-Tacamahak (siehe Tacamahaca), was jedoch K. Dieterich für die von ihm untersuchten Produkte nicht bestätigen konnte.

K. Dieterich hat ebenfalls Carannaharz und zwar Antillen-Caranna nach der meist üblichen Methode (siehe Spec. Th. Einl.) untersucht und folgende Werthe gefunden:

	I.	II.
S.-Z. d.	79,37	79,37
E.-Z.	110,48	111,84
V.-Z. h.	189,85	191,21

Nach dem Ausfall dieser Zahlen scheint das Antillen-Carannaharz dem Elemi nicht sehr nahe zu stehen, da Elemi (s. d.) viel niedrigere Zahlen giebt.

Litteratur.

K. Dieterich, Ph. C. 1899, Nr. 30. — Hirschsohn, A. d. Ph. 211, p. 253.

23.

Colophonium.

Colophonium, officinell im D. A. III.

Abstammung und Heimat. Verschiedene Pinusarten; Colophonium ist der wasserfreie Destillationsrückstand der aus verschiedenen Pinusarten gewonnenen Terpentine, besonders von P. Laricio, P. Pinaster, P. australis, P. Taeda u. a. m.   *Europa.*

Chemische Bestandtheile. In der Hauptsache das Anhydrid der Abietinsäure, neben geringeren Mengen isomerer und polymerer und verwandter Säuren der Abietinsäure. Weiterhin indifferente Stoffe, Protocatechusäure, Bitterstoff und geringe Spuren mineralischer Bestandtheile; Ester resp. deren Spaltlinge nicht nachgewiesen, nur Harzsäuren, Aether und Laktone (letzteres nach Henriques).

Allgemeine Eigenschaften und Handelssorten. Die Colophonium-sorten stellen helle, fast weisse bis dunkelbraunrothe, in jedem Fall feste durchsichtige Massen dar, die spröde glasglänzend sind, ein fast weisses Pulver geben, in der Hand erweichen und in heissem Alkohol vollständig löslich sind. Die einzelnen Sorten entstehen dadurch, dass eine kurze und geringe, oder eine längere und intensivere Hitze ange-wandt wird.

Während die hellen Sorten für werthvoller gelten und beispielsweise für pharmaceutische Zwecke als brauchbarer, ziehen andere Konsu-menten die dunkleren Sorten vor; die Farbe ist für die Brauchbarkeit also nicht entscheidend, wenngleich die helleren Sorten theurer bezahlt werden.

Verfälschungen resp. Verwechslungen. Bei dem billigen Preis des Colophoniums kommen nur mechanische Verunreinigungen in Frage und das umsomehr, als das Colophonium selbst ein beliebtes Verfälschungs-mittel z. B. für Dammar, Guajakharz, Drachenblut, Styrax, Benzoë etc darstellt.

Analyse. Zum Nachweis des Colophoniums und Fichtenharzes in hell-gefärbten Harzen kann die STORCH-MORAWSKI'sche Reaktion angewendet werden; einen völlig sicheren Schluss auf Grund dieser Farbenreaktion halte ich jedoch deshalb für gewagt, weil eine Anzahl Harze auch in Essig-säure gelöst, auf Zusatz von Schwefelsäure eine rothe Farbe geben, und die rothe Farbe auf Zusatz von Schwefelsäure eine so allgemeine und wenig specifische Reaktion ist, dass sie einen besonderen Werth kaum beanspruchen kann. Für dunkelgefärbte Harze kann die Reaktion selbst-redend überhaupt nicht in Betracht kommen. Im allgemeinen hat man bei Colophonium bisher esterartige Verbindungen angenommen und hat neben spec. Gew. Löslichkeit, Asche, S.-Z. auch E.-Z., V.-Z. und Aether-Zahl[1]) bestimmt. Nach dem heutigen Stand der Untersuchungen über obige Bestandtheile des Colophoniums sind jedoch E.-Z. und V.-Z. und unverseifbare Bestandtheile nicht gerechtfertigt. K. DIETERICH hat des-halb zur einheitlichen Untersuchung vorgeschlagen, nur spec. Gew., Asche, S.-Z. und Löslichkeitsverhältnisse zu bestimmen.

Neuerdings ist es HENRIQUES — wie vor ihm K. DIETERICH auf anderem Wege — gelungen, ebenfalls die Abwesenheit von Estern nach-zuweisen. Wohl aber hat HENRIQUES Aether und Laktone gefunden, welche eine Aether-Zahl resp. „konstante Aether-Zahl"[1]) als gerecht-

---

[1]) Ich schlage vor, analog den übrigen von mir in diesem Buche ein- und durchgeführten Abkürzungen (s. p. 53) für Aetherzahl „Ae.-Z." und für konstante Aetherzahl „K. Ae.-Z." als Abkürzung zu acceptiren.

fertigt erscheinen lassen. Hiernach sind die bisherigen „Ae-Z.", nicht aber die „E.-Z." existenzberechtigt (vergl. am Schluss). Die einzelnen Autoren erhielten folgende Werthe:

A. Kremel fand:

	licht	dunkel	amerikan.	englisch
S.-Z. d.	163,2	151,1	173,0	169,1

Kremel bestimmte nur die S.-Z. d. und zwar so, dass er Colophonium in Alkohol löste und mit Alkali direkt titrirte.

Die von Williams erwähnte Erfahrung, dass mit der Reinheit der Sorte die S.-Z d. zunehme, dürfte vielleicht aus den, den schlechten Sorten beigemengten Unreinigkeiten und dem geringen Gehalt an unzersetztem Abietinsäureanhydrid zu erklären sein.

Ebengenannter Autor fand:

$$0{,}13—0{,}34\,^0/_0 \text{ Wasser}$$
$$0{,}02—1{,}20^0/_0 \text{ Asche}$$

von Schmidt und Erban fanden folgende Löslichkeit:

Alkohol	vollständig löslich	
Aether	„	„
Methylalkohol	„	„
Amylalkohol	„	„
Benzol	„	„
Petroläther	fast ganz löslich	
Aceton	vollständig löslich	
Eisessig	„	„
Chloroform	„	„
Schwefelkohlenstoff	„	„
Terpentinöl	„	„

Als S.-Z. d. fanden diese Autoren 146,0

V.-Z. h. 167,1

Ae.-Z. 21,1

E. Dieterich fand:

S.-Z. d. . . . . . 151,70—176,70

Spec. Gew. . . . . . 1,071—1,083

Derselbe bestimmte nur S.-Z. d. und zwar durch direkte Titration, wie Kremel.

Beckurts und Brüche fanden:

	roth	weiss	gelb	braun
Spec. Gew.	1,071—1,080	1,068	1,067	1,081
S.-Z. d.	173—186	180	185	181
Ae.-Z.	0—12	0	0	0
V.-Z. h.	179—193	180	185	181

Diese Autoren titrirten ebenfalls direkt, bestimmten aber E.-Z. und V.-Z. h, wenn auch zum Theil mit negativem Resultat Diese E.-Z. müssen nach den Befunden von K. Dieterich und Henriques für die Zukunft besser als „Ae.-Z." bezeichnet werden und sind hier schon in dieser Weise bezeichnet worden.

K. Dieterich hat für Colophonium auf Grund eigener Versuche und zahlreicher von ihm bisher mitgetheilter Werthe[1]) folgende einheitliche Methode vorgeschlagen:

a) Bestimmung des spec. Gewichtes.

Man stellt sich Kochsalzlösungen von 1,070 bis 1,085 spec. Gew. bei 15° C. her. In diese Lösungen bringt man bei derselben Temperatur der Reihe nach einige Stückchen Colophonium. Dieselben haben das spec. Gew. derjenigen Lösung, in welcher sie in der Schwebe bleiben. Bei der Auswahl der Stückchen hat man sorgfältig darauf zu achten, dass dieselben keine Risse, Luftblasen oder Verunreinigungen enthalten.

Auch kann man sich zur Bestimmung des spec. Gew. beim Colophonium mit Vortheil der Mohr-Westphal'schen Wage bedienen, und zwar nach der bei Bienenwachs üblichen[2]) Methode.

b) S.-Z. ind.

1 g fein zerriebenes Colophonium übergiesst man mit 25 ccm alkoholischer $\frac{n}{2}$ Kalilauge, lässt zwei Stunden — jedenfalls bis alles gelöst ist — verschlossen stehen und titrirt mit $\frac{n}{2}$ Schwefelsäure zurück. Die Anzahl der ccm Kalilauge, welche gebunden wurden, giebt mit 28,08 multiplicirt die S.-Z. ind. Wasserzusatz ist unter allen Umständen zu vermeiden. Ein nebenhergehender blinder Versuch — ohne Colophonium — kontrollirt den Wirkungswerth der Lauge.

Versuche haben nach K. Dieterich ergeben, dass die direkte Titration meistens etwas niedrigere Werthe als die Rücktitration liefert, und dass die Titration mit wässeriger Lauge Zahlen ergiebt, die ebenfalls weit unter den in alkoholischer Lösung direkt titrirten, geschweige den zurücktitrirten liegen. Die obige Rücktitration hat den Vortheil, Zahlen zu liefern, die den theoretisch berechneten am nächsten kommen. Endlich fällt hier das vorherige Lösen weg, da die Lauge gleichzeitig als Bindungsmittel der Säure und als Lösungsmittel dient. Ein Wasserzusatz ist zu vermeiden, da sich die Harzseife mit Wasser zersetzt.

K. Dieterich stellt an ein Colophonium zur Prüfung der Reinheit auf einheitlichem Wege folgende Anforderungen, wobei zu bemerken ist, dass für technische und pharmaceutische Zwecke noch einige

---

[1]) Helfenberger Annalen 1896 und 1897 sub Colophonium.
[2]) Helfenberger Annalen 1897, p. 362 und 363.

andere Punkte massgebend sind, die dem speciellen Betrieb anheim-
gegeben werden müssen, da sie zu verschieden sind, um in einer einheitlichen Methode abgehandelt zu werden.

Während z. B. für pharmaceutische Zwecke ein sehr helles Colophonium den Vorzug verdient, wird die Färbung für gewisse technische
Zwecke keine hervorragende Rolle spielen.

„Das Colophonium sei möglichst hell und gebe mit Wasser ausgekocht beim Versetzen des wässerigen Filtrates mit Eisenchlorid eine
möglichst schwache Farbenreaktion.

Das Colophonium sei fast aschefrei (ohne wägbare Rückstände) und
sei völlig löslich in Alkohol, ätherischen Oelen, Aceton, Aether, Chloroform, Methylalkohol, Amylalkohol, Essigäther, Benzol, Terpentinöl,
Schwefelkohlenstoff, theilweise löslich in Benzin, Petroleum und
Petroläther.

Die S.-Z. — wie oben durch Rücktitration bestimmt — schwanke
zwischen rund 145–185, das spec. Gew. schwanke zwischen 1,045—1,085.“

Die Bestimmung der Ae.-Z oder der HENRIQUES'schen k. Ae.-Z.
kann man so ausführen, dass man das Colophonium heiss nach der meist
üblichen Methode (s Spec. Th Einl.) verseift und von dieser V.-Z. h. die
S.-Z. d. abzieht. Die Differenz ist die k. Ae.-Z.

Die von K. DIETERICH aufgestellte Forderung, dass das Colophonium
nur 7% petrolätherunlösliche Antheile haben soll, hat sich — wie
FAHRION[1]) nachgewiesen hat — als nicht durchaus haltbar erwiesen, da
— wenn auch selten — doch gute Sorten von Colophonium im Handel sind,
die mehr als obige Menge unlöslichen Rückstand zeigen. Ueber die
Sauerstoffaufnahme des Colophoniums beim Trocknen an der Luft vgl.
WEGER, die Sauerstoffaufnahme der Oele und Harze, Leipzig 1899,
E. BALDAMUS.

KITT fand als C.-Z. die Werthe:

C.-Z.   0,54—0,56.

GREGOR und BAMBERGER fanden als M.-Z. folgende Werthe:

M.-Z.   0,00—0,00.

K. DIETERICH fand folgende A.-Z.:

Acetyl $\left\{\begin{array}{l} \text{S.-Z.} \quad 155,82—155,84 \\ \text{E.-Z.} \quad\;\; 92,12—95,37 \\ \text{V.-Z.} \quad 251,21—274,94 \end{array}\right.$

Ueber den Werth dieser Zahlen vergl. Chem. Revue über die Fett-
und Harzindustrie 1898, Heft 10. Ueber die Prüfung des Colophoniums im
Deutschen Arzneibuch, vergl. K. DIETERICH, Pharm. Centralh. 1898, No. 20.

---

[1]) Zeitschrift für angewandte Chemie 1898, Nr. 34.

Ueber die Bestimmung der S.-Z , E -Z., Ae.-Z. und V.-Z. hat — worauf schon weiter oben hingedeutet wurde — in der Litteratur eine Diskussion zwischen K. Dieterich, Fahrion, Schick und Heupel[1]) stattgefunden. K. Dieterich hat nach seinen Befunden das Colophonium für esterfrei und E.-Z. für unmöglich bezeichnet. Henriques hat die Abwesenheit von Estern, wenn auch auf anderem Wege, bestätigt und hat die Bestimmung der S.-Z. auf direktem Weg und die Bestimmung einer „k. Ae.-Z." befürwortet, da es ihm gelungen ist, Aether und auch Laktone im Colophonium nachzuweisen. Mit diesen Befunden hat der Streit über die Colophoniumfrage insofern einen gewissen Abschluss gefunden, als man die von Schick, Fahrion und Heupel vertheidigten E.-Z , eben weil Ester im Colophonium fehlen, einfach in Ae.-Z. umzutaufen hat, um die bisher mit der Chemie vorhandenen, von K. Dieterich zuerst aufgedeckten Widersprüche zu lösen Alle diesbezüglichen Werthe sind darum an dieser Stelle von vorneherein als Ae.-Z. bezeichnet.

<h3 style="text-align:center">Litteratur.</h3>

Benbdict-Ulzer, Analyse der Fette, p. 211. — Beckurts u Brüche, A. d. Ph 230, p. 88. — E. Dieterich, I. D. d. H. A. p 30. — K. Dieterich, Zeitschr. f angew. Chemie 1898, Heft 40 u 48, 1899, Nr. 5 u. 12; H. A. 1896, p. 76 u. 100, 1897, p. 44, 96; Ch. R. 1898, Heft 10; Ph. C. 1898, Nr. 20. — Gregor u. Bamberger, Oestr. Ch.-Ztg. 1898, Nr. 8 u. 9. — Henriques, Ch. R. 1899, Heft 6. — Hirschsohn, A. d. Ph. 211. — Kitt, Ch -Ztg. 1898, p. 358. — Kremel, N. z. P. d. A 1889. — Mills u. Muter, Ph. C. 1889, p. 151 ff. — v. Schmidt und Erban, Sitzungsbericht d. Wiener Akad. d. Wiss. 1886, Novemberheft. — Storch-Morawski, Ph. C. 1889, p. 198. — Williams, Ph. C. 1889, p. 152.

<h2 style="text-align:center">24.</h2>

<h1 style="text-align:center">Copal.</h1>

Resina Copal.

Abstammung und Heimat. Trachylobium- und Hymenea-Arten Caesalpiniaceen, fossile, recent-fossile und recente Harze.

Afrika, Amerika, Ostindien.

Chemische Bestandtheile. Genau untersucht ist nur der Zansibar-Copal; derselbe enthält: Trachylolsäure $C_{54}H_{85}O_3$ OH(COOH)$_2$ (80 %), Isotrachylolsäure $C_{54}H_{85}O_3$ OH(COOH)$_2$ (4 %), α-Copalresen $C_{41}H_{86}O_4$ und β-Copalresen $C_{25}H_{38}O_4$ (zusammen 6 %), Verunreinigungen (0,42 %), Asche (0,12 %), Bitterstoff und ätherisches Oel (9,46 %), Trachylol- und Isotrachylolsäure sind durch ihre verschiedene Löslichkeit, Verhalten gegen Bleiacetat und Schmelzpunkt zu unterscheiden (nach C. Stephan).

---

[1]) Zeitschrift für angewandte Chemie 1898, Nr. 12, 14, 17, 19; 1899, Nr. 2, 5, 8, 12.

Tschirch hat neuerdings durch fraktionirte Ausschüttelung neue „krystallinische Resinolsäuren“ im Copal isolirt; vergl. hierzu Ph. Ztg. 1899, Nr. 77.

Allgemeine Eigenschaften und Handelssorten. Der Name Copal ist Sammelname. In England ist Anime identisch mit Copal (vergl. hierzu sub Anime).

Das Aussehen der Copale ist je nachdem sie gewaschen, geschält oder naturell sind, verschieden; sie sind fast alle mehr oder weniger glasig hart, mehr oder weniger durchsichtig, von gelblicher bis rother Farbe mit oder ohne facettirte Oberfläche (Gänsehaut)[1]. Letztere ist speziell charakteristisch für den Zansibar-Copal. Man unterscheidet in der Hauptsache (vergl. hierzu die Abhandlungen von Gilg, Chem. Revue 1898, Heft 8 und 9, Zucker, Pharm.Zeitung 1898, p. 848, Dingler, polytechn. Journ. 1897 p. 212 und Bocquillon, Rép. de Pharm. 3. Série T. IX. 1897, Nr. 8, ebenso Wiesner, die techn. verw. Bals.-Harze, Gummiharze 1869, p 144—168) folgende fossile, recent-fossile und recente Sorten:

Ostafrikanische, westafrikanische, südamerikanische, ostindische und Kowrie-Copale.

In diese grösseren Abtheilungen reihen sich ungefähr folgende Sorten ein:

Ostafrikanische: Zansibar (beste und härteste Sorte, schmilzt erst über 400° C.) Mozambique, Madagascar.

Westafrikanische: Junger Copal von Sierra Leone, Kieselcopal von Sierra Leone, Gabon-, Loango-, Angola-, Benguela-, Congo-Copal.

Benguela- und Angolacopal sind als „Ocota Cocoto“ und „Muccocota-Gummi“ im Handel.

Amerikanische: Courbaril-Copal (von Hymenea Courbaril) und Copale von anderen Hymeneaarten, wie Hymenea admirabilis, stilbocorpa etc.) auch „Anime“ (s. d.) genannt.

Ostindische: Manila-Copal von Vateria indica (Dipterocarpeen). Dieser Copal wird auch als „weisses Dammar“ bezeichnet (siehe Dammar).

Kowrie-Copal: von Dammara australis (Coniferen) wird als „neuseeländisches Dammar“ bezeichnet.

„Weisser Zansibar-Copal“ oder „Zansibar-Copal in Kugeln“ wird in Zansibar als „Baum-Copal“ gehandelt und kommt unter ersterem Namen auch zu uns; derselbe ist minderwerthig, ziemlich

---

[1] Hierzu vergl. Allgem. Theil: Aeussere und Oberflächenbeschaffenheit der Harze.

weich und recent. Der „Chakazzi-Copal" kommt meist als „Zansibar-Copal ohne Gänsehaut" in den Handel.

Da das Waschen der Copale öfters an zweiter oder dritter Stelle geschieht, so hat man den Zansibar-Copal auch als „Salem"- und „Bombay"-Copal bezeichnet, da Nordamerika grosse Copalwäschereien besitzt, und viel Copal über Bombay — wenigstens früher — in Handel kam.

Seltenere Copale, wie Inhambane-, Accra-Copal vergl. obige Abhandlung von GILG. Nach den neueren Untersuchungen von GILG ist der Madagascar-Copal und Zansibar-Copal, die ja sehr viel übereinstimmende Eigenschaften zeigen, beide von derselben Stammpflanze (Tr. verrucosum) abzuleiten, da Trachylobium verrucosum und mossambicum identisch sind.

Nach WIESNER werden die Copale von Kalkspath geritzt. Einige Copale haben die Härte des Steinsalzes: Copale von Sierra Leone, Gabon, Angola.

Härter als Steinsalz, aber noch weicher als Kupfervitriol sind: Copale von Zansibar und Mozambique.

Weicher als Steinsalz sind: Benguela-, Kowrie-, Manila-Copal.

Die Härteskala ist somit folgende: 1. Copal von Zansibar, 2. Mozambique-, 3. Sierra Leone-(Kieselcopal), 4. Gabon-, 5. Angola-, 6. Benguela-, 7. Kowrie-, 8. Manila- und 9. Courbaril-Copal.

Die ostafrikanischen Copale sind fossil, die westafrikanischen recent-fossil, der Kowriecopal recent-fossil, die südamerikanischen Copale recent, über die indischen Copale ist etwas Sicheres in dieser Richtung noch nicht bekannt.

Nach WORLÉE rechnen zu den „harten" Copalen: Zansibar-, Sierra Leone-, Benguela-, Angola-Copal. Zu den „weichen": Westindischer Kugel-Kowrie und Manila-Copal.

Nach ZUCKER sind harte Copale: Zansibar-, Sierra Leone-, Benguela- und Angola-Copal, und weiche Copale: Accracopal, Manila- und Kowriecopal.

Alle Copale werden sowohl nach Farbe, weiss, hell- bis dunkelroth und danach, ob sie naturell, geschält, halbgeschält sind u. s. w. im Handel unterschieden. Die Unterscheidung wirklicher Copale von Harzen der Coniferen und Dipterocarpeen und Bernstein siehe Analyse.

Verfälschungen resp. Verwechslungen. Falsche, weiche, uneigentliche Copale, Harze der Coniferen, Dipterocarpeen, Bernstein.

Analyse. Bei der ausserordentlich grossen Menge von Copalsorten, die alle nach ihrem Härtegrad und gleichbedeutend mit diesem nach ihrer mit der Härte zunehmenden Unlöslichkeit in Alkohol bewerthet werden

(s. u.) sind die rein analytischen Resultate sehr spärlich gesät. Die Löslichkeitsverhältnisse und Schmelzpunkte schwanken je nach Abstammung und Alter. Schmelzpunkte wurden konstatirt zwischen 180° und 340° C. Die härtesten Sorten schmelzen am höchsten. In Alkohol lösen sich die weicheren Sorten nur theilweise, die härteren fast gar nicht. Rosmarin-, Cajeputöl lösen fast alle Copale, nicht aber Bernstein. Fast alle Copale sind in Terpentinöl löslich, nach dem Schmelzen oder Destilliren (s. w. u.) nehmen auch die vorher nur theilweise löslichen Copale meist die Eigenschaft einer völligen Löslichkeit in Terpentinöl und fetten Oelen u. s. w. an Diese Löslichkeit der geschmolzenen und destillirten Copale in Terpentinöl und fetten Oelen u. s. w. ist für ihre technische Verarbeitung von grossem Werth. Viele Copale werden auch, nachdem sie längere Zeit in der Sonne gelegen und Sauerstoff aufgenommen haben, löslich oder zeigen wenigstens leichtere Löslichkeit als vorher. Die Copale sollen nach ANDRES in starkem Alkohol (wasserfrei) löslich sein, wenn sie vorher in Aether gequollen sind. Auch Mischungen von Terpentinöl und absolutem Alkohol sollen ein gutes Lösungsmittel für weiche Copale sein. Als bestes Lösungsmittel für ungeschmolzenen und nicht destillirten Copal empfiehlt ANDRES eine Mischung von Schwefelkohlenstoff, Terpentinöl und Benzol (gleiche Th.). Um die Copale in löslichen Zustand überzuführen, werden dieselben bekanntlich entweder bei 200—220° C. mehrere Tage erhitzt oder man destillirt sie trocken (bis 25° $_0$ werden abdestillirt, Nebenprodukt Copalöl, welches wieder als Lösungsmittel dient) bei 380—400° C. Nach der Destillation ist der Copal in Terpentinöl löslich und zwar je nach der Menge des abdestillirten Copalöls.

Folgende Tabelle nach VIOLETTE zeigt diese Verhältnisse von 100 g Copal ausgehend:

Gewichtsverlust bei der Destillation in g	Menge des bei der Destillation entstandenen Oeles in g	Verhalten des destillirten Copals gegen Terpentinöl
3,0	3,0	unlöslich
9,0	8,5	"
10,5	10,2	"
16,0	15,7	"
20,0	19,0	etwas löslich
22,0	21,3	leichter löslich
25,0	24,5	sehr leicht löslich
28,0	27,1	" " "
30,0	29,0	" " "
32,0	31,0	" " "

In praxi werden meist nur 10—12%/₀ abdestillirt.

Sowohl die Copalöle wie Bernsteinöle werden wieder zur Lösung von weicheren Copalen verwendet.

Das, was die Copale und Bernsteinsorten bei der Destillation an Löslichkeit gewinnen, büssen sie jedoch an heller Farbe ein.

Ergänzend sei noch erwähnt, dass die Copale zu Lackfirnissen, sog Fettlacken (durch Eintragen von geschmolzenem Copal in Leinölfirnis) und gewöhnlichen Lacken (Harzlösungen ohne Firnis) verwendet werden.

MEICHEL und STINGEL geben für die Dichte 1,062—1,149 an. BRISSON 1,045—1,390. Alle diese Eigenschaften, auch die Untersuchungsmerkmale sind verschiedentlich hervorgehoben worden, auch sind Tabellen zur Unterscheidung der harten und weichen Copale (siehe vorher und Härteskala) aufgestellt worden; alle diese Daten, wie auch diejenigen älterer Autoren (DIERBACH, PERROLET, HANBURY, DANIELL, GISECKE, LINDEMANN, WACHSMUTH, JONAS, CONSTANTINI, BÖTTGER, HEEREN u. a. m.) tragen gewiss zur Charakteristik der Copale bei, sind aber nicht durchweg ohne Weiteres brauchbar, da sich vielfache Widersprüche finden

WILLIAMS fand für den Wassergehalt bei zahlreichen Sorten: 0,57 bis 2,41%/₀ und 0,27—2,06%/₀ Asche, und als S.-Z. d, E-Z. u. V.-Z. h. — nach der meist üblichen Methode (s. Spec. Th. Einl.) bestimmt — folgende Werthe:

		S.-Z. d.	E.-Z.	V.-Z. h.
	Manila	136,0	52,5	188,5
	Borneo	144,0	35,3	179,3
	Singapore	128,8	65,3	194,1
Copal-	Sierra Leone	84,0	45,0	129,0
	Rother „	72,8	65,7	138,5
	„ Accra	46,2	85,4	131,6
	Weisser Angola	57,4	75,6	133,0
	Rother Angola	60,2	76,0	136,2

Da sich die echten Copale, wie Zansibarcopal als esterfrei erwiesen haben, sind obige E.-Z. und V.-Z. h. mit einiger Vorsicht aufzunehmen, und das umsomehr, als auch Dipterocarpeen-Harze, wie Manila-Copal (von Vateria indica) analog den Dammarsorten esterfrei sein dürften.

Nach HIRSCHSOHN nimmt Petroläther aus einer guten afrikanischen Copalsorte nur 6,5%/₀ auf. Alkohol nimmt aus der besten Copalsorte nur 25%/₀ auf. Die Löslichkeit in Chloroform steigt mit der Weiche. Vom besten ostindischen Copal werden 42%/₀, vom afrikanischen 52%/₀, vom Angola-Copal 46%/₀ gelöst. Kowrie-Copal und brasilianischer Copal ist darin völlig löslich.

v. SCHMIDT u ERBAN geben für die einzelnen Sorten folgende Löslichkeit an:

Copal	Alkohol	Aether	Methyl-alkohol	Amyl-·alkohol	Benzol	Petrol-äther	Aceton	Eisessig	Chloro-form	Schwefel-kohlenstoff	Terpentin-Oel
I. Natürlich											
Zansibar	unlöslich	theilweise löslich	unlöslich	wenig löslich	theilweise löslich	unlöslich	unlöslich	theilweise löslich	theilw. löslich	unlöslich	theilweise löslich
Angola, roth	unlöslich	theilweise löslich	theilweise löslich	löslich	theilweise löslich	theilweise löslich	theilweise löslich	theilweise löslich	theilw. löslich	fast lös-lich	theilweise löslich
Angola, weiss	unlöslich	theilweise löslich	unlöslich	theilweise löslich	theilweise löslich	unlöslich	unlöslich	theilweise löslich	theilw. löslich	fast lös-lich	fast unlös-lich
II. Geschält											
Zansibar	fast löslich	theilweise löslich	unlöslich	theilweise löslich	fast ganz löslich	unlöslich	fast löslich	theilweise löslich	theilw. löslich	fast lös-lich	fast ganz löslich
Angola, roth	theilweise löslich	fast ganz löslich	wenig löslich	löslich	theilweise löslich	fast unlös-lich	wenig löslich	theilweise löslich	löslich	fast lös-lich	fast ganz löslich
Angola, weiss	theilweise löslich	theilweise löslich	wenig löslich	theilweise löslich	theilweise löslich	fast unlös-lich	fast unlös-lich	theilweise löslich	theilw. löslich	fast lös-lich	fast ganz löslich

Dieselben Autoren geben für Copale folgende S.-Z. d., E.-Z. und V.-Z. h. an:

	S.-Z. d.	E.-Z.	V.-Z. h.
Angolacopal weiss geschmolzen	95,5	24,8	120,3
„ roth geschmolzen	30,2	80,0	110,2
„ roth ungeschmolzen	—	—	147,3
„ weiss ungeschmolzen	—	—	131,0
Copal von Zansibar ungeschmolzen	—	—	91,0
„ „ „ geschmolzen	—	—	35,7

Diese Zahlen stimmen mit denen von Williams schlecht überein.

Besonders erwähnt seien weiterhin die Studien von Friedburg über die Copalharze; nach demselben ist der harte Copal unlöslich in Alkohol, Aether und Terpentinöl, wird jedoch durch vorheriges Erhitzen in beiden letzteren löslich. Wird Copal nur bis 182° C. erhitzt, so vermeidet man Zersetzung; der dann abgekühlte Copal bildet ein sehr glänzendes, glashartes, durchleuchtendes Harz, leicht löslich in kaltem und warmem Terpentinöl. Weiterhin leicht löslich ist der Copal in Anilin und seinen Homologen, ebenso in Nitrobenzol und Chloroform; auch Phenol und Cymol lösen Copal gut. Benzaldehyd löst ihn anfangs vollständig, bald aber verdickt sich die Masse (Kondensation von Harzsäuren etc. mit Aldehyden? K. D.). Eisessig löst Copal theilweise, Schwefelkohlenstoff wird in grossen Mengen aufgenommen und bildet ein Kolloid, das beim Trocknen bröcklig wird. Nach Friedburg unterscheidet man weiche, halbharte und harte Copale. Erwähnenswerth in Rücksicht auf die im nächsten Absatz noch weiter zu besprechende Löslichkeit der Copale in Chloralhydrat ist auch die von Flemming (D. R. P.) entdeckte Löslichkeit derselben in Chlorhydrinen des Glycerins (Epichlor- und Dichlorhydrin) Valenta empfiehlt für Negativlacke, die die Touche gut annehmen, Lösungen der Copale und anderer Harze in Di- und Epichlorhydrin. (Vergl. Tab. p. 23, 24.)

Zur Erkennung wirklicher Copalsorten und zum Unterschied von Coniferen- und Dipterocarpeenharzen empfiehlt Mauch die Unlöslichkeit der wirklichen Copale in 80 %iger Chloralhydratlösung. Dammarsorten, Colophonium, Kowrie-, Manilacopale sind theilweise oder ganz darin löslich. Zur Unterscheidung harter und weicher Copale giebt Zucker folgende Probe an: Man übergiesst den betreffenden Copal mit siedendem Wasser und lässt $^1/_2$ Stunde bedeckt stehen. Harter Copal bleibt unverändert, weicher Copal wird milchig und undurchsichtig.

Was nun die schon oben theilweise registrirten analytischen Daten betrifft, so wurden seiner Zeit neben den S.-Z. auch V.-Z bestimmt, die aber deshalb nur relativen Werth haben, weil nach dem heutigen Stand derHarzchemie die wirklichen und auch die dem Dammar ähnlichen Copale nur aus indifferenten Körpern und Harzsäuren bestehen und jedenfalls esterfrei sind. Es sind dies Verhältnisse, auf die schon Kremel in seiner Harzarbeit (s. Litt.) hingewiesen hat. Kremel giebt ausserdem für Copal von Vateria indica (als Dammar von ihm aufgeführt) die S.-Z. d. 15,4 an; für die übrigen Copale fand er Werthe von rund 127—147. Neuerdings hat K. Dieterich — bis jetzt nur den Zansibarcopal — näher analytisch untersucht und gefunden, dass erstens die direkte Titration zu niedrige Werthe liefert, dass ein Wasserzusatz die Harzseife zersetzt, dass die vorhandenen Zahlen unzuverlässig sind und dass die S.-Z. beim Copal besser durch Rücktitration bestimmt wird. K. Dieterich sagt hierüber folgendes:

„Schon bei Dammar, Sandarak u. a m. habe ich darauf hingewiesen, dass die Titration dieser Harze in alkoholischer Lösung deshalb unsicher ist und schwankende S.-Z. ergiebt, weil die Resinol-Harzsäuren nicht so leicht und so schnell durch das Alkali gebunden werden. Man verfährt hier besser durch Rücktitration nach der K. Dieterich'schen Methode. Aehnlich liegen nun die Verhältnisse bei Zansibar-Copal. Auch hier geht die Titration, wenn man den Copal in Aether-Alkohol nach Kremel lösst, nicht so rasch vor sich, dass zuverlässige Zahlen erhalten würden. Ich habe, direkt titrirt, S.-Z. d. von 15—20 erhalten. Kremel hat auf diese Art S.-Z. d. zwischen 130—150 gefunden. Entweder muss hier ein Druckfehler vorliegen und 12—15 gemeint sein, oder aber es müssen diese abnorm hohen Zahlen in sonstigen Fehlern der Titrationsmethode gesucht werden. Ich habe nun Versuche hierüber angestellt und gefunden, dass der von Kremel benutzte Wasserzusatz schuld an den Differenzen war. Kremel lässt zur Lösung der Salze während der Titration Wasser zusetzen. Dieses ist jedoch unangebracht, da die gebildete Harzseife sofort zersetzt wird. Titrirt man nämlich bis zur Rothfärbung ohne Wasser und setzt nun Wasser zu, so verschwindet die rothe Farbe sofort, ein Zeichen, dass durch das Wasser Zersetzung der gebildeten Harzseife eintritt, und sekundäre Reaktionen hervorgerufen werden. Ebenso kann man, wenn man durch Zurücktitration verfährt, beobachten, dass ein Wasserzusatz die rothe Farbe wieder zum Vorschein bringt, ein Zeichen, dass Alkali abgespalten wird. Bei den Verfahren mit und ohne Wasserzusatz ergeben sich Unterschiede, die bis 2 ccm Lauge betragen. Auf diese Weise erklären sich vielleicht die viel zu hohen Kremel'schen Zahlen. Das, was nach dem Kremelschen Verfahren zu wenig bei direkter Titration an Harzsäure gebunden wird, wird bei dem Wasserzusatz durch sekundäre Reaktionen als zuviel titrirt."

K. Dieterich verfährt folgendermassen:

S.-Z ind.: 1 g fein zerriebenen Zansibar-Copal übergiesst man in einer Glasstöpselflasche mit 25 ccm Benzin, 25 ccm Aether und mit 20 ccm alkoholischer $\frac{n}{2}$ Kalilauge. Man lässt wohlverschlossen 24 Stunden in Zimmertemperatur stehen und titrirt dann o h n e Wasserzusatz mit $\frac{n}{2}$ Schwefelsäure und Phenolphtaleïn zurück.

Die so erhaltenen S.-Z. ind. liegen für den Zansibar-Copal zwischen 60—65.

Die Uebergänge der Copale zu den Dammarsorten (wie zum Kowrie-Copal) und Verfälschungen mit Bernstein ergeben sich ausser obengenannten Löslichkeitsverhältnissen und dem Verhalten zu Chloralhydrat auch aus dem Verhalten zu Cajeputöl und der dann anormalen S.-Z. ind. Auch giebt Bernstein E.-Z. und V.-Z. h, Copal n u r S.-Z. ind. (vergl. hierzu Bernstein und A. Kremel N. z. Pr d A. 1889 sub Copal und Bernstein).

Vom Zansibar-Copal wurden in neuerer Zeit auch A.-Z., C.-Z. und M.-Z. bestimmt und zwar fand K. Dieterich:

Zansibar-Copal	A.-S.-Z.	A.-E.-Z.	A.-V.-Z.
vom { lösl. Antheil	77,71	125,58	203,29
vom { unlösl. Antheil	210,10—221,14	84,80—111,17	305,94—331,27

Kitt fand:

Copal ostindisch: C.-Z 0,61.

Gregor fand als M.-Z. 0,0, ebenso Bamberger.

Ueber den Werth dieser Bestimmungen vergl. Chem. Revue 1898, Heft 10.

Ueber die Konkurrenten und Ersatzmittel der Copale, die sogenannten „Esterharze" vergl. Z u c k e r, Pharm. Ztg. 1898, p. 848.

Litteratur.

Bottler, Dingl. Polytechn Journ. 1897, p 212. — Bocquillon, Rép. de Pharm. 3 Série 1897, Nr. 8. — Copalsorten aus Lindi, Ap.-Ztg. 1897, p. 434. — K. Dieterich, H. A. 1897, p. 44 u. 95. — Friedburg, Ap.-Ztg. 1891, Nr. 5. — Flemming, Zeitschr. f angew. Chem. 1895, p 710 — Gregor u. Bamberger, Oestr. Ch.-Ztg 1898, Nr. 8 u. 9. — Gilg, Ch R 1898, Heft 9. — Hirschsohn, A. d. Ph. 1877, p. 500 ff. — Kitt, Ch.-Ztg. 1898, p. 358. — Kremel, N. z. P. d. A. 1889 — Mauch, I.-D Strassburg 1898. — Mills, Ph. C. 1889, p. 151. — Napier u. Draper, A d Ph 166, p. 81. — v. Schmidt u. Erban, Sitzungsber. d. Wien. Akad d. Wiss. 1886, Novemberheft. — Wiesner, Die techn. verw. Bals , H. u Gummiharze p. 147 ff. — Williams, Ph C. 1889, p. 152 ff. — Worlée, A. d Ph. 167, p. 238. — A. Zucker, Ph. Ztg. 1898, Nr. 95.

25.

Dammar.

Resina Dammar (officinell im D. A. III.)

Abstammung und Heimat. Dammara und Hopeaarten, Burseraceen, Dipterocarpeen. *Südindien.*

Chemische Bestandtheile. Dammarolsäure $C_{54}H_{77}O_3$ $(COOH)_2$ (23%), α-Dammarresen $C_{11}H_{17}O$ (40% alkohollöslich), β-Dammarresen $C_{31}H_{52}O$ (22,5% alkoholunlöslich, löslich in Chloroform), ätherisches Oel und Bitterstoff (0,5%), Wasser (2,5%), Asche (3,5%), Verunreinigungen (8%) (nach GLIMMANN).

Ueber die neuerdings von TSCHIRCH durch frakt. Ausschüttelung isolirten neuen „krystallinischen Resinolsäuren" vergl. Ph. Ztg. 1899, Nr. 77.

Allgemeine Eigenschaften und Handelssorten. Das ostindische Summatra-Dammar stellt tropfsteinartige Körner und Klumpen. gelblich durchsichtig, aussen bestäubt, im Bruche glasglänzend, muschlig, dar, die härter als Colophonium sind; das Dammar zerfällt beim Kauen zu einem weissen Pulver und schmilzt bei 180° C.; in Alkohol und Aether ist es nur theilweise, in Petroläther und Chloroform ganz löslich. Die Uebergänge von Dammar zu Copal, wie der australische Dammar = Kowrie-Copal, sind leicht zu unterscheiden s. w. u.; Australisches resp. neuseeländisches Dammar ist Kowrie-Copal (s. Copal).

Zu den Dammarsorten rechnet man auch das Saulharz von Shorea robusta (Dipterocarpee, Sumatra, Java), das Dammar Rata Kûtsching von Singapore von Hopea micrantha, splendida stammend und das Dammar Dagieng oder Rose-Dammar von Borneo und Malakka von Retinodendron Rassak stammend, das Dammar-Selo aus Singapore von Artocarpus integrifolia und das schwarze Dammar von noch unbekannter Abstammung (Canarium strictum Ostindien und Can. rostratum Mollukken [?]). Alle diese sind im europäischen Handel äussert selten. Weisses Dammar heisst auch der Manila-Copal (s. d.) von Vateria indica.

Ueber die Abstammung der Dammarsorten vergl. die werthvolle Abhandlung von C. MÜLLER, Ber. d. D. pharm. Gesellschaft 1891, p. 365.

Verfälschungen resp. Verwechslungen. Colophonium, Australisches Dammar (Kowrie-Copal).

Analyse. Bekanntlich existiren unter dem „Sammelnamen" Dammar eine Anzahl Harze der Dipterocarpeen, Burseraceen und Coniferen; wir finden gleichzeitig Uebergänge zum Copal, wie der Kowrie-Copal oder das australische Dammar zeigt.

Zur Unterscheidung der Copale von Dammarsorten und zur Unterscheidung dieser wieder von den Coniferenharzen — die auch theilweise als Dammarharze im Handel kursiren — ist die Prüfung mit Chloralhydrat nach MAUCH zu empfehlen. Echte Copale (vergl. Copal) geben an 8o%ige Chloralhydratlösung nichts ab, echte Dammarsorten von Dipterocarpeen hingegen gewisse Mengen unter speciellen Quellungs-erscheinungen; Coniferenharze — wie Kowriecopal = australisches Dammar — zeigen eine völlige Löslichkeit in obiger Flüssigkeit. Ueber die Löslichkeit in Epi- und Dichlorhydrin nach VALENTA vergl. Allgem. Theil: Löslichkeit p. 23 und 24. Auch die Untersuchungen von HIRSCHSOHN, welcher 23 Sorten untersuchte, seien, soweit es die Löslichkeits-verhältnisse betrifft, erwähnt.

Derselbe fand für:

	in Petroläther löslich	in 85%igem Alkohol löslich
	$^0/_0$	$^0/_0$
Dammar ostind.	88,03	87,97
„ americ.	83,42	83,90
„ in massis	77,18	77,60
„ ostind.	84,09	84,89
„ viridis	73,13	57,65
„ „	75,46	57,77
„ nigra	83,81	—
„ marmoratum	54,12	53,98
„ „	30,20	29,99

Die löslichen Antheile wurden bei 120° C getrocknet.

Bei der Verarbeitung des Dammars zu Lacken wird auch hier, wie bei Copal und Bernstein ein Schmelzen vorgenommen, welches das Dammar löslich macht; ein gutes Lösungsmittel ist eine Mischung von Alkohol und Terpentinöl. Ueber die Sauerstoffaufnahme des Dammars beim Liegen an der Luft in dünner Schicht vergl. WEGER, die Sauerstoff-aufnahme der Oele und Harze (Leipzig 1899, E. Baldamus).

Mit der Analyse und Prüfung des auch zu Lacken vielfach ge-brauchten Dammars haben sich schon früher, BRANDES, THOMSON, DALK, LABILLARDIESE, GIESECKE, MÜLLER, MÄUSEL u. a. m. beschäftigt. Später haben MILLS und MUTER, v. SCHMIDT, ERBAN, KREMEL, SCHWEISSINGER, WILLIAMS, E. DIETERICH, K. DIETERICH, GREGOR, BAMBERGER und MAUCH Beiträge geliefert. Ueber den Nachweis des Colophoniums im Dammar an der Hand der STORCH-MORAWSKI'schen Reaktion vergl. sub Colophonium.

Williams fand:

Asche   0,01— 0,07 %

Wasser 0,33— 0,85 %

S.-Z. d. 21,00—26,00

Die S.-Z. d. wurde nach der meist üblichen Methode (s. Spec. Th. Einl.) bestimmt. Da Dammar esterfrei ist, so haben die V.-Z h. dieses Autors nur relativen Werth.

v. Schmidt und Erban fanden folgende Löslichkeit:

Alkohol	theilweise löslich
Aether	„ „
Methylalkohol	„ „
Benzol	löslich
Petroläther	fast ganz löslich
Aceton	theilweise löslich
Eisessig	„ „
Chloroform	löslich
Schwefelkohlenstoff	„
Terpentinöl	„

S.-Z. d. 31,8 nach der meist üblichen Methode (s. Spec. Th. Einl.) bestimmt.

E. Dieterich fand:

Wassergehalt 0,85 %.

A. Kremel bestimmte sehr richtig nur die S.-Z. d. nach der meist üblichen Methode (s. Spec. Th. Einl.) und fand:

S.-Z. d.

Dammar   31,0

„   34,3

„   orient. 34,2

Für das weisse Dammar — bekanntlich identisch mit Manilacopal (s. d.) von Vateria indica — fand Kremel die S.-Z. d. 15,4.

Nach Glimmann ist das Dammar in Benzol, Chloroform, Schwefel-kohlenstoff völlig, theilweise in verdünntem Alkohol, Toluol, Aceton, Anilin, Petroläther und Essigsäure löslich.

Nachdem durch die Untersuchungen von Graf und Tschirch und Glimmann das Dammarharz als esterfrei befunden wurde, sind die von fast allen obigen Autoren mit Ausnahme von K. Dieterich erhaltenen V.-Z. h. und E.-Z. auszuschliessen. E. Dieterich sagt sehr richtig, dass die E.-Z. bisher so schwankend befunden wurden, dass sie besser von der Berichterstattung ausgeschlossen bleiben.

K. Dieterich hat weiterhin darauf hingewiesen, dass bei der Be-stimmung der S.-Z. des Dammar die direkte Titration oft zu niedrige

Werthe liefert, weil sich die Harzsäure — besonders neben den indifferenten Bestandtheilen und bei der geringen Acidität der Dammarolsäure — nicht immer quantitativ bindet. Die direkt titrirten Werthe liegen nach diesem Autor unter den durch Rücktitration erhaltenen. Auch fällt bei der Rücktitration das vorherige Lösen ganz weg. K. DIETERICH verfährt durch Rücktitration und zwar folgendermassen:

a) S.-Z. ind.

1 g Dammar übergiesst man mit 50 ccm Benzin (spec. Gew. 0,700), fügt 20 ccm alkoholische $\frac{n}{2}$ Kalilauge hinzu und lässt 24 Stunden verschlossen stehen. Man titrirt dann unter Vermeidung eines Wasserzusatzes mit $\frac{n}{2}$ Schwefelsäure unter Benutzung von Phenolphtalein als Indikator zurück. Die Anzahl der gebundenen ccm KOH mit 28,08 multiplicirt giebt die S-Z. ind.

b) Aschebestimmung.

2 g der Droge verascht man vorsichtig und glüht bis zum konstanten Gewicht. Nach dem Erkalten im Exsiccator wägt man.

K. DIETERICH verwendete früher zur Bestimmung der S.-Z. ind. alkoholische und wässerige Lauge, fand aber später, dass alkoholische Lauge allein dieselben Dienste thut, ja ein Weglassen der wässerigen Lauge bei eventuellen Verfälschungen mit Colophonium deshalb nur zu empfehlen ist, weil jeder Zusatz oder Vorhandensein von Wasser die Colophoniumharzseife zersetzt und dann unzuverlässige Werthe erhalten werden.

Wie obige Methode besagt, ist es also besser, nur alkoholische Lauge zu verwenden. K. DIETERICH erhielt bei der Untersuchung zahlreicher Sorten nach obiger Methode für die S.-Z. ind. Grenzwerthe von 20 bis 30, für die Asche bis 0,1 %. Mehr als 0,1 % Asche ist nicht zulässig.

Bekanntlich wird Dammar oft mit Colophonium verfälscht. Zum Nachweis hierfür hat zuerst SCHWEISSINGER die KREMEL'sche S.-Z. d. empfohlen. K. DIETERICH hat neuerdings nach seiner oben angegebenen Methode ebenfalls Colophonium an der dann abnorm hohen S.-Z. ind. nachgewiesen und hat gezeigt, dass auch die Dammar-Pulver des Handels unrein sind und zu hohe S.-Z. ind. zeigen. K. DIETERICH fand für Dammar mit 25 % Colophonium die S.-Z ind. 56,33 — 58,00 und mit 50 % Colophonium 96,49—97,68. Die S.-Z.-Bestimmung nach obiger Methode ist also vorzüglich zum Nachweis von Colophonium geeignet. Ebenfalls zum Nachweis — qualitativ — von Colophonium im Dammar ist die HIRSCHSOHN'sche Probe zu empfehlen, mit welcher E. DIETERICH gute Erfahrungen gemacht hat. Man verfährt so, dass man Dammar mit Ammoniakflüssigkeit übergiesst, filtrirt und mit Essigsäure übersättigt. Bei Abwesenheit von Colophonium bleibt das Filtrat klar ohne

Ausscheidungen, ist Colophonium anwesend, so löst es sich in Ammo·niak und fällt dann auf Zusatz von Säure aus; bei grossen Mengen von Colophonium erstarrt die ganze saure Flüssigkeit gallertartig.

Für schwarzes Dammar (wahrscheinlich von Canarium rostratum) und für Dammar von Canarium strictum giebt derselbe Autor folgende Werthe an:

$$\left.\begin{array}{ll} \text{Schwarzes Dammar} & 49,14-53,53 \\ \text{Dammar v. Can. strictum} & 73,01-74,41 \end{array}\right\} \text{S.-Z. ind.}$$

Schwarzes Dammar vergl. auch w. o. sub HIRSCHSOHN.

Schliesslich seien noch die Acetylzahlen und Methylzahlen registrirt, die in neuester Zeit von Dammar bestimmt wurden.

K. DIETERICH fand:

$$\begin{array}{ll} \text{A.-S.-Z.} & 50,52- 51,80 \\ \text{A.-E.-Z.} & 81,56- 83,06 \\ \text{A.-V.-Z.} & 132,08-134,86 \end{array}$$

GREGOR und BAMBERGER fanden für M.-Z. die Werthe:

$$\text{M.-Z.} \quad 0,0.$$

Ueber den Werth dieser Bestimmungen vergl. Chem. Revue 1898, Heft 10.

Ueber die Prüfung des Dammar im Deutschen Arzneibuch, vergl. K. DIETERICH, Pharmaceut. Centralhalle 1898, Nr. 20.

Litteratur.

K. DIETERICH, H. A. 1896, p. 77 ff., 1897, p. 39 ff., 97 ff.; Ph. C. 1898, Nr. 20, 1899, Nr. 30. — GREGOR u. BAMBERGER, Oestr. Ch.-Ztg. 1898, Nr. 8 u. 9. — HIRSCHSOHN, A. d. Ph. 211, p. 54—59; Ap.-Ztg. 1893, Rep. 23. — KREMEL, N. z. P. d A. 1889. — MILLS, Ph. C. 1889, p. 150 ff. — MAUCH, I.-D. Strassburg 1898. — v. SCHMIDT u. ERBAN, Sitzungsber. d. Wien. Akad. d. Wiss. 1886, Novemberheft — SCHWEISSINGER, Ph. C. 1887, p. 459. — WILLIAMS, Ph. C. 1889, p 150 ff.

26.

Drachenblut.

Resina Draconis

Abstammung und Heimat. I. Palmendrachenblut von Daemono-rops Draco Bl. Palmae. II. Socotradrachenblut von Dracaena Cinnabari B. f. Dracaenen. *Südostasien, Socotra, Westindien, Amerika.*

Chemische Bestandtheile. I. Palmendrachenblut, Dracoalban $C_{20}H_{40}O_4$ (2,5 %), Dracoresen $C_{20}H_{44}O_2$ (13,58 %), Benzoësäuredracoresino-tannolester $C_6H_5COO\ C_8H_9O$ und Benzoylessigsäuredracoresinotannol-ester $C_6H_5CO\ CH_2COO\ C_8H_9O$, zusammen als reines rothes Harz resp. Phenyl-β-Monooxyacrylsäuredracoresinotannolester (?) (56,86 %), ätherunlösliches Harz (0,33 %), Phlobaphene (0,03 %), Pflanzliche Rückstände (18,40 %), Asche (8,3 %), (nach K. DIETERICH).

II. Socotrinisches Drachenblut. Reines Harz $C_{18}H_{18}O_4$ (dasselbe ist jedoch nach neueren Mittheilungen von K. DIETERICH ein Gemisch „mehrerer" Harze und kein einheitlicher Körper (83,35 %), Gummi (0,7 %) in Schwefelkohlenstoff löslich (0,48 %), Pflanzenreste (12 %), Mineralstoffe (3,5 %) (nach LOJANDER).

Die Drachenblutsorten: Socotrinisches Dr. sogenannt „vera" von Dracaena Ombet Kotschy und Socotrinisches Dr. „sicut dicta" von Dracaena Chizantha B. und das Palmendrachenblut von Banejrmasin (Borneo) enthalten Benzoësäure, jedoch keine Zimmtsäure. Auch sind erstere Dracaena-Drachenblute frei von Dracoalban, das Palmendrachenblut von Borneo hingegen enthält Dracoalban (nach K. DIETERICH).

Allgemeine Eigenschaften und Handelssorten. Das Palmendrachenblut (Sumatra) in Bast stellt in Ligulablätter eingewickelte Stangen von circa 20 cm Länge und 1—2 cm Durchmesser dar. Aussen dunkelbraun, zeigt es innen einen glänzend rothen Bruch und giebt ein hellrothes Pulver. Auf Papier giebt das Harz einen rothen Strich, in Alkohol und Aether ist es fast ganz löslich. Die Sorte „in massa" ist schlecht und meist verfälscht. Das Palmendrachenblut giebt allein die K DIETERICH'sche Dracoalbanprobe und unterscheidet sich so von den Dracaena-Drachenblutsorten.

Das Socotrinische Drachenblut stellt unregelmässige Stückchen von muschligem Aeussern, etwas löcherig, von dunkelbraunrother glänzender Farbe dar. Der Bruch ist hell und glänzend roth, das Pulver ebenfalls hellroth. In Alkohol und Aether ist es nur theilweise löslich und enthält kein Dracoalban.

Das amerikanische (mexikanische) und westindische Drachenblut von Pterocarpus (Croton) Draco, das Drachenblut von Venezuela und Columbia und einige andere ähnliche Harze stehen dem Kino näher, als dem Drachenblut (vergl. sub Kino) oder sind vollkommen obsolet. Im Handel ist heute nur das sumatranische Palmendrachenblut.

Verfälschungen resp. Verwechslungen. Eisenoxyd, Bolus, Kunstprodukte aus Harz, Sandelholz, Gummi und Colophonium.

Analyse. Gegen früher sind heute die Drachenblutsorten nur mehr sehr vereinzelt im Handel. In der Hauptsache ist nur das sumatranische Palmendrachenblut „in Bast" und „in Masse" zu finden; ebenso ist die technische Verwerthung — speciell zu Lacken — nur noch eine beschränkte. Analytische Daten sind noch sehr selten, wenn auch auf Verfälschungen mit Coniferenharzen und Eisenoxyd mehrfach hingewiesen wurde. So berichtet BRETET über ein künstliches Produkt aus Harz und Sandelholzpulver.

HIRSCHSOHN giebt an, dass verfälschte Sorten an Petroläther mehr abgeben, als unverfälschte.

HILGER und WITTSTEIN berichten über verfälschte Produkte, die sie aber auf den ersten Blick schon äusserlich zu erkennen vermögen; v. SCHMIDT & ERBAN und E. DIETERICH bestimmten Jodzahlen, die allerdings derartige Differenzen zeigen, dass sie der Erwähnung nicht bedürfen. Ueber den Nachweis des Colophoniums an der Hand der STORCH-MORAWSKI'schen Reaktion vergl. sub Colophonium.

v. SCHMIDT und ERBAN fanden weiterhin, dass die Löslichkeit des Drachenbluts in Alkohol, Aether, Methylalkohol, Amylalkohol, Benzol, Petroläther, Aceton, Eisessig, Chloroform, Schwefelkohlenstoff, Terpentinöl eine nur theilweise ist.

K. DIETERICH fand für sumatranisches Drachenblut folgende Löslichkeit:

Alkohol	leicht löslich
Aether	
Benzol	
Chloroform	
Essigäther	theilweise löslich
Petroläther	
Schwefelkohlenstoff	

v. SCHMIDT und ERBAN bezeichnen die Löslichkeit in Aether und Alkohol wohl nur deshalb als eine theilweise, weil natürlich hierbei pflanzliche Rückstände zurückbleiben mussten.

Ueber die Löslichkeit des Drachenbluts in Epi- und Dichlorhydrin nach VALENTA vergl. Allg. Theil Löslichkeit p. 23 und 24.

Die von HIRSCHSOHN angegebene Tabelle zur Unterscheidung verschiedener Drachenblutsorten ist heute nicht mehr massgebend. WILLIAMS fand $9{,}34\,^0/_0$ Wasser und $3{,}58\,^0/_0$ Asche und bestimmte Säurezahlen und Esterzahlen. Da Drachenblut freie Säure überhaupt nicht enthält, so ist die erhaltene Säurezahl von nur relativem Werth.

Für die V-Z. h. — nach der meist üblichen Methode (s. Spec. Theil Einl.) bestimmt — fand derselbe:

V.-Z. h.   153,4.

GREGOR und BAMBERGER bestimmten Methylzahlen und fanden die Werthe:

	I.	II.	III.
M.-Z.	27,6	25,3	33,8.

KITT bestimmte Carbonylzahlen und fand:

C.-Z.   0,92.

K. Dieterich fand als Acetylsäurezahlen folgende Werthe: Palmendrachenblut 139,07—139,79. A.-E.-Z. und A.-V.-Z. liessen sich wegen der dunklen Farbe der Lösung nicht feststellen. (Ueber den Werth dieser Bestimmungen vergl. Chem. Revue 1898, Heft 10.)

K. Dieterich hat nach seiner fraktionirten Verseifungsmethode eine Anzahl Drachenblutsorten untersucht.

Zur Bestimmung der H.-Z. und G.-V.-Z. bei Drachenblut verfährt man nach diesem Autor folgendermassen:

a) H.-Z.

1 g Drachenblut übergiesst man mit 50 ccm Aether, 25 ccm alkoholischer $\frac{n}{2}$ Kalilauge und lässt in einer Glasstöpselflasche 24 Stunden wohl verschlossen stehen. Nach Verlauf dieser Zeit titrirt man unter Zusatz von 250 ccm Wasser und 100 ccm Alkohol mit $\frac{n}{2}$ Schwefelsäure und Phenolphtaleïn zurück. Die Anzahl der gebundenen ccm KOH mit 28,08 multiplicirt giebt die H.-Z.

b) G.-V.-Z.

1 g Drachenblut übergiesst man mit 50 ccm Aether, 25 ccm alkoholischer $\frac{n}{2}$ Kalilauge und lässt 24 Stunden verschlossen stehen. Nach Verlauf dieser Zeit fügt man noch 25 ccm wässerige $\frac{n}{2}$ Kalilauge hinzu und titrirt nach abermaligem Verlauf von 24 Stunden mit $\frac{n}{2}$ Schwefelsäure, unter Zusatz von Phenolphtalein als Indikator, 250 ccm Wasser und 100 ccm Alkohol zurück. Die Anzahl der gebundenen ccm KOH mit 28,08 multiplicirt, giebt die G.-V.-Z.

c) Dracoalbannachweis.

10 g Drachenblut pulvert man und zieht mit 50 ccm Aether heiss aus. Die konzentrirte auf ca. 30 ccm eingeengte ätherische Lösung giesst man in 50 ccm absoluten Alkohol ein und stellt beiseite. Nach Verlauf einer Stunde zeigt sich ein weisser flockiger Niederschlag. (Nur für Palmendrachenblut charakteristisch!)

Die von K. Dieterich erhaltenen Grenzwerthe sind folgende:

A. H.-Z. 79,80—119,00 ⎫
    G.-V.-Z. 86,80—173,20 ⎬ Palmen-Drachenblut.
    Dracoalbanprobe positiv ⎭

B. H.-Z. 81,20—87,40 ⎫
    G.-V.-Z. 92,40—95,40 ⎬ Socotra-Drachenblut.
    Dracoalbanprobe negativ ⎭

Nach K. Dieterich ist das Dracoalban nur für Palmendrachenblutsorten charakteristisch, nicht für die Sorten, welche von Dracaenen stammen.

Ein Zusatz von Colophonium, wie er bei der Sorte in massa regelmässig vorzukommen scheint, giebt sich durch eine abnorm hohe H.-Z.

und G.-V.-Z. zu erkennen, auch tritt die Dracoalbanprobe dann beim Palmendrachenblut nur spärlich und sehr langsam ein.

Sowohl Palmen- wie Liliaceen-Drachenblut ist nach MAUCH in 80°/₀-iger Chloralhydratlösung löslich.

Litteratur.

BRETET, A. d. Ph. 206, p. 560 — E. DIETERICH, I. D d. H. A. p. 32. — K. DIETERICH, I.-D Bern 1896; H. A. 1896, p. 67. 1897, p. 44. — GREGOR u. BAMBERGER, Oestr. Ch.-Ztg. 1898, Nr. 8 u. 9. — HILGER, Wittstein l. c. p. 174. — HIRSCHSOHN, A d. Ph. 213, p. 296. — KITT, Ch.-Ztg. 1898, p. 358 — KREMEL, N. z. Pr. d A. 1889, p. 33. — MAUCH, I.-D. Strassburg 1898. — v. SCHMIDT und ERBAN, R.-E., Bd. V, p 143 — WILLIAMS, Ph. C. 1898, p. 150 ff.

27.
Elemi.
Resina Elemi.

Abstammung und Heimat. Verschiedene Burseraceen wie Icica Icicariba, Amyris Plumieri und verschiedene Canarium-Arten, wie C. commune. Nach TSCHIRCH stammt das Manila-Elemi sicher von Canarium commune. Elemi gilt als Sammelname für eine grosse Anzahl Harze. *Philippinen, Mittel- und Südamerika, Ostindien und Westindien, Afrika.*

Chemische Bestandtheile. Genauer untersucht ist nur das Manila-Elemi, welches im Handel meist als „weiches Elemi" cursirt.

Krystallinisches Harz = Amyrin $C_{25}H_{42}O$ (25 %), Aetherisches Oel (10 %), (Rechts-Phellandren $C_{10}H_{16}$ und Dipenten $C_{10}H_{11}$), Amorphes Harz (60—70%), geringe Mengen Elemisäure $C_{35}H_{46}O_4$ und Bryoïdin $C_{20}H_{38}O_3$ und Bitterstoff (nach FLÜCKIGER). Das Amyrin wieder besteht aus zwei Körpern von der Formel $C_{30}H_{49}OH$, dem α-Amyrin und β-Amyrin, welche isomer sind und als Acetylderivate getrennt werden (nach VESTERBERG).

Allgemeine Eigenschaften und Handelssorten. In frischem Zustand ist das Elemi eine klare, wenig gefärbte Auflösung von Harzen in ätherischem Oel, aus der das Harz zum Theil auskrystallisirt. Das Manila-Elemi — gewöhnlich „weich" im Handel — stellt bald eine durch krystallinische Ausscheidungen getrübte, zähflüssige Masse, bald ein weiches, halbkrystallinisches, gelbliches Harz dar, das völlig hart werden kann und dann als „harte" Sorte, die minderwerthig ist, gehandelt wird. Der Geruch erinnert frisch an Limonen, Fenchel, Macis oder gutes Terpentinöl.

Das amerikanische oder westindische Yucatan-Elemi ist gewöhnlich als sogenanntes „hartes" Elemi im Handel. Früher, jetzt nur noch selten, waren auch „weiche" Yucatanelemis im Handel[1]). Das mexikanische oder Vera-Cruz-Elemi stammt von Amyris elemifera und steht dem Carannaharz (von Amyris Caranna s. Carannaharz) sehr nahe. Eine Art Elemi soll auch der Gum-Copal (Gummi Opal) von Dacryodis hexandra sein (ein Baum, der wegen seines zu Booten verwendeten Harzes als „Gomier á canots" von St. Lucia bezeichnet wird). Der Cayenne-Weihrauch von Icica heptaphylla zählt ebenfalls zu den Elemisorten. Das brasilianische Rio-Elemi ist ein Gemisch verschiedener Harze von Protiumarten; ein Protiumelemi führt in Brasilien nach PECKOLT den Namen „Almessega" und stammt wahrscheinlich von Protium heptaphyllum M. var. brasiliense Engl. Ausser letzterer Stammpflanze ist in Rio noch P. h. var. venenosum u. P. brasiliense Engl. aufgefunden worden. Gewisse, dem Elemi ähnliche Sorten werden auch als Res. Tacamahaca, Kikekunemalo, Resina Caranna, Resina Anime bezeichnet, was daher kommt, dass Elemi Sammelname ist. Das ostindische Elemi soll von Canarium zephyrinum (Molukken) stammen

Afrikanisches Elemi (in Bast ähnlich dem Drachenblut verpackt) stammt von Boswellia Freriana und heisst Luban Matti; dasselbe kommt aus dem Somaliland über Cap Gardafui. Dasselbe wurde früher als eine Sorte Weihrauch (s. d.) bezeichnet. Eine Elemiart ist auch der Gomart-Gummi von Bursera gummifera, der auch theilweise als Mastixersatz (s d.) empfohlen wurde; auch wird der Gomartgummi als von Bursera gummifera abstammend, zu den Weihrauchen (s. Weihrauch) gezählt, da Bursera gummifera, genannt „Gommier" zu den sogenannten Weihrauchbäumen, den „Incense-Trees" Westindiens rechnet. Richtiger ist dasselbe zu den Elemisorten zu zählen, ebenso wie das Harz von Occumé, welches auch von einer westafrikanischen (Gabunfluss) Burseracee stammt. Zahlreiche Icicaarten liefern noch andere Elemiarten, die aber nicht mehr im Handel sind. Auch rechnen Resina Hedwigiae[2]) (H. balsamifera, Burseraceen) und Resina Hyowae zu den Elemi ähnlichen Harzen. Letzteres speciell steht wieder dem Carannaharz nahe (vergl. FLÜCKIGER, Pharmacognosie p. 88). Auch sind weitere Uebergänge zu den „Weihrauchsorten" nicht eben selten. (Vergl. hierzu sub „Weihrauch, Carannaharz, Tacamahak und Anime").

---

[1]) Für gewöhnlich versteht man jetzt unter „weichem Elemi" das Manila-, unter hartem Elemi das Yucatan-Elemi. Es ist das nicht korrekt, erklärt sich aber daraus, dass ersteres Elemi jetzt meist nur weich, letzteres meist nur hart im Handel anzutreffen ist.

[2]) Der „Balsam" von H. balsamifera, der „Baume à Cochon" wirkt wie Copaivabalsam (s. d. p. 56); sein Harz ist obiges Res Hedwigiae und wird von HIRSCHSOHN zu den dem Elemi verwandten Sorten gezählt; vergl. umstehende Tabelle.

Ausser dem Manila- und Yucatan-Elemi sind alle anderen Sorten nur als „harte" bekannt.

K. Dieterich giebt über die Elemisorten folgende Aufstellung; hierzu ist zu bemerken, dass damit die Reihe der Elemis und der dem Elemi ähnlichen Harze noch nicht erschöpft ist, wenn auch die Aufstellung die wichtigsten Harze enthält: (Tschirch rechnet die Elemis zu den „Resenharzen"; vergl. Nachtrag Einth. d. Harze).

I. Eigentliche Elemisorten:

Manila-Elemi, gewöhnlich „weich", aber auch „hart" im Handel von Canarium commune.

Amerikanisches oder westindisches Yucatan-Elemi gewöhnlich „hart" im Handel, früher auch „weich" im Handel, wahrscheinlich von Amyris Plumieri u. a. m.

Mexikanisches oder Vera-Cruz-Elemi, wahrscheinlich von Amyris elemifera.

Rio-Elemi, wahrscheinlich ein Gemisch verschiedener Protiumelemi-Sorten.

Brasilianisches Almessega-Elemi, wahrscheinlich von Protium heptaphyllum M. var. brasiliense Engl.

Afrikanisches Elemi (Luban Matti), wahrscheinlich von Boswellia Freriana.

Ostindisches Elemi, wahrscheinlich von Canarium zephyrinum.

II. Dem Elemi ähnliche Sorten:

a) mit Elemi ähnlichem Geruche; dem Elemi näherstehend:

Ostindisches Tacamahak, wahrscheinlich von Calophyllum Inophyllum.

Bourbon-Tacamahak, wahrscheinlich von Calophyllum Tacamahaca.

Resina Anime[1]), westindisch und ostindisch, ebenfalls von Burseraceen stammend.

b) mit Weihrauch ähnlichem Geruche, dem Weihrauch näherstehend:

Cayenne-Weihrauch, wahrscheinlich von Icica heptaphylla u. a. m.

---

[1]) Ueber Anime vergl. auch sub Copal. Hier ist natürlich unter Anime das elemiähnliche Burseracenharz, nicht etwa Courbaril- und andere weiche Copale zu verstehen, welche in England „Anime" heissen. Die vielfach in Lehrbüchern vorzufindende Identificirung des Animeharzes mit Courbarilcopal und die Nennung von Hymenea Courbaril als Stammpflanze von Anime ist natürlich unzutreffend.

<table>
<tr><td rowspan="4" style="text-align:center">nur „hart"</td><td>Gommart-Gummi (auch als dem Mastix ähnlich bezeichnet) von Bursera gummifera.</td></tr>
<tr><td>Harz von Occumé von einer westafrikanischen (Gabunfluss) Burseracee.</td></tr>
<tr><td>Westindisches Tacamahak, wahrscheinlich von Icica heptaphylla u. a. m.</td></tr>
</table>

III. Dem eigentlichen Elemi sowohl äusserlich wie dem Geruche nach ferner stehende Sorten:

<table>
<tr><td rowspan="5" style="text-align:center">nur „hart"</td><td>Resina Caranna, wahrscheinlich von Icica Caranna.</td></tr>
<tr><td>„ Kikekunemalo ⎱ Abstammung von noch unbekannten</td></tr>
<tr><td>„ Hyowae ⎰ Burseraceen.</td></tr>
<tr><td>„ Hedwigiae von Hedwigia balsamifera [1]).</td></tr>
<tr><td>Gum-Copal von Dacryodis hexandra.</td></tr>
</table>

Der Farbe nach reiht K. Dieterich das Manila- und Yucatan-Elemi in die weissfarbigen Sorten ein, Resina Anime und Vera-Cruz-Elemi zählt derselbe zu den gelb-gelbrothen Sorten, während die afrikanischen Elemis, Protiumelemis und Tacamahake zu den grau-grauschwarzen Sorten mit weissgesprenkelter Bruchfläche rechnen. Die dem echten Elemi ganz ferne stehenden Res. Caranna, Res. Kikekunemalo, Res. Hyowae und Hedwigiae etc. haben eine dunkle bis schwarze Farbe.

Weiterhin bemerkt K. Dieterich, dass Resina Hyowae dem Carannaharz und letzteres wieder dem Vera-Cruz-Elemi nahe steht. Während weiterhin das westindische Tacamahak entschieden dem Weihrauch — schon dem Geruch nach — nahe steht, ist das Bourbon- und ostindische Tacamahak mehr dem Elemi ähnlich.

Eine scharfe Abgrenzung der Elemis ist bei der Unsicherheit der Abstammung kaum möglich und das umso weniger, als auch ein- und dieselbe Sorte trotz derselben Stammpflanze oft nach der geographischen Herkunft mit verschiedenen Namen belegt worden sind. So leitet man z. B. gewisse Sorten von Tacamahakharz und Cayenne-Weihrauch, trotz ihrer verschiedenen Namen von Icica heptaphylla ab. Derartige Zweideutigkeiten können natürlich nur durch ein genaues Studium der Stammpflanzen an Ort und Stelle — soweit dies überhaupt möglich sein wird — geklärt werden. Wenn mit diesen Sorten auch die Elemis noch nicht erschöpft sind, — weitere Uebergänge zu den Weihrauchsorten und noch anderen Harzen sind vorhanden — so liegen dieselben doch zu fern, als dass sie noch unter der Rubrik der Elemis hier abgehandelt und mit eingereiht zu werden verdienten. Ueber die Identificirung von Bourbon-Tacamahak mit Carannaharz und von west-

---

[1]) Vergl. die Bemerkung 2 p. 133 unten.

indischem Anime mit Tacamahak vergl. das Resumé der analytischen Daten und weiterhin Carannaharz und Tacamahaca.

Verfälschungen resp. Verwechslungen   Andere Elemisorten.

Analyse. Unter dem Namen Elemi sind nicht nur weiches und hartes Elemi im Handel, sondern auch elemiähnliche Harze (s. o.). In der Hauptsache sind die harten Sorten von den weichen Sorten nur durch ein Minus an ätherischem Oel, — letzteres verleiht den weichen Sorten eine balsamische Konsistenz — unterschieden. Hartes und weiches Elemi findet auch in der Lackfabrikation als Abstimmungsmittel für die Konsistenz vielfache Verwendung. HIRSCHSOHN hat allgemeine Farbenreaktionen angegeben, die jedoch von BURI als nicht zuverlässig bezeichnet werden. HIRSCHSOHN stellte auch die Löslichkeit in Petroläther fest und fand für zahlreiche Sorten 30—90 % (abgerundet) in Petroläther lösliche, bei 120° C. getrocknete Antheile.

v. SCHMIDT und ERBAN fanden:

$$S.-Z. \ d. \quad 22,1$$
$$E.-Z. \qquad 2,4$$
$$V.-Z. \ h. \quad 24,5$$

Löslichkeit:

in Alkohol	löslich	in Petroläther	fast ganz löslich
„ Aether	„	„ Aceton	löslich
„ Methylalkohol	„	„ Eisessig	„
„ Amylalkohol	„	„ Chloroform	„
„ Benzol	„	„ Schwefelkohlenstoff	löslich
		Terpentinöl	„

A. KREMEL fand:

	Manila-Elemi	Elemi
S.-Z. d.	3,0	17,5
E.-Z.	24,2	7,8
V.-Z. h.	27,2	25,3

Die von KREMEL für Elemi, wohl im Gegensatz zu Manila-Elemi für hartes Elemi aufzufassenden Zahlen stimmen mit denen von v. SCHMIDT und ERBAN und K. DIETERICH (s. w. u.) gut überein. Hiernach scheinen letztere auch hartes Yucatan-Elemi unter den Händen gehabt zu haben.

Demgegenüber stimmen die Zahlen von E. DIETERICH und WILLIAMS schlecht mit denen obiger Autoren überein: Betreffende Autoren haben entweder verfälschte Produkte unter ihren Händen gehabt, oder verdanken vielleicht ihre zu hohen Zahlen der Verwendung eines Extraktes an Stelle des Elemis selbst. Die Zahlen von K. DIETERICH bestätigen weiter unten diejenigen von v. SCHMIDT und ERBAN und KREMEL und zeigen, dass die Zahlen letzterer Autoren brauchbarer sind.

WILLIAMS fand:

$$\text{S.-Z. d.} \quad 28{,}6$$
$$\text{E.-Z.} \quad 129{,}0$$
$$\text{V.-Z. h.} \quad 157{,}6$$
$$\text{Asche} \quad 0{,}04\,\%$$
$$\text{Wasser} \quad 3{,}50\,\%$$

Auch hier ist keine Angabe zu finden, welches Elemi gemeint ist.
E. DIETERICH fand für weiches Elemi:

$$\text{vom Extrakt} \begin{cases} \text{S.-Z d.} & 26{,}30 \\ \text{E.-Z.} & 103{,}60 \\ \text{V.-Z. h.} & 129{,}90 \end{cases}$$

Löslichkeit in:

$$\left. \begin{array}{ll} \text{Chloroform fast völlig löslich} & \\ \text{Terpentinöl} & 98{,}32\,\% \\ 90\,\%\text{igem Alkohol} & 98{,}26\,\% \\ \text{Essigäther} & 97{,}79\,\% \\ \text{Aether} & 91{,}76\,\% \\ \text{Benzol} & 86{,}94\,\% \\ \text{Schwefelkohlenstoff} & 63{,}78\,\% \\ \text{Petroläther} & 44{,}86\,\% \end{array} \right\} \text{löslich}$$

Während KREMEL kalt löste und dann mit alkoholischer $\frac{n}{2}$ Lauge titrirte, löste WILLIAMS heiss und bestimmte so die S.-Z. d.

Zur Bestimmung der V.-Z. h. erhitzten beide Autoren $^1/_2$ Stunde lang am Rückflusskühler und titrirten mit $\frac{n}{2}$ Schwefelsäure resp. $\frac{n}{2}$ Salzsäure zurück. E. DIETERICH verseifte ebenso, verdampfte aber dann die Verseifungsflüssigkeit soweit, bis der Alkohol verdunstet war und nahm wieder auf. Auch verwendete E. DIETERICH ein alkoholisches Extrakt. Ueber die Löslichkeit in Epi- und Dichlorhydrin nach VALENTA vergl. Allgem. Th., Löslichkeit p. 23 und 24.

GREGOR und BAMBERGER fanden folgende M.-Z.:

	GREGOR	BAMBERGER
M.-Z.	0,0	0,0
	2,5	0,0

Ueber den Werth dieser Zahlen vergl. Chem. Revue 1898, Heft 10.

K. DIETERICH hat in neuester Zeit für die verschiedenen Elemisorten ein grosses analytisches Zahlenmaterial herbeigeschafft (vergl. hierzu oben die K. DIETERICH'sche Tabelle sub Allgemeine Eigenschaften und Handelssorten) und hat auch für seltenere Sorten Zahlen festgelegt.

Aus einer grossen Menge von Vorversuchen des genannten Autors ergab sich, dass sich die Elemisorten nicht, wie zahlreiche andere Harze kalt verseifen liessen, sondern dass die kalte Verseifung immer, wenn auch nur etwas niedrigere Werthe ergab. Derselbe bestimmte deshalb die S.-Z. d. so, dass er in Alkohol löste und bis zur Rothfärbung mit Phenolphtaleïn titrirte. Die V.-Z. h. bestimmte K. Dieterich heiss durch halbstündiges Kochen der Harze mit alkoholischer $\frac{n}{2}$ Kalilauge (übereinstimmend mit der meist üblichen Methode, Spec. Th. Einl.). Ueberall wurde — im Gegensatz zu einem Theil der früheren Autoren — kein Extrakt, sondern das Naturprodukt als solches unverändert zur Analyse verwendet.

Es sei nochmals erwähnt, dass die Werthe für Manila‑Elemi sehr gut mit denen von v. Schmidt, Erban und Kremel, nicht aber mit denen von E. Dieterich und Williams stimmen. Beide letzteren dürften Extrakte oder verfälschte Sorten von Manila-Elemi unter den Händen gehabt haben, da ihre Zahlen fast um das Zehnfache höher liegen. Für alle anderen Sorten liegen Vergleichszahlen bisher nicht vor.

Zu den Löslichkeitsbestimmungen und ihren unten verzeichneten Resultaten sei bemerkt, dass stets 2 Resultate und zwar „von — bis“ angegeben werden. Es bedeutet dies stets die Unterschiede, welche sich bei der Einwirkung des betreffenden Lösungsmittels „kalt“ und „warm“ ergaben. Wo sich kalt und warm keine Unterschiede konstatiren liessen, wurde nur eine Angabe gemacht.

K. Dieterich fand:

I. Manila-Elemi.

a) weich:

Nr. 1. Verlust bei 100° C.		16,64 %
Asche		0,052 %
S.-Z. d.	18,08	17,77
E.-Z.	7,64	9,91
V.-Z. h.	25,72	27,68

Löslichkeit in:

Wasser	unlöslich,
Alkohol 96 %	fast vollständig bis vollständig löslich,
Aether	vollständig löslich,
Essigäther	fast vollständig bis vollständig löslich,
Petroläther	wenig löslich,
Benzin	theilweise bis fast vollständig löslich,
Benzol	vollständig löslich,
Schwefelkohlenstoff	„ „
Chloroform	„ „
Aceton	theilweise löslich bis vollständig löslich,
Methylalkohol	wenig bis theilweise löslich,

Amylalkohol	vollständig löslich,
Terpentinöl	fast vollständig bis vollständig löslich,
Methylal	theilweise bis vollständig löslich,
Essigsäureanhydrid	ganz wenig löslich,
Chloralhydrat 60 %	wenig löslich,
„ 80 %	theilweise bis vollständig löslich,
Essigsäure	„ „ „ „
Salzsäure	wenig löslich (rosa),
Schwefelsäure	fast vollständig löslich (rothbraun),
Ammoniak	unlöslich,
Kalilauge	„

Nr. 2. Verlust bei 100° C. 11,71 %
   Asche 0,023 %

S.-Z. d.	24,48	24,14
E.-Z.	25,45	25,84
V.-Z. h.	49,93	49,98

   Löslichkeit wie bei Nr. 1.

Nr. 3. Verlust bei 100° C. 17,71 %
   Asche 0,14 %

S.-Z. d.	17,81	17,97
E.-Z.	8,11	7,72
V.-Z. h.	25,92	25,69

   Löslichkeit wie bei Nr. 1.

Nr. 4. Verlust bei 100° C. 15,14 %
   Asche 0,10 %

S.-Z. d.	19,05	19,46
E.-Z.	6,15	6,03
V.-Z. h.	25,20	25,49

   Löslichkeit wie bei Nr. 1.

Nr. 5. Verlust bei 100° C. 19,29 %
   Asche 0,03 %

S.-Z. d.	18,68	18,73
E.-Z.	6,70	7,71
V.-Z. h.	25,38	26,44

   Löslichkeit wie bei Nr. 1.

   b) hart.

Nr. 6. Verlust bei 100° C. 8,46 %
   Asche 0,93 %

S.-Z. d.	18,02	18,07
E.-Z.	26,99	24,40
V.-Z. h.	45,01	42,47

Löslichkeit in:

Wasser	unlöslich,
Alkohol 96%	fast vollständig löslich,
Aether	theilweise löslich,
Essigäther	fast bis vollständig löslich,
Petroläther	wenig löslich,
Benzin	theilweise löslich,
Benzol	fast vollständig löslich,
Schwefelkohlenstoff	theilweise bis fast vollständig löslich,
Chloroform	fast vollständig löslich,
Aceton	theilweise löslich,
Methylalkohol	fast vollständig löslich,
Amylalkohol	theilweise bis fast vollständig löslich,
Terpentinöl	theilweise löslich,
Essigsäureanhydrid	„ „
Methylal	„ „
Chloralhydrat 60%	„ „
„ 80%	„ „
Essigsäure	wenig löslich,
Salzsäure	unlöslich,
Schwefelsäure	fast vollständig löslich (rothbraun),
Ammoniak	etwas löslich,
Kalilauge	„ „

Nr. 7. Verlust bei 100° C.   6,74%

Asche		3,43%
S.-Z. d.	21,84	24,33
E.-Z.	45,80	45,72
V.-Z. h.	67,64	70,05

Löslichkeit wie bei Nr. 6.

Nr. 8. Verlust bei 100° C.   10,25%

Asche		0,06%
S.-Z. d.	5,71	4,49
E.-Z.	34,96	27,05
V.-Z. h.	40,67	31,54

Löslichkeit wie bei Nr. 6.

II. Yucatan-Elemi.

a) weich.

Nr. 9. Verlust bei 100° C.   17,07%

Asche		0,03%
S.-Z. d.	22,50	22,29
E.-Z.	5,68	9,81
V.-Z. h.	28,18	32,10

Löslichkeit in:

Wasser	unlöslich,
Alkohol 96 %	fast vollständig löslich,
Aether	„ „
Essigäther	vollständig löslich
Petroläther	wenig löslich,
Benzin	wenig löslich bis fast vollständig löslich,
Benzol	vollständig löslich,
Schwefelkohlenstoff	„ „
Chloroform	„ „
Aceton	„ „
Methylalkohol	theilweise bis vollständig löslich,
Amylalkohol	fast vollständig löslich,
Terpentinöl	„ „ „
Essigsäureanhydrid	theilweise bis vollständig löslich,
Methylal	fast vollständig löslich,
Chloralhydrat 60 %	unvollständig löslich,
„ 80 %	„ „
Essigsäure	theilweise löslich,
Salzsäure	fast unlöslich,
Schwefelsäure	vollständig löslich (dunkelroth),
Ammoniak	unlöslich,
Kalilauge	„

  b) h a r t:

Nr. 10. Verlust bei 100° C. 17,86 %

  Asche   0,39 %

S.-Z. d.	1,16	1,70
E.-Z.	35,42	36,36
V.-Z. h.	36,58	38,06

     Löslichkeit wie bei Nr. 9.

III . V e r a - C r u z - E l e m i.

Nr. 11. Verlust bei 100° C. 5,02 %

  Asche   0,24 %

S.-Z. d.	5,98	5,64	11,72
E.-Z.	40,29	28,34	37,32
V.-Z. d.	46,27	33,98	49,04

Löslichkeit in:

Wasser	unlöslich,
Alkohol 90 %	theilweise bis fast vollständig löslich,
Aether	vollständig löslich,
Essigäther	theilweise bis fast vollständig löslich,

Petroläther	unlöslich bis ganz wenig löslich,
Benzin	„ „ „ „ „
Benzol	fast vollständig löslich,
Schwefelkohlenstoff	fast vollständig löslich,
Chloroform	„ „ „
Aceton	theilweise bis fast vollständig löslich,
Methylalkohol	wenig löslich,
Amylalkohol	fast vollständig löslich,
Terpentinöl	wenig bis theilweise löslich,
Essigsäureanhydrid	„ „ „ „
Methylal	„ „ „ „
Chloralhydrat 60 %	„ „ „ „
„ 80 %	theilweise löslich,
Essigsäure	„ „
Salzsäure	fast unlöslich,
Schwefelsäure	fast vollständig löslich,
Ammoniak	wenig löslich,
Kalilauge	„ „

Nr. 12. Verlust bei 100° C. 4,90 %
    Asche   0,06 %

S.-Z. d.	36,47	34,85	36,79
E.-Z.	49,78	38,15	42,10
V.-Z. h.	86,25	73,00	78,89

Löslichkeit wie bei Nr. 11.

IV. Afrikanisches Elemi (Luban Matti).

Nr. 13. Verlust bei 100° C. 6,06 %
    Asche   3,52 %

S.-Z. d.	13,29	14,23
E.-Z.	47,87	45,18
V.-Z. h.	61,16	59,41

Löslichkeit in:

Wasser	unlöslich,
Alkohol 96 %	fast vollständig löslich,
Aether	„ „ „
Essigäther	etwas löslich bis fast vollständig löslich,
Petroläther	wenig löslich,
Benzin	„ „
Benzol	fast vollständig löslich,
Schwefelkohlenstoff	theilweise löslich bis fast vollständig **löslich,**
Chloroform	fast vollständig löslich,

Aceton	wenig löslich bis theilweise löslich,
Methylalkohol	etwas bis theilweise löslich,
Amylalkohol	theilweise löslich,
Terpentinöl	fast vollständig löslich,
Essigsäureanhydrid	theilweise bis fast vollständig löslich,
Methylal	„ „ „ „ „
Chloralhydrat 60%	etwas löslich,
„ 80%	theilweise löslich,
Essigsäure	etwas löslich,
Salzsäure	ganz wenig löslich,
Schwefelsäure	fast vollständig löslich,
Ammoniak	etwas löslich,
Kalilauge	„ „

Nr. 14. Verlust bei 100° C.   1,86%

  Asche   0,63%

S.-Z. d.	14,59	15,09
E.-Z.	15,74	15,56
V.-Z. h.	30,33	30,65

Löslichkeit wie bei Nr. 13.

Nr. 15. Verlust bei 100° C.   5,89%

  Asche   1,19%

S.-Z. d.	35,80	37,33
E.-Z.	54,14	55,71
V.-Z. h.	89,94	93,04

Löslichkeit wie bei Nr. 13.

V. Indisches Elemi.

Nr. 16. Verlust bei 100° C.   3,38%

  Asche   0,16%

S.-Z d.	32,46	35,77
E.-Z.	54,48	64,40
V.-Z. h.	86,94	100,17.

Wegen Mangel an Material konnte die Löslichkeit nicht näher festgestellt werden.

VI. Protium-(Allmessega-)Elemi.

Nr. 17. Verlust bei 100° C.   2,87%   1,66%

  Asche   0,32%   0,44%

  in 96%igem Alkohol unlöslich   3,65%

S.-Z. d.	38,45	39,41
E.-Z.	35,82	34,23
V.-Z. h.	74,27	73,64

Löslichkeit in:

Wasser	unlöslich,
Alkohol 96%	fast vollständig bis vollständig löslich,
Aether	vollständig löslich,
Essigäther	theilweise bis fast vollständig löslich,
Petroläther	wenig bis theilweise löslich,
Benzin	ganz wenig löslich,
Benzol	fast vollständig löslich,
Schwefelkohlenstoff	„ „ „
Chloroform	vollständig löslich,
Aceton	theilweise löslich bis vollständig löslich,
Methylalkohol	theilweise löslich,
Amylalkohol	fast vollständig löslich,
Terpentinöl	theilweise löslich,
Essigsäureanhydrid	theilweise bis fast vollständig löslich,
Methylal	wenig bis theilweise löslich,
Chloralhydrat 60%	theilweise löslich,
„ 80%	grösstentheils löslich,
Essigsäure	theilweise bis fast vollständig löslich,
Salzsäure	fast unlöslich,
Schwefelsäure	fast vollständig löslich,
Ammoniak	etwas löslich,
Kalilauge	„ „

VII. Resina Gommart.

Nr. 18. Verlust bei 100° C.	1,69%	
Asche	0,14	0,15%
S.-Z. d.	46,41	47,42
E.-Z.	53,76	51,92
V.-Z. h.	100,17	99,34

VIII. Anime.

	S.-Z. d.	E.-Z.	V.-Z. h.
Nr. 19. A. ostindisch	29,69	29,77	59,46
	30,64	38,67	69,31
Nr. 20. A. westindisch	45,36	113,93	159,29
	47,20	102,39	149,59

IX. Carannaharz.

	I.	II.
Nr. 21. S.-Z. d.	79,37	79,37
E.-Z.	110,48	111,84
V.-Z. h.	189,85	191,21

X. Tacamakharze.

	S.-Z. d.	E.-Z.	V.-Z. h.
Nr. 22. Bourbon-Tacamahak	38,10 39,56	68,22 78,47	106,32 118,03
Nr. 23. Westindisches Tacamahak	28,40 22,71	68,43 75,88	96,83 98,59
Nr. 24. Westindisches Tacamahak	20,39 27,75	77,33 95,15	97,72 122,90
Nr. 25. Ostindisches Tacamahak	32,99 34,43	38,81 36,57	71,80 71,00
Nr. 26. Ostindisches Tacamahak	21,41 21,37	32,67 37,58	54,08 58,95
Nr. 27. Ostindisches Tacamahak	22,20 22,60	60,90 66,31	83,10 88,91

Zum Schlusse möge noch die Analyse eines elemiähnlichen Harzes angeführt sein, welches K. Dieterich unter dem Namen „Almiscar" als aus Brasilien stammend von befreundeter Hand erhalten hatte. Das Almiscar gab folgende Zahlen:

Verlust bei 100° C.	6,74%		
Asche	0,54%		
S.-Z. d.	25,35	22,48	26,39
E.-Z.	51,38	30,51	36,45
V.-Z. h.	76,73	52,99	62,84

Nach diesen Zahlen steht auch Almiscar dem Elemi nahe, was sich übrigens schon dem äusseren Ansehen und dem sehr starken Elemigeruch nach von vornherein vermuthen liess.

Aus vorstehenden analytischen Resultaten ergiebt sich erstens, dass die weichen Sorten von den harten schon durch die ersteren zukommende höhere Verlustzahl bei 100° C. unterschieden sind. In einigen Fällen scheinen den weichen Sorten auch höhere S.-Z. d. zuzukommen, was darauf schliessen lässt, dass gerade das ätherische Oel der Träger der sauren Körper ist oder aber, dass beim Eintrocknen und Umwandeln in harte Sorten saure Körper auf irgend welche Weise verloren gehen. Allerdings konnte diese Beobachtung nicht durchgängig bestätigt werden. Die Asche ist bei allen Sorten sehr niedrig; die einigemale relativ hoch gefundenen Zahlen von über 3% Asche dürften mehr zufällig und auf mechanische Unreinigkeiten zurückzuführen sein. Mehr als 1% Asche ist für ein gutes Elemi nicht zulässig. Was die Löslichkeit der einzelnen Sorten betrifft, so kann man alle als relativ gut lösliche Körper bezeichnen. Besonders gut löst durchweg Aether, dann Alkohol, Chloroform, Schwefelkohlenstoff, Benzol und 80%ige Chloralhydratlösung. Am wenigsten löst Benzin und Petroläther.

Das Urtheil über die S.-Z. d , E.-Z. und V.-Z. h. muss dahin zusammengefasst werden, dass dem eigentlichen Elemi überhaupt relativ niedrige S.-Z. d. und V.-Z. h. zukommen. Vor allem gilt dies für die Manila-Elemisorten. Schon die schwere und nur sehr beschränkte Löslichkeit aller Elemis in Ammoniak und Lauge lässt vermuthen, dass weder grosse Mengen saurer noch esterartiger Bestandtheile vorhanden sind. Die indifferenten Körper „Resene" scheinen zu überwiegen Es dürfte dies auch erklären, warum Elemi, als relativ schwer zugängig für Reagentien, vielfach als Abstimmungsmittel für Lacke verwendet wird. Im allgemeinen scheinen alle S.-Z. d., E.-Z. und V.-Z. h. progressiv zu steigen, je mehr sich die Sorten von dem Elemi $K\alpha\vartheta'\ \dot{\epsilon}\xi o\chi\dot{\eta}\nu$: dem Manila-Elemi nach der oben angegebenen[1]) K. DIETERICH'schen Aufstellung der Elemisorten entfernen. Man sieht dies am deutlichsten am Anime und Carannaharz, und noch mehr am Gommartgummi. Das Protium-(Almessega-)Elemi steht dem Manila-Elemi in Bezug auf seine Werthe ferner, nähert sich dafür mehr dem afrikanischen und indischenElemi. Dass — wie HIRSCHSOHN annimmt — Bourbon-Takamahak und Carannaharz identisch seien, konnte K. DIETERICH auf Grund der Analyse beider Harze (vergl. auch Carannaharz) nicht bestätigen.

Litteratur.

E. DIETERICH, I. D. d. H. A p. 30—31. — K. DIETERICH, Ch. Rev. 1898, Heft 10; Pharm. Ztg. 1899, Nr. 77. — GREGOR u. BAMBERGER, Oestr. Ch.-Ztg. 1898, Nr. 8 u. 9. — HIRSCHSOHN, A. d. Ph. 1877, p. 434 ff., 211, p. 434. — KREMEL, N z. P. d. A. 1889. — v. SCHMIDT u ERBAN, R.-E. Bd. V, p 142 ff. — WILLIAMS, Ph. C. 1898, p. 151.

28.

Guajakharz.

Resina Guajaci.

Abstammung und Heimat. Guajacum officinale, Zygophylleen, *tropisches Amerika.*

Chemische Bestandtheile. Guajakharzsäure $C_{20}H_{23}O_3OH$, Guajakonsäure $C_{20}H_{22}O_3(OH)_2$, Guajacinsäure $C_{21}H_{19}O_4(OH)_3$ (= β-Harz nach HADELICH), Guajaköl und Guajakgelb $C_{20}H_{20}O_7$ (nach DÖBNER und LÜCKER).

Nach HERZIG und SCHIFF enthält die Guajakharzsäure zwei OH-Gruppen und zwei OCH_3-Gruppen, entgegen DÖBNER und LÜCKER, die

---

[1]) Vergl unter Allgemeine Eigenschaften und Handelssorten.

nur eine OH-Gruppe fanden. (Die Unterschiede in den Befunden dürften wohl in der Hauptsache auf die verschiedenen Methoden der Acetylirung zurückzuführen sein. K. D.)

Allgemeine Eigenschaften und Handelssorten. Die Sorte in massa ist eine dunkelgrüne bis braunschwarze, oberflächlich bestäubte, amorphe, am Bruch muschelige und glasglänzende, in kleinen Splittern durchsichtige Masse, welche oft mit Holz und Rindenstückchen verunreinigt ist. Beim Kauen erweicht die Masse und schmeckt scharf kratzend. Das Harz schmilzt bei ca. 85⁰ C. und riecht ähnlich wie Benzoë. Die alkoholische Lösung wird durch Oxydationsmittel schön blau oder grün gefärbt. Das Bernstein-Guajakharz hat mit Bernstein nichts gemein, sondern ist nur eine sehr reine Sorte. Die Sorte „alcohole depuratum" und „in lacrymis" ist als bedeutend reiner der „in massa" vorzuziehen. Das genannte Thränenharz ist im Handel selten.

Verfälschungen resp. Verwechslungen. Colophonium und das sehr ähnliche, nur gelbbraune Harz Guajacum peruvianum odoriferum.

Analyse. Vom Guajakharz sind in der Hauptsache heute zwei Handelssorten auf dem Markt: das naturelle, ungereinigte und das gereinigte Harz. Die Sorte in Thränen ist heute sehr selten.

WARD fand:

	I.	II.	III.
Asche	2,99	3,34	6,85⁰/₀
in Alkohol löslich	96,2	92,9	87,28⁰/₀
in Wasser löslich		3,0 −4,66⁰/₀	

Für die Prüfung des Guajakharzes kommt nach HAGER in Betracht:

       physikalische Eigenschaften

       Löslichkeit in Chloroform und Weingeist.

Um Colophonium nachzuweisen, setzt man nach HAGER zur weingeistigen Lösung Kalilauge im Ueberschuss; Colophonium scheidet sich dann als unlösliche Harzseife ab.

Ueber den Nachweis des Colophoniums an der Hand der STORCH-MORAWSKI'schen Reaktion vergl. sub Colophonium.

HIRSCHSOHN fand:

	in Petroläther löslich		
	bei 17⁰ C.	120⁰ C. getrocknet	
G. in granis	2,35	2,00	
„ „ lacrymis	2,92	2,01	
„ „ massis	2,10	1,80	⁰/₀ löslich.
„ „ „	3,03	2,40	
„ „ „	4,03	3,97	

KREMEL fand:

	I.	II.
S.-Z. d.	23−28	44.

KREMEL titrirte direkt und bestimmte sehr richtig nur S.-Z. d., da nach den oben erwähnten Befunden von DÖBNER und LÜCKER das Guajakharz esterfrei ist und nur phenolartige Harzsäuren enthält.

EVANS fand:

	Unlösliches	Asche des Unlöslichen
Harz in Blöcken prima	2,99 %	56,2 %
„ „ „ „	7,66 %	18,0 %
„ „ „ „	7,89 %	23,1 %
„ „ „ „	10,00 %	18,7 %
„ „ Thränen „	1,54 %	11,5 %
„ „ „ secunda	9,00 %	20,2 %

RABENAU fand:

	I. %	II. %	III. %
Löslich in Petroläther	0,06	0,02	0,01
Löslich in Aether	57,80	73.90	66,90
Unlöslich in Aether und Alkohol	9,90	6,10	12,20
Asche	6,45	4,75	9,75

E. DIETERICH fand:

Löslich in	in massa	depuratum	naturale	pulveratum	
Alkohol 90 %	75,99	vollst. lösl.	52,28—79,24	95,18	
Essigäther	75,70	„ „	49,17—97,22	94,62	
Chloroform	64,23	„ „	33,91—89,18	96,72	% löslich
Aether	69,91	90,66	22,93—80,56	87,08	
Benzol	68,40	89,09	19,39—89,72	69,66	
Terpentinöl	47,77	59,96	12,23—55,89	41,89	
Schwefelkohlenstoff	27,81	34,33	12,41—23,69	36,46	
Petroläther	6,69	6,16	1,93—10,06	6,31	

K. DIETERICH hat für Resina Guajaci eine neue Methode zur Bestimmung der S.-Z. ausgearbeitet und hat, um die Harzsäuren vollständig zu binden und eine besser zu titrirende Flüssigkeit zu erzielen, die Rücktitration an Stelle der direkten Titration empfohlen.

K. DIETERICH verfährt folgendermassen:

a) S.-Z. ind.

1 g Harz übergiesst man mit 10 ccm alkoholischer $\frac{n}{2}$ und 10 ccm wässeriger $\frac{n}{2}$ Kalilauge und lässt 24 Stunden wohl verschlossen im Glasstöpselglas stehen. Nun fügt man 500 ccm Wasser hinzu und titrirt mit $\frac{n}{2}$ Schwefelsäure und Phenolphtaleïn zurück.

b) Asche

2 g Droge verascht man vorsichtig.

K. Dieterich fand nach dieser Methode:

Guajacum: in massa

S.-Z. ind. 89,60—92,50

Guajacum: depuratum

S.-Z. ind. 89,60—97,50

Guajacum: in lacrymis

S.-Z. ind. 72,00—75,60.

Die Handelsmarke in „massa" darf nicht über 10% Asche haben, diejenige „gereinigt" und in „Thränen" soll möglichst aschefrei sein. Sowohl das „gereinigte", wie das in „Thränen" soll in starkem Alkohol fast gänzlich löslich sein.

Verfälschungen mit Colophonium sind an der sehr hohen S.-Z. ind.- erkenntlich, die ein solches Harz dann giebt.

Hirschsohn giebt zum Nachweis von Colophonium und zum Nach weis des peruvianischen Guajaks (Guajacum peruvianum odoriferum) Bromlösung an. Echtes Harz, in Chloroform gelöst, soll mit obigem Reagens blaue Färbung und mit verfälschtem rothe Färbung geben. Petroläther entzieht dem echten Harz nur 2—3% (s. o.), den verfälschten Sorten bis 42%. (Richtiger gesagt, zeigen die verfälschten Sorten einen sehr hohen Gehalt an petrolätherlöslichen Antheilen; echte Sorten geben nach E. Dieterich über 3% und zwar bis 10% an Petroläther ab.

Mauch giebt an, dass Guajakharz in 60%iger und 80%iger Chloralhydratlösung löslich sei.

K. Dieterich bestimmte auch Acetylzahlen und fand:

Acetyl.

	S.-Z.	E.-Z.	V.-Z.
Guaj. depurat.:	13,57—14,89	149,33—149,75	163,22—164,22
Guaj. in massa:	45,84—53,15	121,75—139,16	167,59—192,44

Gregor und Bamberger fanden folgende Methylzahlen

		I.	II.
Gregor	M.-Z.	73,8	74,2
Bamberger	M.-Z.	83,8	84,0

Man ersieht aus allen diesen Daten, dass die Sorte „in massa" die schlechteste, die „in Thränen" die beste Sorte ist, während das „Gereinigte" in der Mitte steht. Alle drei Sorten sind durch die S.-Z. ind., die alkohollöslichen Antheile und den Aschegehalt unterschieden.

Litteratur.

E. Dieterich, I. D. d. H. A. p. 31. — K. Dieterich, H. A. 1896, p. 78, 1897, p. 44, 317. — Evans, Ap.-Ztg. 1898, p. 639. — Gregor u. Bamberger, Oestr. Ch.-Ztg. 1898, Nr. 8 u. 9. — Hirschsohn, A. d. Ph. 211, p. 286. —

HAGER, Kommentar zur Pharmacopoea 1874, Bd. I, p. 616. — MAUCH, I.-D. Strassburg 1898. — KREMEL, N. z. P. d. A. 1889. — J. RABENAU, A. d. Ph. 277, p 234.

29.
Jalapenharz.

Resina Jalapae (officinell im D. A. III).

Abstammung und Heimat. Ipomoea Purga Hayne, Convolvulaceen.

Mexiko.

Chemische Bestandtheile. Convolvulin $C_{31}H_{50}O_{16}$ in Aether unlöslich, ausserdem Jalapin $=$ Orizabin $C_{34}H_{56}O_{16}$ in Aether löslich (nach W. MAYER).

Allgemeine Eigenschaften und Handelssorten. Lange, runde, dunkle oder schwarze Stangen von glänzendem Bruch und matter Aussenfläche, in Wasser so gut wie unlöslich, löslich in Alkohol, theilweise löslich in Aether. Nach GEORGIDAS liefert auch Convolvulus althaeoides ein Harz, welches als Ersatz des officinellen Harzes brauchbar sein soll. Dasselbe ist zu 6—7 % in genannter Convolvulacee enthalten (Beirut und Umgegend) und enthält 2,5 % ätherlösliche Antheile.

Verfälschungen resp. Verwechslungen. Harz von Fungus Laricis, Colophonium, Guajakharz, Aloë, Myrrhe, Harz der stengeligen Jalape, Tolubalsam.

Analyse. Ueber das Jalapenharz, speciell über die Knollen, aus denen das Harz auf künstlichem Weg durch Ausziehen mit Alkohol gewonnen wird, ist eine ausgedehnte Litteratur vorhanden. Vor allem haben sich zahlreiche Forscher mit dem Gehalt der Jalapen an Harz beschäftigt. Da dies für das Jalapenharz selbst von grosser Bedeutung ist, so mögen auch die diesbezüglichen Arbeiten registrirt sein.

TROMMSDORF fand 10,00—11,25 % Harz, DULK 12,5 %, BAUDIMONT 14 %, BERNATZIK 9—12 % Harz. SCHWABE fand früher 14 %, später nur etwa 7 % Harz und konstatirte zuerst den Rückgang der Jalapen-Knollen an Harzgehalt. SCHACHT fand 10,00—12,5 % Harz.

GUIBOURT fand:

	I.	II.	III.
	offic. Jalape	Orizabajalape	Fingerjalape
	mittlere junge		mittlere junge
% Harz	17,65 14,68	8,00	7,38 3,91

Im allgemeinen sind hiernach die jungen Knollen an Harz ärmer, als die älteren. VULPIUS wies daraufhin, dass der Harzgehalt gegen früher jetzt nicht mehr als 10 % erreiche. Ebenso wies FLÜCKIGER nach, dass gegen einen früheren Gehalt der Jalape von 20 % Harz jetzt nur noch solche mit 10 % im Handel seien.

Van Ledden-Hulsebosch fand den Gehalt des käuflichen Jalapen-
pulvers zwischen 7,0 und 9,6⁰/₀ schwankend und führte aus, dass 10⁰ ₀
kaum mehr erreichbar seien.

E. Dieterich giebt in seinem pharmaceutischen Manual eine Ausbeute von 12—14⁰ ₀ an. Bellingrodt giebt für den Harzgehalt 11,58⁰/₀,
später 11,60⁰/₀ an und sagt, dass man 10⁰/₀ ruhig fordern könne. Waage
fand 12⁰ ₀ Harz, Turner und Squibb fanden unter 10⁰/₀ und zwar 7,32,
9,10, 8,72, 7,82, 6,51, 8,79 und 6,19⁰/₀ Harz. Alcook erschöpfte die
Jalape mit Amylalkohol und fand auch unter 10⁰/₀ Harz. Cripps fand
in 14 Sorten mehr als 10⁰/₀ Harz und ferner in 7 Sorten mehr als 12⁰/₀
Harz; als niedrigste Grenze giebt er 5⁰/₀ und als höchste 15⁰ ₀ an.

Dass jedenfalls mit den Jahren der Gehalt der Jalapenknollen an
Harz abgenommen hat und minderwerthige Waare — wie es jetzt bei
fast allen Drogen leider konstatirt werden muss — im Handel ist,
dürfte als durchaus erwiesen anzunehmen sein. Vielleicht ist auch eine
andere Art der Gewinnung — vielleicht eine früher nicht stattgehabte
Fermentation — dafür verantwortlich zu machen. Bekanntlich liefert
auch nach E. Dieterich eine nicht fermentirte Enzianwurzel 40⁰/₀, eine
fermentirte Wurzel nur 20⁰/₀ Extrakt. Das Fermentiren kann schon durch
unabsichtliches Uebereinanderschichten grösserer Mengen stattfinden.
Auf erstere Verhältnisse Rücksicht nehmend hat die Ph. G. II — allerdings in zu weit gehendem Masse — nur einen Gehalt von 7⁰/₀ Harz
verlangt. Hiergegen wenden sich Thoms und auch Bellingrodt mit
vollem Recht und verlangen mindestens 10⁰/₀. Da auch andere Pharma-
copoen 10, ja 12⁰ ₀ verlangen, so ist das Minimum von 7⁰/₀ entschieden
zu gering bemessen gewesen. Ich kann die von Thoms befürworteten
10⁰/₀ nur gutheissen, da der Händler, wenn er ein Arzneibuch so
willfährig zum Nachgeben findet, noch schlechtere Waare in den Handel
bringen wird, in der Erwartung, dass damit die von dem Arzneibuch
gestellten Anforderungen noch weiter herabgesetzt werden müssten.

Was nun die Prüfung der Jalape betrifft, so ist dieselbe infolge
des immerhin kostbaren Materials vielfach befürwortet und versucht
worden.

Als Hauptverfälschungen gelten Colophonium, Extrakte und falsche
Jalapenharze. Laneau beschreibt ein verfälschtes Harz, welches 90⁰/₀
an Aether abgab, während ganz reines Harz nur 2⁰/₀ in Aether lösliche
Antheile zeigte. Ueber den Nachweis des Colophoniums an der Hand der
Storch-Morawski'schen Reaktion vergl. sub Colophonium. Bernatzik hat
in seiner eingehenden Abhandlung über die Jalape ein Verfahren zum
Nachweis von falschem Harz angegeben, welches auf der verschiedenen
Löslichkeit beider Harze in Chloroform beruht. Kohlmann bezeichnet aller-

dings dieses Verfahren als umständlich und schlägt vor, an der Hand des spec. Gew. den Nachweis zu führen. Für Reinharz fand KOHLMANN das spec. Gew. 1,146, für Stengelharz 1,047. Aus diesen Unterschieden hat KOHLMANN sogar quantitativ berechnet, wieviel Stengelharz dem reinen Harz beigemengt sei. Mir will dieses Verfahren denn doch etwas gewagt erscheinen. Dass reines Harz, welches stets mehr oder weniger Luft enthält und welches als noch unreiner Körper nie ein konstantes spec. Gew. zeigen kann, liegt klar auf der Hand. Um wieviel gewagter erscheint gar die quantitative Berechnung! Nach meinen Erfahrungen ist diese Methode jedenfalls mit Vorsicht anzuwenden. (Vergl. hierzu die spec. Gew. von BECKURTS und BRÜCHE w. u.) Während man nun früher die Aetherprobe, resp. die an Aether abgegebenen Antheile des Jalapenharzes (s. o. LANEAU) als Charakteristikum heranzog, hat die frühere Pharmacopoe-Kommission die Amoniakprobe befürwortet. Man erwärmte das Harz mit Ammoniak, wobei das Convolvulin in Convolvulinsäure überging und versetzte das Filtrat mit Säure. Die Convolvulinsäure sollte hierbei aus der ammoniakalischen Lösung nicht ausfallen, das Colophonium — eventuell beigemischt — jedoch in Flocken oder als Gallerte. Später fand die Pharmacopoe-Kommission, dass fast alle, auch reine Jalapenharze mit Säure eine Fällung gaben und änderte die Methode dahin ab, dass 2 g Harz mit 10 g Ammoniak erwärmt eine Lösung geben sollten, die nicht gelatinirt. Das D. A. III. verlangt ein Nichtgelatiniren mit Ammoniak und nur eine Trübung mit Essigsäure. Auch diese letztere Säureprobe ist ungerecht, da selten oder gar keine Harze vorkommen, die mit Säure nur eine Trübung zeigen. Die meisten geben eine Fällung. Weiterhin wird verlangt, dass das Harz mit der 10 fachen Menge Wasser angerieben, keine Färbung zeige. Leider hat die Ammoniakprobe in ihrer ursprünglichen Fassung sogar in neuesten Lehrbüchern Aufnahme gefunden; dieselbe ist jedoch nur in der verbesserten Form — ohne Säurezusatz — acceptirbar. HIRSCH führt in seiner Kritik über die amerikanische Pharmacopoe aus, dass der in Aether lösliche Antheil des Harzes nach Verjagen des Aethers, mit 5 %iger Kalilauge gelöst, auf Zusatz von Säure ausfallen muss. Der in Aether unlösliche Theil hingegen, so behandelt, nicht.

Jedenfalls darf allen diesen qualitativen Proben keine zu grosse Sicherheit zugebilligt werden; es geht dies schon daraus hervor, dass sich später mehrere Forscher mit der quantitativen Untersuchung auf dem üblichen analytischen Weg befassten, und die obigen Proben in den Hintergrund treten mussten.

Die ersten Zahlen verdanken wir KREMEL.

Derselbe fand:

	S.-Z. d.	E.-Z.	V.-Z. h.
Jalapin	14,7	172,9	187,6
Jalapenharz	12,9	119,8	132,7
do.	12,1	120,7	132,8

Kremel sagt, dass die eine Sorte Jalapenharz selbsthergestellt sei, die andere dagegen sei Handelsprodukt. Bei der guten Uebereinstimmung der Werthe von zwei Harzen vollkommen verschiedener Provenienz ist der eingeschlagene Weg zur Prüfung — wie Kremel ausführt — der richtige. Ein Zusatz von Colophonium dürfte vor allem die S.-Z. d. bedeutend erhöhen.

Beckurts und Brüche kommen an der Hand eines zahlreichen Untersuchungsmaterials zu dem Schlusse, dass das spec. Gew., die Löslichkeit in Alkohol, die S.-Z. d., E.-Z. und V.-Z. h. zur Werthbestimmung des Jalapenharzes und zum Nachweis von Verfälschungen wohl brauchbar sind. Leider haben die Verfasser derartig verfälschte Harze nicht auf diese Weise untersucht, wenigstens hierüber nichts mitgetheilt.

Genannte Autoren fanden:

	Spec. Gew.	S.-Z. d.	E.-Z.	V.-Z. h.
1.	1,143	15,0	110	125
2.	1,147	13,0	121	134
3.	1,150	18,0	111	129
4.	1,151	27,0	109	136
5.	1,149	11,0	118	129
6.	1,149	20,0	113	133
7.	1,149	14,0	126	140

Die in Chloroform (weingeistfrei) löslichen Antheile dürfen, wie auch Hager verlangt, 6% nicht übersteigen.

Die obigen Zahlen stimmen mit denen von Kremel gut überein und zeigen, dass diese obengenannten Kennzahlen für die Prüfung des Jalapenharzes von Werth sind.

Sage untersuchte nach dem „Chem. and Drugg." 28 Jahre lang gelagerte Knollen und fand, dass dieselben nicht viel reicher an wirksamer Substanz waren, als die in jüngster Zeit gesammelten. Sage fand nämlich 11,34% Gesammtharz, wovon nur 7,5% ätherlöslich waren (0,85% ätherlöslich und 10,49% in Aether unlöslich).

Hooper glaubt den verschiedenen Harzgehalt der Knollen auf die Bodenbeschaffenheit (speciell Phosphate) zurückführen zu sollen.

Ueber die quantitative Untersuchung von reinen selbsthergestellten und verfälschten Jalapenharzen berichtet K. Dieterich; derselbe theilt mit, dass W. Hampe im Helfenberger Laboratorium mehrere diesbezügliche Versuche angestellt hat, welche zu interessanten Resultaten insofern geführt haben, als sie die Einflüsse zeigen, welche zugesetzte Verfälschungen, wie Colophonium, Guajakharz und Gallipot auf die normalen Zahlen hervorbringen.

Es wurde zur Bestimmung der S.-Z. d. und V.-Z. h. folgendermassen verfahren:

a) S.-Z. d. Man löst 0,5 g Resina Jalapae in 50 ccm Weingeist und titrirt am besten in einem hohen Messcylinder mit alkoholischer $\frac{n}{2}$ Kalilauge und Phenolphtalein.

b) V.-Z. h. Man löst 0,5 g in 50 ccm Weingeist, setzt 25 ccm alkoholische $\frac{n}{2}$ Kalilauge hinzu und erhitzt eine Stunde lang auf dem Wasserdampfbade. Nach dem Erkalten im lose verschlossenen Gefäss titrirt man unter Beihilfe von Phenolphtalein mit $\frac{n}{2}$ Schwefelsäure zurück. Die auf ein Gramm Harz bezogene Anzahl Kubikcentimeter alkoholischer Kalilauge liefert mit 28,08 multiplicirt die V.-Z. h.

Es ist dies dieselbe Methode (meist übliche, Spec. Th. Einl.), nach welcher auch KREMEL seine bedeutend tiefer liegenden Zahlen (s. w. o.) erhielt.

Auf diese Weise untersucht gaben zwei, aus verschiedenen Tubera Jalapae selbst hergestellte Harze sehr gut übereinstimmende Werthe.

	I. Resina Jalapae ipse parat.	II. Resina Jalapae ipse parat.	Auf Trockensubstanz bezogen	
			I. Resina Jalapae mit 3,40 % Trockenverlust	II. Resina Jalapae mit 4,96 % Trockenverlust
S.-Z. d.	{ 26,58 27,13	{ 27,30 27,30	{ 27,52 28,09	{ 28,72 28,72
V.-Z. h.	244,72 —	{ 234,04 234,04	253,32 —	{ 246,30 246,30

Diese Zahlen stimmen nicht mit denen obiger Autoren überein, so dass noch weitere Erfahrungen nöthig sein werden, um zu entscheiden, welche Zahlen die richtigeren sind. Immerhin dürfen eben bezeichnete Zahlen vollen Werth beanspruchen, da sie aus selbsthergestellten, ganz reinen Harzen gewonnen sind.

Um den Werth der beschriebenen Prüfungsmethode zu ergründen, wurden dann Untersuchungen von absichtlich verfälschten Jalapenharzen angestellt. Es wurden drei der gebräuchlichsten Verfälschungen in nicht zu hohem Procentsatze der als II angegebenen Resina Jalapae zugesetzt und folgende Resultate erhalten:

	Resina Jalapae ipse parat.	dieselbe mit 10% Colophonium	dieselbe mit 20% Colophonium	dieselbe mit 10% Resina Guajac.	dieselbe mit 20% Resina Guajac.	dieselbe mit 10% Gallipot	dieselbe mit 20% Gallipot
S.-Z. d.	27,30	39,08	54,07	32,13	39,62	42,29	56,75
	27,30	39,08	53,54	29,45	39,08	41,76	56,21
V.-Z. h.	234,04	231,84	221,76	221,76	202,16	221,76	211,12
	234,04	231,84	223,44	221,20	204,96	221,76	211,12

Colophonium erhöht also schon in geringen Mengen die S.-Z. d. bedeutend; Resina Guajaci drückt die V.-Z. h. erheblich herab, und Gallipot wirkt wieder wie Colophonium auf die S.-Z d. erhöhend ein. Die Einflüsse sind bei kleinen Mengen von Verfälschungen schon augenscheinlich; dieselben werden, wenn es sich um höhere Procentsätze derselben handelt, natürlich noch evidenter.

Die so untersuchten Mischungen mit Colophonium, Resina Guajaci und Gallipot wurden nun nach dem D. A. III. geprüft; hiernach hätten die Mischungen mit je 10% nicht beanstandet werden können; sogar die mit 20% Guajakharz nicht.

Die Nachtheile der Prüfungsmethode des D. A. III. liegen hier in dem Umstande, dass die fremden Harze auch in Ammoniak löslich sind und dass sich aus der ammoniakalischen Lösung des Jalapenharzes auch ein Theil ausscheidet.

Weiterhin möge hier noch das Resultat der Untersuchung eines durch den Handel bezogenen Jalapenharzpulvers, welches absichtl ch mit Gummipulver und nachträglich noch mit Colophonium versetzt wurde, beigefügt sein.

	Resina Jalapae pulv. mit Gummi verfälscht	dieselbe mit 25% Colophonium	dieselbe mit 50% Colophonium
S.-Z. d.	18,82	53,15	97,27
	19,37	53,70	97,27
V.-Z. h.	154,50	164,60	180,30
	155,20	164,60	—

Man ersieht aus diesen Resultaten, dass die obige Methode sehr wohl zum Nachweis von zugesetzten Verfälschungen brauchbar ist. Es stimmt dies mit den Erfahrungen schon vorher genannter Autoren überein.

Auch Carbonylzahlen wurden bestimmt und zwar von KITT.

KITT fand: C.-Z. 1,02.

GREGOR und BAMBERGER bestimmten auch Methylzahlen vom Jalapenharz und fanden die Werthe M.-Z. = 0.

Ueber den Werth dieser Bestimmungen, vergl. Chem -Revue 1898, Heft 10. Ueber das Harz von Conv. althaeoides vergl. sub Allgem. Eigenschaften.

Litteratur.

ALCOOK, Ph. C. 1893, p. 196. — BECKURTS und BRÜCHE, A. d. Ph. 230, p. 89. — CRIPPS, Ap.-Ztg. 1889, p. 453. — E. DIETERICH, Ph. C. 1886, p. 395. — FLÜCKIGER, Ph. C. 1889, p. 679. — GREGOR u. BAMBERGER, Oestr. Ch.-Ztg. 1898, Nr. 8 u. 9. — GUIBOURT, A. d. Ph. 164, p. 124. — HAGER, Ph. C. 1882, p. 307. — HIRSCH, Ph. C. 1893, p. 624. — KITT, Ch.-Ztg. 1898, p 358. — KREMEL, N. z. P. d. A. 1889, p. 33. — KOHLMANN, A d. Ph. 178, p. 67. — v. LEDDEN-HULSEBOSCH, Ph. C. 1891, p. 616. — LANEAU, A. d. Ph. 160, p. 269. — MYLIUS, Ph. C. 1883, p. 51. — PHARMACOPOE-KOMMISSION, Ph. C. 1890, p. 377; A. d. Ph. 223, p. 145; 226, p. 1116. — SCHWABE, A. d. Ph. 192, p 161. — SCHACHT, A. d. Ph. 164, p. 124. — THOMS, Ph. C. 1890, p. 739 u. 767. — TURNER u. SQUIBB, A. d. Ph. 226, p. 758. — VULPIUS, Ph. C. 1883, p. 103. — WAAGE, Ap.-Ztg. 1891, p. 79.

30.

Kino.

Abstammung und Heimat. Das gewöhnliche Amboïna-Malabar-Kino stammt von Pterocarpus Marsupium (Papilionaceen). Das bengalische Kino von Buteaarten (Leguminosen), die australischen Kinosorten von Eucalyptusarten (Myrrtaceen) und Angophoraarten, das Jamaikakino oder westindische Kino von Coccoloba uvifera (Polygoneen). Das afrikanische Kino stammt von Pterocarpus erinaceus. Kinoähnliche Pflanzensäfte liefern noch zahlreiche andere Bäume, wie Angophoraarten, Ceratopetalum apetalum und gummiferum, weiterhin Millatiaarten (Leguminosen). Das Mexikanische Drachenblut von Croton Draco und das Drachenblut von Columbia und Venezuela stimmen mit dem Malabarkino (nach SCHAER) überein. Kât-Jadikai ist ein Kino von Myristica malabaricum und stimmt ebenfalls mit dem Malabarkino überein.

Flüssiges Kino stammt von Angophora intermedia (Queensland). Südfranzösisches, kultivirtes Kino stammt von Eucalyptus leucoxylon und E. viminalis. Kino von Colombo, Bangley-Cruk, Eastwood kommen von Angophora cordifolia, subvelutina, woodsiana, lanceolata und intermedia. Kino von Botang und Blue Mountains kommen von A. lanceolata, jedoch nicht, wie fälschlich angenommen wird, von Eucalyptus maculata (nach MAIDEN).

Malabar, Afrika, Australien, Jamaika, Südfrankreich.

Chemische Bestandtheile. Malabarkino enthält Kinogerbsäure (85 %), Asche (13 %), Kinoroth, Protocatechusäure. Die von Pterocarpus erinaceus kommenden Sorten enthalten nach FLÜCKIGER Brenzcatechin. Das Kât-Jadikai von Myrristica malabaricum enthält kleine Mengen von krystallinischem Calciumtartrat, sonst ist es wie Malabarkino zusammen-

gesetzt. Während Kino von Pterocarpusarten Protocatechusäure enthalten, haben die Eucalyptuskinoarten ausser diesem einen geringen
Gehalt an Gallussäure (nach KREMEL). Die Kinoarten von Eucalyptusarten sind fast alle gummihaltig, es giebt sogar solche, welche nur Gummi
enthalten, wie das Kino von E. gigantea.

Allgemeine Eigenschaften und Handelssorten. Sowohl das
Malabar-Kino (die gewöhnliche Handelssorte), wie die australischen Kinosorten von Eucalyptus- und Angophoraarten, ebenso die
Kino anderer Abstammung stellen fast alle mehr oder weniger hell- oder
dunkelrothe Massen resp. Körner dar, die sehr adstringirend schmecken,
den Speichel roth färben, in heissem Wasser, Alkalien, zum Theil auch in
Alkohol löslich und mehr oder minder mit Pflanzenresten verunreinigt
sind. Das australische Kino von Eucalyptusarten bildet fast schwarze,
glasharte Thränen, die in Wasser und Alkohol gallertartig aufquellen.
Der Creek-Gum von Eucalyptus rostrata soll die beste Sorte darstellen.

Das bengalische Kino von Buteaarten bildet schwarze zerbrechliche Thränen, die in Wasser fast völlig löslich sind. Dieses Kino
aus der Rinde von Butea frondosa ist nicht zu verwechseln mit dem
gleichfalls von B. fr. stammenden Stocklack (s. Schellak).

Das Jamaikakino bildet schwarzbraune, spröde, kleine, am
Bruch glänzende, sehr zerbrechliche Thränen oder Massen. Das afrikanische Kino, die Kinosorten von Angophoraarten, wie das Kino
von Colombo, Bangley-Cruk, Eastwood, Botang, Blue
Mountains, weiterhin die Kinosorten von Ceratopetalumarten,
das flüssige Kino von Queensland sind so gut wie nicht im
Handel und haben nur an Ort und Stelle gewisse Bedeutung. Die dem
Kino nahestehenden Drachenblute von Mexico, Columbia, Venezuela sind ebenfalls nicht im Handel.

Ueber die Unterscheidung der Kinosorten von Eucalyptusarten nach
HARTWICH siehe Analyse.

Verfälschungen resp. Verwechslungen. Andere Kinosorten.

Analyse.

I. Malabar-Kino.

Eigentliche analytische Daten fehlen fast vollständig, so dass man
auf die Löslichkeit und die sonstigen Eigenschaften angewiesen ist Das
Kino ist wenig in kaltem Wasser, mehr in heissem Wasser, Alkalien
und Alkohol löslich. Die weingeistige Lösung gelatinirt leicht. Eisen-
sulfatlösung giebt nach einiger Zeit grüne Färbung, auf Zusatz von
essig- und kohlensauren Alkalien wird die Farbe violett. Eisenchlorid
giebt einen grünen Niederschlag, der mit Alkalien purpurroth wird.
Verdünnte Mineralsäuren erzeugen einen flockigen Niederschlag.

Will und Brauch studirten die Einflüsse, welche verschiedene Trockenprocesse auf das Malabar-Kino hervorbringen.

Die Verfasser liessen den Saft von Pterocarpus Marsupium verschiedenen Zubereitungsmethoden unterwerfen, nämlich:

No. 1. aufkochen und dann trocknen lassen, was mehrere Wochen dauerte;

No. 2. aufkochen und auf dem Dampfbade trocknen lassen, was nur vier Stunden in Anspruch nahm;

No. 3. in dünner Schicht ausbreiten und an der Sonne trocknen, was zwölf Stunden dauerte;

No. 4 in dünner Schicht ausbreiten und 24 Stunden im Schatten trocknen.

Muster No. 5 war ein aus ungekochtem Saft bereitetes Malabar-Kino, Muster No. 6 ein aus aufgekochtem Saft bereitetes Malabar-Kino. Die einzelnen Muster, nach Nr. 1—4, resp. 6 erhalten, gaben folgende Resultate.

Nach Nr. 1 bestand aus kleinen, eckigen, rothbraunen Stücken, die ein terrakottafarbenes Pulver gaben und sich zu 57% in Wasser, zu 78% in rektificirtem, zu $78,5\%$ in reinem Alkohol lösten und $39,33\%$ Gerbstoff und $1,13\%$ Asche enthielten.

Nach No. 2. Kleine eckige, sehr zerbrechliche, rothbraune Stückchen mit klarer Oberfläche und durchscheinenden Ecken. Wasser löste $77,4\%$, rektificirter Alkohol 85%, reiner Alkohol 84%, Gerbstoff $49,17\%$, Asche $1,1\%$.

Nach No. 3. Kleine regelmässige, röthlichschwarze Stücke zu $79,6\%$ in Wasser, 81% in rektificirtem Alkohol, $86,5\%$ in reinem Alkohol löslich, $49,76\%$ Gerbstoff und $1,0\%$ Asche enthaltend.

Nach No. 4. Dünne, durchsichtige Lamellen von brillant rother Farbe, zu $77,6\%$ in Wasser, 84% in rektificirtem, $83,5\%$ in reinem Alkohol löslich, $45,3\%$ Gerbstoff und $1,3\%$ Asche enthaltend.

No. 5. Kleine eckige Stückchen und dünne rubinrothe, durchsichtige Lamellen, zu 77% in Wasser, 83% in rektificirtem, 85% in reinem Alkohol löslich, $55,13\%$ Gerbstoff und $0,8\%$ Asche enthaltend.

No. 6. Eckige Stücke von sehr verschiedener Grösse und schwarzbrauner Farbe, in Wasser zu 58%, rektificirtem Alkohol zu 77%, reinem Alkohol $79,5\%$ löslich, $41,12\%$ Gerbstoff und $0,7\%$ Asche enthaltend.

Aus diesen Daten ist ersichtlich, dass die an der Sonne oder durch künstliche Wärme getrockneten Sorten miteinander gut übereinstimmen und dass es nicht vortheilhaft ist, den Saft vor dem Trocknen aufzukochen. Das von den Verfassern ebenfalls untersuchte Zambesi-Kino erwies sich als ein minderwerthiges Produkt und war jedenfalls unrationell zubereitet

C. B. Breidenbach fand bei der Untersuchung verschiedener Kinosorten als Höchstgehalt 2,8% und als niedrigste Grenze 1,2% Asche.

In Aether löslich   0,29— 0,81%

„ Alkohol absolut. löslich   94,00—99 00%

„   „   95% löslich   90,00—97,40%

„ Wasser löslich   10,00—17,90%

Das echte Malabar-Kino war nach Christy & Co. während einer Reihe von Jahren vom europäischen Markte fast ganz verschwunden, ist jetzt aber wieder in genügenden Mengen zu haben. Die Verfasser untersuchten eine Reihe von Handelsmustern, unter denen sich nur ein einziges echtes (Nr. 6) befand mit folgenden Ergebnissen:

Aussehen	Aschen-gehalt	Löslichkeit in Wasser	Löslich in Spir. vini rect.	Tanninge-halt (nach Löwen-thal)
1. Schwarz, zerrieben rothbraun	4,0 % grau	zum grössten Theil, Lösung dunkelroth	weniger als halb	34,4 %
2. Violettschwarz	2,8% weiss	fast vollständig hell-rothe Lösung	drei Viertel	39,9 %
3. Granatrothe Tropfen, an der Rinde hängend	6,0 % grau	zum grössten Theil, Portwein-Farbe	gelatinirt	28,0 %
4. Schwarz, zerrieben roth	3,4 % weiss	fast vollständig, dunkle Portwein-Farbe	—	26,2 %
5. Intensiv schwarz, zerrieben braun	7,0 % grau	weniger als halb, Portwein-Farbe	—	14,2 %
6. Echter Kino, granatroth.	1,75% weiss	ca. drei Viertel, hell-rothe Lösung	fast voll-ständig	52,0 %

Das Malabar-Amboinakino ist augenblicklich die einzige Sorte, welche z. B. als Tinktur medicinische Verwendung findet. Die übrigen Kinosorten finden fast alle technische Verwendung zum Färben und Gerben. Mit Malabar-Kino stimmen auch gewisse Drachenblutsorten (s. o.) und südfranzösische Kulturkinos von Eucalyptusarten überein.

Caesar und Loretz fassen ihre diesbezüglichen Untersuchungen folgendermassen zusammen:

„Wir haben uns in den letzten Jahren etwas eingehender mit der Prüfung dieser Droge befasst und sind dabei zunächst zu dem Resultat gekommen, dass die verschiedenen Handelssorten ausserordentlich starke Abweichungen unter einander zeigen und die dafür angegebenen Preise oft in absolut keinem richtigen Verhältniss mit den thatsächlichen Werthverhältnissen derselben und ihrer qualitativen Beschaffenheit nach stehen Für die allgemeine Werthbeurtheilung eines Kino kommt sein Tanningehalt, seine Löslichkeit in Wasser und Alkohol, sowie sein Verbrennungsrückstand in Betracht, weniger dagegen die vielfach oft ganz willkürlichen Klassifizirungen nach den verschiedenen Produktionsgebieten.

Der besseren Uebersicht halber lassen wir nachstehend die Resultate unserer diesjährigen Kinoprüfungen folgen:

	1	2	3	4	5	6	7	8	9
	%	%	%	%	%	%	%	%	%
Löslichkeit in Alkohol 90 %	97,94	97,60	97,24	96,67	96,74	97,70	93,54	97,43	89,67
Löslichkeit in Wasser . .	86,00	97,07	96,48	97,57	95,86	91,43	89,07	96,99	90,89
Tannin . . .	60,38	59,31	53,17	47,60	58,51	58,32	55,20	52,73	43,82
Asche	2,79	1,26	0,77	1,11	1,58	0,53	0,91	0,80	6,23
Wassergehalt .	12,24	17,57	17,11	16,91	17,24	17,72	8,51	10,87	12,18

Nr. 1—8 sind beste Handelssorten von Pterocarpus Marsupium und erinaceus, Nr. 9 ein zweifelhaftes afrikanisches Kino, wobei sich die wässerigen und alkoholischen Lösungen auffallend hell, trübe und fast unfiltrirbar erwiesen. Die Tanninbestimmungen wurden in der bekannten Weise mittelst Bleiessig ausgeführt.

II. Australische Kinosorten.

MAIDEN giebt für neues australisches Kino von Milletia megasperma (das erste Vorkommen von Kino in einer australischen Leguminose!) folgende Daten an:

Gerbsäure 78,0 %
Wasser 20,0 %
Asche 0,8 %
unlöslich 0,9 %

Nach MAIDEN geben fast alle Kinosorten mit Wasser eine trübe Lösung. Fast alle Eucalyptuskinosorten sind in Alkohol theilweise löslich, nur das Kino von E. gigantea enthält soviel Gummi, dass es in Alkohol ganz unlöslich ist. MAIDEN fand für flüssiges Kino von Angophora intermedia (Queensland):

Spec. Gew. 1,022
Gerbsäure 3,048 %
in Aether löslich 0,150 %

Das ätherische Extrakt bestand aus Catechin und Harz.

Nach KREMEL enthalten alle Eucalyptuskinosorten neben Protocatechusäure auch Gallussäure.

WIESNER fand im Eucalyptuskino 15—17 % Wasser, Spuren Asche, fast überall Gummi (das von E. gigantea besteht nur aus Gummi),

Catechin, Brenzcatechin. Spec. Gew. 1,11—1,14; in Wasser sinken diese Kinosorten unter, die Lösungen schäumen. Diese wässerigen Lösungen geben mit Eisenchlorid einen schwarzgrünen Niederschlag, mit verdünnter Schwefelsäure eine blassrothe Fällung.

HECKEL und SCHLAGDENHAUFEN konstatirten, dass das südfranzösische Kino von Eucalyptus leucoxylon und E. viminalis mit dem Malabarkino übereinstimmt; folgende Tabelle geben Verf. als Beleg:

Kino von Eucalyptus leucoxylon		Kino von Eucalyptus viminalis	
Feuchtigkeit . . .	18,94		7,083
Salze	1,32		—
Tannin u. Catechin	74,95		92,667
Gummi	2,74	Asche	0,250
Holzreste	1,51		100,000
Verlust	0,54		
	100,00		

Zur Unterscheidung der Eucalyptus-, überhaupt der wichtigsten australischen Kinosorten giebt HARTWICH folgende Uebersicht:

a) Die Kino folgender Arten sind in Wasser und Alkohol völlig löslich (Rubin-Kino):

E. amygdalina Lab., E. eugenioides Sieber, E. haemastoma Smith, E. macrorhyncha F. v. M., E. pilularis Smith, E. piperita Smith, E. sieberiana F. v. M., E. stellulata Sieber, E. melliodora E. Cuom., E. obliqua L'Hérit.

b) die Kino folgender Arten sind nur zum Theil in Alkohol löslich, der aus Gummi bestehende Rückstand löst sich in Wasser fast vollständig auf:

E. leucoxylon F. v. M., E. paniculata Sm., E. resinifera Sm., E. robusta Sm., E. saligna, Sm., E. siderophloia Benth.

c) die Kino folgender Arten lösen sich in Alkohol trübe mit gelber bis orangebrauner Farbe:

E. goniocalyx F. v. M., E. hemiphloia F. v. M., E. rostrata Schl., E. punctata DC., E. odorata Behr, E. Gunii Hook, E. Stuartiana F. v. M. E. viminalis Labill., E. terminalis F. v. M., C. corymbosa Sm., E. microcorys F. v. M, E. maculata Hook.

III. Afrikanisches Kino und westindischer Jamaikakino.

Nach FRANCIS giebt das Kino von Pterocarpus erinaceus ebenso westindisches Jamaikakino Tinkturen, die wenig haltbar sind und schneller gelatiniren, als diejenigen aus Malabarkino. THOMS untersuchte ebenfalls ein Kino von Pt. erinaceus und berichtet folgendes:

„Dasselbe stammte von Pterocarpus erinaceus Poir, einem Baume, der in der Suahelisprache bald „Mninga", bald „Mininga" genannt wird.

Die Probe bildet kleine, leicht zerbröckelnde, eckige Stücke von dunkelrother Farbe. Die dünnen Splitter sind klar durchsichtig. In vier Theilen heissen Wassers ist das Kino völlig löslich; die wässerige Lösung schmeckt herbe und reagirt sauer. Die kalt bereitete wässerige Lösung wird durch Ferrosulfut unter Zusatz von Brunnenwasser violett, durch Hinzufügen von Natronlauge roth. Kalkwasser bewirkt einen braunen Niederschlag, die Kinogerbsäure geht bei längerem Kochen in das charakteristische Kinoroth über. Viele Metallsalze rufen in der wässerigen Lösung starke Fällungen hervor. In Weingeist ist das Kino mit rother Farbe mässig löslich. Beim Veraschen des Kinos hinterblieben 0,78% einer rein weissen Asche. Versuche, aus der kleinen Probe das krystallisirte Kinoin herzustellen, schlugen fehl. Aus der Untersuchung ergiebt sich, dass das Kino aus Kilossa sowohl hinsichtlich seines physikalischen wie chemischen Verhaltens alle charakteristischen Eigenschaften eines echten Kinos zeigt. Der geringe Aschengehalt von 0,78% (FLÜCKIGER giebt für Kino gegen 6% Asche an) stempelt es überhaupt zu einer sehr guten Handelsmarke."

IV. Bengalisches (Butea-)[1]) Kino.

Dasselbe ist in zwei Sorten an Ort und Stelle im Gebrauch.

FLÜCKIGER unterscheidet: Eine aus flachen Stückchen oder gerundeten Körnen von dunkelrother, fast schwarzer Farbe und eine zweite, weit heller rothe, aus kleinen stalaktitenförmigen Stücken gebildet Die erstere enthält ungefähr zur Hälfte eine in Alkohol lösliche Substanz und ebensoviel Schleim, der bei der zweiten so vorwaltet, dass sie in kaltem Wasser fast völlig löslich ist. Mit Kalilauge verwandelt sich das Kino in eine carminrothe gefärbte Gelatine, mit Eisenchlorid wird es grün.

Nach A. SCHMIDT ist das Butea-Kino in Alkohol weniger löslich als das Malabar-Kino.

Der Kât-Jadikai, Kino von Myristica Malabarica zeigt nach SCHÄR nur geringe Unterschiede zum Malabarkino; es unterscheidet sich jedoch von diesem und wohl auch anderen Kinosorten dadurch, dass es kleine Mengen von krystallinischem Calciumtartrat enthält.

Litteratur.

C. H. BREIDENBACH, A. d. Ph. 227, p 523. — CAESAR und LORETZ, G.-B. 1899 Oktober — FRANCIS, Ap.-Ztg. 1896, p. 783 — HECKEL und SCHLAGDENHAUFEN, Ap.-Ztg. 1890, p 500. — KREMEL, A. d. Ph. 221, p 542. — MAIDEN, Ap.-Ztg. 1891, R. 6, 1893, R. 5, 40, 63. — A. SCHMIDT, Ap.-Ztg. 1896, p. 274. — SCHÄR, Ap.-Ztg. 1896, p. 757, 1897, p 660 — THOMS, Ap.-Ztg 1899, Nr. 19. — WIESNER, A. d. Ph. 199, p. 76.

---

[1]) Kino von Butea frondosa darf nicht mit dem Stocklack (s Schellack) von Butea frondosa verwechselt werden.

31.

Ladanum.

Resina Ladanum seu. Labdanum.

Abstammung und Heimat. Cistus cypricus, C. creticus, C. ladaniferus Cistineen. *Cypern, Creta, überhaupt Südeuropa.*

Chemische Bestandtheile. Das Cyprische Ladanum in massa enthält Harz ($86\,\%$), ätherisches Oel ($7\,\%$), Wachs, erdige Theile und Verunreinigungen, wie Haare ($6\,\%$), Extraktivstoffe ($1\,\%$) (nach GUIBOURT).

Das sogenannte Ladanum in tortis (gewundene) enthält Harz ($20\,\%$) Wachs ($1,9\,\%$), Aepfelsäure ($0,6\,\%$), Gummi ($3,6\,\%$), eisenhaltigen Sand, ätherisches Oel (i. s. $73,9\,\%$) (nach PELLETIER).

Allgemeine Eigenschaften und Handelssorten. Während früher das Ladanum oder Labdanum vielfach verwendet wurde und als ein schön riechendes, an ätherischem Oel reiches Harz beliebt war, ist heute nur mehr „Ladanum usu Candia", also ein kretisches Produkt im Handel, welches sehr unrein ist und, wie fast alle jetzt im Handel befindlichen Ladana zum grössten Theil ein Kunstprodukt darstellt. Früher gewann man das Ladanum auf eine originelle Weise, indem man die Schafherden unter den Cistussträuchern durchtrieb und das an den Haaren kleben gebliebene Harz ablas. Hiervon stammen auch die von GUIBOURT (s. o.) gefundenen Haare. Die im deutschen und französischen Handel befindlichen Ladana sind heute von einander sehr verschieden, was wieder darauf deutet, dass ganz reine Sorten verschwunden, und Kunstprodukte an ihre Stelle getreten sind.

Das Ladanum stellt dunkelbraune oder schwarze zähe, zwischen den Fingern erweichende, im frischen Bruch graue, sich bald schwärzende Stücke dar, die in Wasser unlöslich, in Alkohol fast ganz löslich sind. Der Geruch ist, besonders vom ätherischen Oel, angenehm, ambraartig, der Geschmack balsamisch brennend.

Das Ladanum in Stangen, wie es früher im Handel war, soll von Cistus ladaniferus kommen und sehr unrein sein.

Verfälschungen resp. Verwechslungen. Kunstprodukte aus Colophonium, Sand und Plumbago; Ladanum wurde früher als Verfälschung des Styrax benutzt.

Analyse. Wie schon oben ausgeführt, hat das Ladanumharz heute nur mehr beschränkte Verwendung, so dass die Analyse von untergeordneter Bedeutung ist. Immerhin mögen die Zahlen, welche K. DIETERICH von verschiedenen Sorten deutscher und französischer Herkunft erhielt, hier mitgetheilt sein. Hierzu sei bemerkt, dass diese Werthe auf die heutigen Handelsprodukte Bezug haben, und Werthe über ganz

reines Ladanum von früher überhaupt nicht existiren. Auch Hirschsohn hielt die Sorten, welche er anno 1877 untersuchte, für Kunstprodukte.

K. Dieterich fand:

	S.-Z. d.	E.-Z.	V.-Z. h.
1. Lad. véritable (französ. Handelswaare)	90,37	116,10	206,47
	91,98	120,26	212,24
2. „ „ „ „	98,05	102,06	200,11
	98,36	109,88	208,24
3. Res. Lad. vera (deutsche Handelswaare)	54,08	167,87	221,95
	54,69	161,95	216,64
4. „ „ „ „ „	54,01	166,88	220,89
	51,85	168,39	220,24
5. Ladanum usu Candia	113,81	87,88	201,69
	114,80	87,98	202,78
6. Ladanum in pani (Brote)	14,06	47,64	61,70
	13,42	39,46	52,88

Während sowohl die Ladana des deutschen, wie französischen
Handels — speciell in den V.-Z. h. — gute Uebereinstimmung zeigen, ist
die letzte Sorte sehr unrein; naturgemäss sind die Zahlen sehr niedrig
ausgefallen. Im allgemeinen scheinen, wie schon oben ausgeführt, die
Ladana des heutigen Handels mehr oder minder Kunstprodukte zu sein.

Gregor und Bamberger fanden als Methylzahlen in beiden Fällen
den Werth: M.-Z. o.

Ueber den Werth dieser Zahlen vergl. Chem. Rev. 1898, Heft 10.

Litteratur

K. Dieterich, Ph. C. 1899, Nr. 30. — Gregor und Bamberger, Oestr.
Ch.-Ztg. 1898, Nr. 8 u. 9 — Hirschsohn, A. d. Ph. 211, p. 254.

32.
Mastix.
Mastix.

Abstammung und Heimat. Pistacia lentiscus, Anacardiaceen
Mittelmeergebiet, auf *Chios* kultivirt.

Chemische Bestandtheile. Aetherisches Oel rechtsdrehend ($2^{o}/_{0}$)
$C_{10}H_{16}$ (nach Flückiger). Weiterhin mehrere Harze und zwar:

α-Harz $C_{40}H_{64}O_4$, Mastixsäure und β-Harz = Masticin $C_{40}H_{64}O$ (nach
Johnston) und Bitterstoff.

Allgemeine Eigenschaften und Handelssorten. Das levantinische Mastix, als die gewöhnliche Handelssorte, stellt rundliche blassgelbe Körner (Thränen) dar, die hart, von muscheligem Bruch sind und beim Kauen — zum Unterschied von Sandarak — erweichen: fast völlig löslich in Alkohol, Aether, Chloroform, Benzol, Schwefelkohlenstoff und ätherischen Oelen, zum grösten Theil unlöslich in Petroläther. Von Pistacia Terebinthina kommt ein mastixähnlicher Balsam: „der Chiosterpentin" (s. Terpentine) Indisches Bombay-Mastix — wenig im Handel — stammt von centralasiatischen Pistaciaarten (Pistacia cabulica und Khinjak). Ein Mastixersatz ist auch der „Gommart-Gummi" von Bursera gumifera, der wohl eher zu den Elemisorten zu rechnen ist (s. Elemi). Der Name Gommart stammt daher, dass Bursera gumifera „Gommier" genannt wird, in Jamaika hingegen „Birch-tree". Bursera gummifera gehört zu den sogenannten „Incense Trees" = Weihrauchbäumen (vergl. auch Weihrauch). Das früher so genannte amerikanische Mastix stammt von Schinus molle, einer mexikanischen Anacardiacee (vergl. Hartwich, die neuen Arzneidrogen p. 303).

Verfälschungen resp. Verwechslungen. Sandarak, Colophonium (besonders im Pulver), Resina Pini, Seesalz.

Analyse. Da das Mastix — meist wird nur die levantinische Sorte gehandelt — leicht mit Sandarak verwechselt wird, so sei zuerst nochmals auf die Unterschiede von Mastix und Sandarak hingewiesen, wie sie auch sub Sandarak noch einmal ausführlich hervorgehoben werden sollen. Sandarak unterscheidet sich von Mastix schon durch die dem Sandarak zukommende höhere S.-Z. ind., weiterhin zerfällt Sandarak beim Kauen, Mastix erweicht. Dann ist Mastix in Benzol löslicher als Sandarak; weiterhin ist Sandarak in 60%iger Chloralhydratlösung so gut wie unlöslich, Mastix theilweise löslich; in 80%iger Chloralhydratlösung sind beide löslich. In Terpentinöl ist Mastix leicht und fast völlig, Sandarak hingegen schwer und nur theilweise löslich. Ueber die Löslichkeit in Epi- und Dichlorydrin nach Valenta vergl. Allgem. Th., Löslichkeit p. 23 u. 24.

Die folgenden Werthe sind alle auf die gewöhnlichen levantinischen Handelssorten zu beziehen.

Williams fand:

	I.	II.
S.-Z. d.	50,04	56,00
E.-Z.	23,00	23,10
V.-Z. h.	73,04	79,10
Asche %	0,21	0,14
Wasser %	0,97	1,46

Die S.-Z. d., E.-Z. und V.-Z. h. wurden nach der meist üblichen Methode (s. Spec. Th., Einl.) bestimmt. Die V.-Z. h. sind mit Vorsicht aufzunehmen, da dem Mastix die esterartigen Bestandtheile nach der heutigen Kenntniss seiner chemischen Zusammensetzung zu fehlen scheinen.

HIRSCHSOHN fand:

in Petroläther

	von 40° C. Siedep.	60° C. Siedep.	80° C. Siedep.	
Mastix	50,96	71,56	75,86	
„	51,89	—	—	
„	38,49	—	—	% löslich
„ Bombay	12,50	—	12,45	

KREMEL fand:

	I.	II.
S.-Z. d.	61,8	70,9

E.-Z. und V.-Z. h. wurden nicht bestimmt. Die S.-Z. d. wurde so festgestellt, dass in Aether-Alkohol gelöst wurde und dann mit Wasser — bei beginnender Ausscheidung — wieder in Lösung gebracht wurde.

VON SCHMIDT und ERBAN fanden:

S.-Z. d.	64,0
E.-Z.	29,0
V.-Z. h.	93,0

Löslichkeit:

in Alkohol	theilweise löslich
„ Aether	löslich
„ Methylalkohol	theilweise löslich
„ Amylalkohol	löslich
„ Benzol	löslich
„ Petroläther	unlöslich
„ Aceton	theilweise löslich
„ Eisessig	theilweise löslich
„ Chloroform	theilweise löslich
„ Schwefelkohlenstoff	wenig löslich
„ Terpentinöl	theilweise löslich

Was die Löslichkeit in Petroläther betrifft, so scheinen Sorten vorzukommen, die fast unlöslich und solche, die theilweise löslich sind.

Die S.-Z. d., E.-Z. und V.-Z. h. wurden nach der meist üblichen Methode bestimmt (vergl. Spec. Th., Einl.).

E. DIETERICH fand:

S.-Z. d.	67,2

wie oben bei KREMEL bestimmt.

K. DIETERICH hat bei Mastix die Erfahrung gemacht, dass man durch Rücktitration besser übereinstimmende S.-Z. ind. erhält, als durch direkte Titration, ausserdem ist der Umschlag von roth in gelb schärfer, als von gelb in roth bei der direkten Titration. Weiterhin fällt bei der Rücktitration das vorherige Lösen weg. E.-Z. und V.-Z. h. hat K. Dieterich, wie E. Dieterich nicht bestimmt, da nach dem augenblicklichen Stand der Harzchemie dem Mastix esterartige Bestandtheile so gut, wie ganz zu fehlen scheinen.

K. Dieterich verfährt folgendermassen:

1 g Mastix übergiesst man mit 50 ccm Benzin (0,700 spec. Gew.) 20 ccm alkoholischer $\frac{n}{2}$ Kalilauge und stellt die Mischung in wohlverschlossener Glasstöpselflasche 24 Stunden bei Seite. Hierauf titrirt man ohne Zusatz von Wasser mit $\frac{n}{2}$ Schwefelsäure und Phenolphtaleïn als Indikator zurück.

K. Dieterich erhielt folgende Säurezahlen:

	S.-Z. ind.			
	I.	II.	III.	IV.
Mastix electa	44,80	46,20	44,80	47,60
„ „ pulv.	107,80	109,20	110,60	113,40
„ naturale	51,80	53,20	53,20	53,20
„ „	65,28	65,99	—	—
„ Bombay	109,20	109,20	103,89	103,89
„ „	137,60	139,89	--	—

Ein türkisches Mastix gab nach derselben Methode die Zahlen:

	I.	II.
S.-Z. ind.	90,56	90,26

Die Zahlen stimmen gut überein und zeigen, dass erstens das indische Bombay-Mastix vom gewöhnlichen levantinischen Mastix durch die höhere S.-Z. ind. unterschieden ist und dass die Sorte „pulvis“ wie fast alle im Handel cursirenden pulverisirten Harze verfälscht (wahrscheinlich mit Colophonium) zu sein scheinen (vergl. Allg. Th., Schluss der Leitsätze). Auch die S.-Z. d. der anderen, vorher genannten Autoren entsprechen ungefähr den Zahlen von K. Dieterich. Direkt titrirt erhielt derselbe Autor im allgemeinen niedrigere Zahlen und zwar 60—65. Vorversuche zeigten, dass man auch wässerige und alkoholische Lauge zusammen verwenden kann und zwar mit fast demselben Erfolg, dass aber die alleinige Verwendung von alkoholischer Lauge praktischer und für eine eventuelle Verfälschung mit Colophonium mehr zu empfehlen ist. Ein Wasserzusatz bei der Titration ist ebenfalls besser zu vermeiden. Die levantinischen Sorten (die gew. Handelswaare) zeigen auf obige Weise untersucht abgerundet S.-Z. ind. von 40—70, die Bombay-Sorten indischer Herkunft die Werthe von rund 100—140. Das türkische Mastix steht in der Mitte von beiden.

GREGOR hat auch Methylzahlen von Mastix bestimmt und gefunden: M.-Z. 0,0 und 1,9.

Ueber den Werth dieser Bestimmungen vergl. Chemische Revue 1898 Heft 10. Nach MAUCH ist Mastix sowohl in 60%iger, wie 80%iger Chloralhydratlösung (vergl. weiter oben Unterschiede zu Sandarak) theilweise löslich.

Ueber den Nachweis des Colophoniums an der Hand der STORCH-MORAWSKI'schen Reaktion vergl. sub Colophonium.

Litteratur.

E. DIETERICH, I. D. d. H. A. p. 36 — K. DIETERICH, H. A. 1896, p. 78 u. 79, 1897, p 316; Ph. C. 1899, Nr. 30 — GREGOR, Oestr. Ch.-Ztg. 1898, Nr. 8 u. 9. — HIRSCHSOHN, A. d Ph 211, p. 59. — KREMEL, N. z P. d. A. 1889. — MAUCH, I-D., Strassburg 1898. — v. SCHMIDT u. ERBAN, R.-E. Bd. V, p. 141 ff. — WILLIAMS, Ph. C 1889, p. 150, 151.

33.
Resina Pini.
Fichtenharz.

Abstammung und Heimat. Verschiedene Pinusarten: Pinus Pinaster, P. picea, P. silvestris, Larix Europaea.   *Europa.*

Chemische Bestandtheile. Das eigentliche Fichtenharz enthält Terpentinöl, Dextropimarsäure (Schmelzpunkt 211° C.) und Lävopimarsäure (Schmelzpunkt 150° C.) gut krystallisirend $C_{20}H_{30}O_2$.

TSCHIRCH ist es neuerdings gelungen, aus den reinen Harzen von Pinus picea, P. silvestris und einigen anderen Pinusharzen durch fraktionirte Ausschüttelung neue „krystallisirende Resinolsäuren" zu isoliren. (Vergl. hierzu sub Terpentine und Pharm. Ztg. 1899, Nr. 77). Die „Resina Pini" enthalten im Gegensatz zu Colophonium esterartige Bestandtheile.

Das Gallipot (Scharrharz) ist ein ölarmes Fichtenharz, welches auch Pimarsäure, aber sehr wenig ätherisches Oel enthält.

Das Baras enthält ausser obigen Bestandtheilen viel Unreinigkeiten.

Das Resina Pini raffinata der Pharmacie (Terebinthina cocta) ist nicht obiges Fichtenharz, sondern ein wasserhaltiger Destilla_tionsrückstand des Terpentins. Es unterscheidet sich vom Colophonium dadurch, dass es — wie die wasserhaltigen Sorten „der Aloë hepatica" — wasserhaltig und krystallinisch ist, und nicht wie Colophonium amorph und wasserfrei. Es enthält keine Anhydride — höchstens nur in Spuren — sondern in der Hauptsache Hydrate der Abietin- und verwandter Säuren und so gut wie gar kein ätherisches Oel.

Das Ueberwallungsharz der Schwarzföhre (Pinus Laricio) ist chemisch näher untersucht worden und zwar fanden BAMBERGER und LANDSIEDL:

α-Harz, welches ein Gemisch von Abietinsäurepinoresinolester (zum grössten Theil) und Paracumarsäurepinoresinolester (zum geringsten Theil) ist; weiterhin Pinoresinol $C_{17}H_{12}O_2(OH)_2(OCH_3)_2$ und *β*-Harz, welches ein Ester des Pinoresinotannols ist $C_{30}H_{28}O_4(OCH_3)_2(OH)_3$.

Das Ueberwallungsharz der Lärche (Larix decidua) ist gleichfalls untersucht, und folgende Bestandtheile gefunden worden:

Abietinsäure und Lariciresinol $C_{14}H_{10}(OCH_3)_2(OH)_3$ (nach BAMBERGER und LANDSIEDL). Die Verfasser theilen auf Grund ihrer neuen Untersuchungen mit, dass das aus dem Ueberwallungsharze der Lärche isolirte Lariciresinol die Zusammensetzung $C_{17}H_{12}(OCH_3)_2(OH)_4$ besitzt. Von den vier vorhandenen freien Hydroxylgruppen haben zwei phenolischen und zwei alkoholischen Charakter. Beim Kochen von Lariciresinol mit Acetylchlorid wurde ein Tetraacetylderivat $C_{17}H_{12}(OCH_3)_2(OCH_3CO)_4$, das bei 160⁰ C. schmilzt, erhalten, und durch Einwirkung von Essigsäureanhydrid auf Lariciresinolkalium lässt sich das Triacetylprodukt $C_{17}H_{12}(OCH_3)_2(OCH_3CO)_3OH$ gewinnen, das bei 92⁰ C. schmilzt. Ausserdem wurden noch zwei Derivate des Lariciresinols dargestellt, nämlich der Dimethyläther $C_{17}H_{12}(OCH_3)_4(OH)_2$ und der Diäthyläther von der Zusammensetzung $C_{17}H_{12}(OCH_3)_2(OC_2H_5)_2(OH)_2$.

Allgemeine Eigenschaften und Handelssorten. Während die als „Resina Pini" bezeichneten Harze von mehr harter Konsistenz sind, sind die ebenfalls von Pinusarten stammenden gewöhnlichen Terpentine (s. d.) von weicher balsamähnlicher Konsistenz. Immerhin stehen auch letztere, wie bei den Terpentinen ausgeführt werden wird, den Harzen näher, wie den Balsamen.

Das naturelle Fichtenharz ist eine klebrige, gelbliche, mit Unreinigkeiten vermengte Masse von terpentinähnlichem Geruch.

Das Gallipot, weiterhin das Resina Pini raffinata (Terebinthina cocta) der Apotheker, Resina alba, Pix alba, Burgunderpech sind undurchsichtige, krystallinische Massen mit wenig oder gar keinem ätherischen Oel aber mit wechselndem Gehalt an Wasser und von wechselnder Farbe. Die beiden letzteren Eigenschaften sind von der Länge der Erhitzungsdauer und der Höhe der Schmelztemperatur abhängig. Das Barras ist nur äusserlich unrein, sonst wie das naturelle Fichtenharz.

Die an der Schwarzföhre an der Grenze zwischen Lache und Rinde entstehenden Ueberwallungen sind mit einem eigenthümlichen Harz überdeckt, dem „Ueberwallungsharz", welches, wenngleich es nur theoretisches Interesse verdient, doch erwähnt werden soll (s. o.).

Verfälschungen resp. Verwechslungen. Pflanzliche und mineralische Verunreinigungen, Kunstprodukte aus Colophonium, Terpentinöl und Wermutöl.

Analyse. Bei den verschiedenen Bezeichnungen, welche die Fichtenharze, speciell Gallipot, Resina Pini, Resina Pini raffinata und depurata führen und in Rücksicht darauf, dass man in manchen Ländern unter Gallipot das Resina Pini raffinata versteht resp. zahlreiche Uebergänge der vielen Fichtenharze kennt, so muss es nicht wundernehmen, wenn die analytischen Daten nur relative Uebereinstimmung zeigen. Hierzu kommt, dass die Menge des ätherischen Oels, wie bei den Gummiharzen eine grosse Rolle spielt und die Zahlen sehr beeinflusst; während Colophonium keine Ester enthält, enthalten alle „Resina Pini"-Sorten esterartige Bestandtheile, so dass die vorhandenen E.-Z. und V.-Z. h. als wohl berechtigt bezeichnet werden müssen.

A. KREMEL fand:

I. Resina Pini   S.-Z. d.   77,8.

II. Resina Pini depurata

           S.-Z. d. 102,6.

III. Pix burgundica   S.-Z. d. 142,2.

Die Titration wurde direkt ausgeführt, E.-Z. und V.-Z. h. wurden nicht bestimmt.

E. DIETERICH fand:

           S.-Z. d.   145,44—161,16

           E.-Z.   9,95— 28,66

           V.-Z. h.   157,16—188,96

           Verlust bei 100° C. 12,50°/$_0$

           Asche   1°/$_0$

Löslichkeit:

      in Alkohol 90°/$_0$ vollständig löslich

      „ Chloroform   „   „

      „ Essigäther   „   „

      „ Benzol   „   „

      „ Schwefelkohlenstoff   „   „

      „ Aether   fast vollständig löslich

      „ Terpentinöl   94,28°/$_0$ löslich

      „ Petroläther   84,95—97,60°/$_0$

K. DIETERICH fand:

           S.-Z. d. 151,18—159,13

           E.-Z.   12,03— 27,31

           V.-Z. h. 163,23—179,94

DERSELBE fand später:

           S.-Z. d. 149,80—155,35

           E.-Z.   12,64— 29,40

           V.-Z. h. 165,11—179,67

Derselbe fand folgende Acetylzahlen:

$$A. \begin{cases} \text{S.-Z.} & 155,27-158,48 \\ \text{E.-Z.} & 64,38-75,48 \\ \text{V.-Z.} & 222,86-230,75 \end{cases}$$

Ueber den Werth dieser Bestimmungen vgl. Chem. Rev. 1898, Heft 10.

Mit Ausnahme der Kremel'schen Zahlen stimmen die Werthe gut überein und zeigen, dass die verschiedenen Sorten Resina Pini ebensowenig auf diesem Wege von einander unterschieden werden können, wie die Terpentine (s. d.).

Auch Kunstprodukte sind nach Maisch im Handel und zwar solche aus weissem Pech, Terpentinöl und Wermutöl hergestellt. Ueber den Nachweis von Fichtenharz und Colophonium in anderen Harzen nach Storch-Morawski vergl. sub Colophonium.

Litteratur.

E. Dieterich, I. D. d. H.A. p. 31. — K. Dieterich, H. A. 1896, p. 101, 1897, p. 39 ff., 98; Ch. R. 1898, Heft 10. — A. Kremel, N. z. P. d. A. 1889. — Miller, A. d. Ph. 212, p. 551. — Morawski, Ph. C. 1889, p. 198.

<h2 style="text-align:center">34.
Sandarak.</h2>
Resina Sandaraca.

Abstammung und Heimat. Callitris quadrivalvis Coniferen. (Die australischen Sandarake, s. am Ende dieser Abhandlung.)

Nordwestafrika.

Chemische Bestandtheile. Sandaracolsäure $C_{44}H_{65}O_5COOH$ (85 %), Callitrolsäure $C_{64}H_{82}O_5(OH)COOH$ (10 %), ätherisches Oel, Bitterstoff (i. s. 2,84 %), Wasser (0,56 %), Asche (0,1 %), Unreinigkeiten (1,5 %) (nach Balzer).

Tschirch ist es neuerdings gelungen, durch fraktionirte Ausschüttelung mit NH_4CO_3 und Na_2CO_3 neue „krystallisirende Resinolsäuren" aus dem Sandarak zu isoliren. (Vergl. hierzu auch Dammar und Pharm. Ztg. 1899, Nr. 77.)

Allgemeine Eigenschaften und Handelssorten. Der gewöhnliche afrikanische (Marokko) Mogador-Sandarak stellt ziemlich lange gelbliche, beim Kauen nicht erweichende, sondern pulverig zerfallende — (zum Unterschied von Mastix, welches erweicht) — aussen weiss bestäubte, durchsichtige glasglänzende Stücke und Körner dar: völlig löslich in Alkohol und Aether, nur theilweise löslich in Schwefelkohlenstoff, Chloroform, Terpentinöl und Petroläther, zum kleineren Theil löslich in Benzol; australischer und tasmanischer Sandarak, von anderen Callitrisarten, ist ebenso wie westindischer

Sandarak, dessen Abstammung zweifelhaft ist, so gut, wie nicht im Handel. Dasselbe gilt von dem sogenannten deutschen Sandarak, ein Harz in Körnern, welches sich zuweilen unter der Rinde des Wachholders findet. Auch als weiche Copale sind einzelne Sandaraksorten, wie z. B. australischer Sandarak im Handel.

Verfälschungen resp. Verwechslungen. Mastix, Colophonium (besonders im Pulver), Resina Pini, Dammar.

Analyse. Da der afrikanische Sandarak in der Hauptsache Handelsprodukt ist, der australische Sandarak hingegen nur vereinzelt gehandelt wird, so mögen die analytischen Daten des ersteren zuerst Platz finden.

Es sei vorausgeschickt, dass, wie beim Copal, auch das Alter der Sandaraksorten für die verschiedenen — sich oft sehr widersprechenden Resultate — verantwortlich gemacht werden muss. Es gilt dies sowohl für die in Alkohol, Aether, Benzol, Petroläther löslichen Antheile, wie für die S.-Z. und spec. Gew.

Williams fand:

	I.	II.
S.-Z. d.	154,0	145,6
Asche	1,88 %	1,44 %
Wasser	0,04 %	0,17 %

Williams fand eine so niedrige E.-Z., dass er selbst die grosse Menge freier Säure gegenüber der geringen Estermenge hervorhebt. Die S.-Z. d. wurde durch direkte Titration nach der meist üblichen Methode (s. Spec. Th., Einl.) festgestellt.

v. Schmidt und Erban fanden:

S.-Z. d.   140,0

Löslichkeit in:

Alkohol	löslich
Aether	„
Methylalkohol	theilweise löslich
Amylalkohol	löslich
Benzol	fast unlöslich [1]
Petroläther	unlöslich
Aceton	löslich
Eisessig	theilweise löslich
Chloroform	„ „
Schwefelkohlenstoff	fast unlöslich
Terpentinöl	theilweise löslich

---

[1] Vergl. die Bemerkung bei den Befunden von Flückiger.

Die S.-Z. d. wurde durch direkte Titration bestimmt, wie oben bei WILLIAMS.

FLÜCKIGER fand:

Löslichkeit in

reinem absolutem Alkohol

Aether

Amylalkohol   völlig löslich

Aceton

Chloroform

äther. Oelen   theilweise löslich

Benzol   unlöslich[1])

HAGER fand:

Spec. Gew.   1,078—1,088.

KREMEL fand:

S.-Z. d.   144,20.

Die S.-Z. wurde durch direkte Titration bestimmt.

E. DIETERICH fand:

S.-Z. d.   97,53—123,20

in Chloroform löslich   23,15 %.

Die erhaltenen E.-Z. und V.-Z. h. sind für den ersterfreien Sandarak zu streichen; die S.-Z. d. wurde durch direkte Titration festgestellt.

HIRSCHSOHN fand:

in Petroläther löslich   7,0—8 %.

K. DIETERICH hat gefunden, dass bei Sandarak eine genaue Titration und eine völlige Bindung der Harzsäure nur möglich ist, wenn man die S.-Z. durch Rücktitration bestimmt. Man hat bei dieser Methode nicht nöthig zu lösen, da die Lauge das Harz gleichzeitig löst und die Harzsäure quantitativ bindet; weiterhin ist der Umschlag von roth in gelb weit genauer zu fixiren, als bei der direkten Titration.

K. DIETERICH giebt folgende Untersuchungsmethode für Sandarak an:

a) S.-Z. ind.

1 g Sandarak übergiesst man mit 20 ccm alkoholischer $\frac{n}{2}$ Kalilauge 50 ccm Petrolbenzin (0,700 spec. Gew.) und lässt 24 Stunden wohl verschlossen stehen. Nach Verlauf dieser Zeit titrirt man ohne Wasserzusatz mit $\frac{n}{2}$ Schwefelsäure zurück. Die Anzahl der gebundenen ccm KOH giebt mit 28,08 multiplicirt die S.-Z. ind.

---

[1]) Wie v. SCHMIDT und ERBAN fanden ist das Sandarak in Benzol nur „fast unlöslich". Nach K. DIETERICH ist bis 40 %/o in Benzol löslich. (Vergl. weiter unten, verfälschtes Sandarak.) Ein in Benzol vollkommen unlösliches Sandarak kommt nach den bisherigen Erfahrungen kaum vor.

b) Aschebestimmung.

2 g Sandarak verascht man vorsichtig und glüht bis zum gleichbleibenden Gewicht. Nach dem Erkalten im Exsiccator wägt man.

Vorversuche zeigten, dass weiterhin besser alkoholische Lauge allein, und nicht alkoholische und wässerige Lauge zusammen genommen werden braucht. Wenn auch die Werthe ungefähr dieselben sind, so bedeutet doch die Verwendung von nur alkoholischer Lauge in praxi eine Vereinfachung. Ausserdem ergab die direkte Titration niedrigere, schlechter stimmende Werthe und einen weniger exakten Umschlag. Bei obiger Rücktitration fällt ausserdem noch das vorherige Lösen weg.

Derselbe Autor erhielt nach dieser Methode für zahlreiche Sorten von afrikanischem Sandarak folgende Werthe:

Mogador-Marokko-Sandarak:　S.-Z. ind.　130—160　⎫
　　　　　　　　　　　　　　S.-Z. d　　90—110　⎬ abgerundet
　　　　　　　　　　　　　　Asche　　　0,0　　 ⎭

K. Dieterich verlangt ausser diesen S.-Z. ind. und d., dass der Sandarak so gut, wie aschefrei sei. Ueber die Löslichkeit des Sandarak in Epi- und Dichlorhydrin nach Valenta vergl. Allg. Th., Löslichkeit p. 23 u. 24.

Was nun den Unterschied des Sandarak zum Mastix betrifft, so unterscheidet sich Sandarak vom Mastix analytisch schon durch die dem Sandarak zukommende höhere S.-Z. ind., weiterhin zerfällt Sandarak beim Kauen, Mastix erweicht; dann ist Mastix in Benzol löslicher als Sandarak. Weiterhin ist nach Mauch Sandarak in 60 % Chloralhydratlösung so gut wie unlöslich, Mastix theilweise löslich; in 80 %iger Chloralhydratlösung sind beide löslich. In Terpentinöl ist Mastix leichter löslich als Sandarak. Eine Verfälschung mit Colophonium und Resina Pini drückt die S.-Z. ind. in die Höhe und erhöht die in Petroläther löslichen Antheile bedeutend. Dammar mit seiner niedrigen S.-Z. ind. drückt die S.-Z. ind. herab. Ueber den Nachweis des Colophonium an der Hand der Storch-Morawski'schen Reaktion vergl. sub Colophonium.

Die Untersuchung eines verfälschten Sandaraks theilt K. Dieterich mit:

„Das verfälschte Sandarak war äusserlich nicht im geringsten von echter Waare zu unterscheiden, so dass demjenigen, der die Waare, wie leider meist üblich, nach dem äusseren Aussehen kauft, nicht das Geringste hätte auffallen können. Auch die qualitative Löslichkeit in Alkohol, Aether, Benzol, Petroläther liess auf den ersten Blick nichts Anormales vermuthen. Ganz anders die quantitative Prüfung. Das verfälschte Sandarak gab nach quantitativen Bestimmungen, welche ich im hiesigen Laboratorium durch Hrn. Chemiker H. Mix vornehmen liess, folgende interessante Werthe:

1. Löslich in 60 %iger Chloralhydratlösung   6,80 %
2. Unlöslich in 60 %iger   „   93,20 „
3. Unlöslich in Petroläther. . . . .   6,89 „
4. Löslich   „   „   . . . . 93,11 „
5. Unlöslich in Benzol . . . .   2,74 „
6. Löslich   „   „   . . . . 97,26 „
7. S.-Z. ind. nach K. Dieterich . . . . . $\begin{cases} 173,98 \\ 175,50 \end{cases}$

Demgegenüber ist reines Sandarak in obiger Chloralhydratlösung nach Mauch so gut wie unlöslich. (Wir fanden bis 4 %/o löslich.) In Benzol ist nach v. Schmidt und Erban das Sandarak fast unlöslich, nach Flückiger ganz unlöslich. In letzterem kann ich nach hiesigen Erfahrungen und Versuchen dem grossen Pharmakognosten nicht beistimmen. Wie v. Schmidt und Erban, so fanden auch wir theilweise Löslichkeit und zwar bis über 40 % (s. u.). (Unlöslich bis 60 %.)

In Petroläther sind von reinem Sandarak nach Hirschsohn nur bis 8 % löslich. Die normale S.-Z. liegt nach meinen bisherigen Untersuchungen rund bei 140. Die S-Z. d. des verfälschten Sandaraks lag, wie auch bei den reinen Sorten, wieder tiefer, als die S.-Z. ind. Da nun Colophonium die S.-Z. stark erhöht, da weiterhin Colophonium in Chloralhydrat, Benzol und Petroläther weit mehr löslich ist als Sandarak, so deuten oben für das verfälschte Sandarak angegebene Werthe mit Sicherheit darauf hin, dass ein Kunstprodukt aus Sandarak und Colophonium vorliegt. Auch war das falsche Sandarak in Alkohol leichter löslich als echte Waare. Haberlé konnte aus dem Falsifikat die für Colophonium charakteristischen Harzsäuren isoliren.

Im allgemeinen muss bemerkt werden, dass die Fälschung so geschickt bewerkstelligt worden war, dass nur obige genaue quantitative Prüfung über die wahre Natur des Produktes Aufschluss geben konnte. Dass eine Sandaraksorte von anderer, vielleicht unbekannter Abstammung vorlag, war durch die Befunde von Haberlé und durch das Aeussere, welches genau mit dem Mogador-Sandarak übereinstimmte, und dadurch, dass die Waare als wirkliches Sandarak bezeichnet war, ausgeschlossen. Ebenfalls ausgeschlossen war australischer Sandarak, dessen Säurezahlen nicht einmal — wie ich kürzlich zeigen konnte — so hoch hinaufgehen, wie die des echten Sandaraks."

Auch die neueren Untersuchungsmethoden sind auf Sandarak angewendet worden; so fand K. Dieterich folgende Acetylzahlen:

$$A.\text{-} \begin{cases} \text{S.-Z.} & 166{,}03-169{,}83 \\ \text{E.-Z.} & 73{,}59-81{,}60 \\ \text{V.-Z.} & 239{,}62-251{,}43 \end{cases}$$

Kitt fand folgende Carbonylzahlen:

$$\text{C.-Z.}\quad 0{,}43-0{,}74.$$

Gregor und Bamberger fanden als M.-Z. o, trotzdem Tschirch und Balzer in der Sandarakolsäure eine Methoxylgruppe nachgewiesen haben.

Ueber den Werth der letzteren Bestimmungen vergl. Chemische Revue 1898, Heft 10.

Zum Schluss seien noch die bisher erhaltenen Resultate über australische Sandaraksorten aufgeführt; vergl. hierzu die werthvollen Abhandlungen von Maiden (s. Litteratur). Maiden sagt über die australischen Sandarake, ihre Abstammung und ihre Eigenschaften folgendes:

Callitris cupressiformis Vent. In allen englisch-australischen Kolonien verbreitet mit Ausnahme von Westaustralien, daher auch am bekanntesten. Das Harz ist wasserhell, durchscheinend und klar, bei längerer Aufbewahrung schwach gefärbt, ohne an Glanz zu verlieren.

C. calcarata R. Br. Nord-Viktoria bis Central-Queensland. Harz blassgelb, aussen stark mehlig bestäubt; Wasser nimmt nichts davon auf, Alkohol löst es fast ganz bis auf einen geringen weisslichen Rückstand. Petroläther löst 5 % eines völlig farblosen, durchsichtigen Harzes. Ein zweites sehr schönes Muster von blassgelber Farbe und ausgezeichnetem Geruche war in Alkohol unter Hinterlassung eines 1,3 % betragenden Rückstandes löslich zu einer schwach gelblichen, völlig klaren Flüssigkeit. Petroläther nahm 22,1 % davon auf. Eine dritte Probe war von durchaus abweichendem Charakter Sie hatte die Konsistenz und allgemeine Beschaffenheit des Manila-Elemi, unterschied sich jedoch von diesem durch fleischrothe Färbung und reinen Terpentingeruch. Diese Sorte war um so bemerkenswerther, als dieselben Bäume auch Sandarak von gewöhnlicher Farbe austreten liessen.

C. columellaris F. v. M. New-South-Wales und Queensland. Das Harz ist ziemlich hell, Alkohol löst 95,4 % zu einer blassgelben, Petroläther 35,8 % zu einer farblosen, klaren Flüssigkeit; die hohe Löslichkeit in Petroläther im Gegensatz zu allen anderen Sandaraksorten ist besonders bemerkenswerth.

C. verrucosa R. Br. Bot. Garten Sydney. Harz sehr dunkel, in Alkohol 97,5 %, in Petroläther 22,8 % löslich. Ueber die gleiche Sorte hatte bereits früher Morel berichtet, sie bestand aus hellgelblichen Thränen, die dicker und länger, als die des gewöhnlichen Sandarak waren, oberflächlich weiss bestäubt, Geruch angenehm balsamisch, Geschmack bitter aromatisch.

Im Anschluss an die Arbeiten von MAIDEN theilt CLARK mit, dass der Mogador· — also afrikanische Sandarak — besser und reiner sei, als der australische. Es mag wohl auch hierauf zurückzuführen sein, dass sich der australische Sandarak nicht eingeführt hat.

Ausser obengenannten allgemeinen Eigenschaften und Löslichkeitsverhältnissen hat K. DIETERICH folgende analytische Daten über australischen Sandarak veröffentlicht. Derselbe bestimmte auch hier nur S.-Z. ind. und zwar nach der schon oben angegebenen Rücktitrationsmethode:

	I.	II.
	S.-Z. ind.	
Austral. Sandarak	139,00	139,00
„ „ fein elect.	129,87	130,57
„ „ secunda	144,61	144,61
„ „ ordinär	155,84	157,28

Hiernach gehen die S.-Z. ind. des besten australischen Sandaraks zum Theil nicht so weit herauf, wie die des afrikanischen Sandaraks; jedenfalls sind sich aber beide Sorten sehr ähnlich.

Für kleinasiatischen Sandarak fand K. DIETERICH:

S.-Z. ind.   179,01—179,71.

Die reinen Harzsäuren aus dem afrikanischen Sandarak gaben die Werthe S.-Z. ind. 141,10 und 141,10. Diese Werthe stimmen mit denen der S.-Z. ind., aus dem naturellen Sandarak erhalten, im Durchschnitt gut überein.

Litteratur.

E. DIETERICH, I. D. d. H. A. p. 32. — K. DIETERICH, H. A. 1896, p 81, 1897, p. 39 ff. u. 316; Ph. C. 1899, Nr. 30. — GREGOR u. BAMBERGER, Oestr. Ch.-Ztg. 1898, Nr. 8 u. 9. — HIRSCHSOHN, A. d. Ph. 211, p. 62. — KREMEL, N. z. P. d. A. 1889. — KITT, Ch.-Ztg. 1898, p. 358. — MAIDEN, Ap.-Ztg. 1890, p. 49, 1896, p. 896. — MAUCH, J.-D., Strassburg 1898. — v. SCHMIDT u. ERBAN, R.-E. Bd. V, p. 142 ff. — WILLIAMS, Ph. C. 1889, p. 152.

35.

Scammonium.

Resina Scammonium [1]).

Abstammung und Heimat. Convolvolus Scammonia L. Convolvulaceen.   *Aleppo, Smyrna.*

Chemische Bestandtheile. Da das Scammonium von Aleppo, wie
das von Smyrna sehr unrein ist, wird meist das künstliche, aus der
Wurzel hergestellte Resina Scammonium verwendet und gehandelt.

In der Hauptsache enthält dasselbe Scammonin $C_{34}H_{56}O_{16}$, welches
nach SPIRGATIS mit dem Jalapin = Orizabin identisch sein soll.

Allgemeine Eigenschaften und Handelssorten. Das Scammonium
von Aleppo oder usu Aleppo stellt leichte, undurchsichtige, rauhe,
mehr oder minder scharfkantige Stücke von grünlich-aschgrauer Farbe
dar; im Bruch ist das Harz schwach wachsglänzend, nicht fettig; der
Geschmack ist stark unangenehm kratzend; mit Wasser giebt das Harz
eine Emulsion.

Das Scammonium in Thränen, eine sehr reine Sorte, ist
nicht mehr im Handel.

Das Scammonium von Smyrna bildet dichte schwere Stücke
und Kuchen von dunkler, fast schwarzer Farbe, im Bruch wachsglänzend;
mit Wasser giebt das Harz keine Emulsion. Das Aleppo-Scammonium
steht, vorausgesetzt, dass es rein ist (s. w. u.) an Werth noch über
dem Smyrna-Scammonium.

Das französische Scammonium von Cynanchum acutum
ist nicht mehr im Handel.

Da alle Scammoniumsorten, besonders auch das aus Aleppo sehr unrein sind, so wird das pharmaceutisch aus der Wurzel von Convolvolus
Scammonia hergestellte „Resina Scammonium" meist an Stelle der
naturellen Harze gehandelt; dasselbe kommt in aussen matten, an der
Bruchstelle glänzenden Stücken, oder Stangen vor, ist in Alkohol löslich
und von aromatischem Geruch.

Ueber das Harz von Convolvulus althaeoides vergl. Resina
Jalapae.

Verfälschungen resp. Verwechslungen. Kunstprodukte aus Kreide,
Harz, Farb- und Extraktivstoffen. Bis zu $50^{0}/_{0}$ mineralische Bestandtheile!

Analyse. Das Scammonium aus Aleppo ist ein Harz, welches kaum
wie ein anderes von jeher verfälscht wurde, so dass sich die Noth-
wendigkeit ergab, das pharmaceutisch hergestellte „Resina" aus der

---

[1]) Exakt ausgedrückt heisst er eigentlich für Aleppo-Scammonium „Milchsaft", für aus der Wurzel gewonnenes Scammonium „Resina".

Wurzel dafür zu verwenden. Zum Beweis der geradezu beispiellosen Verfälschung von Scammonium sei folgende Mittheilung von Thompson angeführt: Derselbe erhielt ein angebliches Scammonium, welches aber schon bei äusserer Betrachtung nur in ganz entfernten Beziehungen zur echten Droge zu stehen schien. Dennoch trug es die deutliche Bezeichnung Scammonium nebst der Angabe, dass es ca. 84% Scammonin enthalte, ausserdem war noch die Formel $C_{32}H_{56}O_{16}$ beigefügt. Das Muster war angeblich von deutschen Drogisten bezogen. Es bestand aus unregelmässigen, grünlichschwarzen, harten, hornartigen Stücken, die einen harzigen Bruch zeigten und schwer zu pulvern waren. Es enthielt:

0,4 % in Aether lösliche Theile,

2,0 „ in Alkohol „ „

42,6 „ in Wasser „ „

43,0 „ Stärke und etwas Zellsubstanz,

12,0 „ Feuchtigkeit

und lieferte bei der Verbrennung 2,12% Asche, die zu 43,6% in Wasser löslich war. Dieselbe enthielt Ka, Mg, Ca, Fe und Si in Form von Carbonaten und Sulfaten, sowie eine Spur von Chloriden. Der in Wasser lösliche Theil war weiter nichts als Gummi arabicum, der unlösliche bestand aus Stärke nebst einer kleinen Menge Zellsubstanz. Auch Th. Greenish berichtet über die sehr vielfachen Verfälschungen des Aleppo-Scammoniums mit Stärke, Holzasche, Erde, Gummi, Traganth, gestossener Wurzel u. s. w. Rebner untersuchte fünf Handelssorten von „Resina" und fand, dass eine in Aether vollkommen löslich war, von den anderen lösten sich 26, 40, 78 und 79% in Aether, drei Sorten enthielten Stärke.

Mehrere Sorten Scammonium untersuchte Hess und zwar:

I. Resina Scammonium fusc. Ph. G.

II. „ „ alb.

III. „ „ Ph. G.

IV. „ „ Ph. Holl.

V. „ „ Pharm. Suecic.

Derselbe fand:

Nr. I	hatte das spec. Gew.			1,142	2,2% Wasser
Nr. II	„ „ „ „			1,107—1,112	4,5 „ „
Nr. III	„ „ „ „			1,104—1,110	4,0 „ „
Nr. IV	„ „ „ „			1,120	5,4 „ „
Nr. V	„ „ „ „			1,160	4,3 „ „

Verfasser empfiehlt das mit Knochenkohle gereinigte Resina aus der Wurzel und verlangt von demselben sehr richtig, dass es völlig in kaltem Alkohol löslich sei. Nach Moeller soll ein Aleppo-Scammonium nicht über 8 % Asche haben, eine Forderung, welche heute nur wenige dieser so stark verfälschten Harze erfüllen. Nach allen Erfahrungen ist jedenfalls die Einführung eines in der Apotheke und in der Grossindustrie hergestellten Harzes aus der Wurzel und die Einführung dieses Produktes an Stelle des so schlechten und verunreinigten Aleppo-Scammoniums nur zu befürworten.

Die Herstellung des Extraktes aus der Wurzel geschieht durch Erschöpfen der gepulverten Wurzel mit starkem Alkohol und eventueller Reinigung des Produktes mit Kohle. Die Ausbeute beträgt nach E. Dieterich ungefähr 10 %. Eine Arbeit über das aus der Wurzel hergestellte Resina Scammonium veröffentlichte Doensch und fand, dass die Wurzel etwas über 5 % wiederholt gereinigtes Harz gab; drei Resina des Handels verhielten sich anders und gaben eine Asche, die in verdünnter Salzsäure nicht ganz löslich war. Die saueren Lösungen enthielten theilweise Kalk und theilweise Magnesia. Die geringere Reinheit der Handelsprodukte dürfte an dem Verhalten der Asche u. s. w. gegenüber dem ganz reinen, selbsthergestellten Scammonium schuld sein. Immerhin zeigen die Handelsprodukte „Resina" aus der Wurzel eine weit grössere Reinheit als das Aleppo Scammonium.

Auch vereinzelte S.-Z. d., E.-Z. und V.-Z. h. finden sich in der Litteratur.

Kremel fand:

	Scammonium „Aleppo"	Scammonium „resina"
S.-Z. d.	8,2	14,6
E.-Z.	172,0	171,0
V.-Z. h.	180,2	185,6

Nach diesen Resultaten scheint Kremel ein sehr reines Aleppo-Scammonium vorgelegen zu haben, da es fast dieselben Zahlen ergab, wie das extrahirte Harz. Diese Werthe wurden nach der meist üblichen Methode (s. Spec. Th., Einl.) festgestellt.

E. Dieterich bestimmte nur die Jod-, Gregor und Bamberger die Methylzahl, für welche letztere die Werthe 0 fanden. Ueber den Werth dieser letzteren Zahlen vergl. Chem. Revue 1898, Heft 10.

Das aus der Wurzel hergestellte alkoholische Extrakt, das wie schon gesagt, unter dem Namen „Resina Scammonium" im Handel ist, soll somit vor allem in starkem Alkohol ohne nennenswerthe Rückstände löslich sein und soll einen erheblichen Aschegehalt überhaupt nicht zeigen. An Stelle der Wurzel wird öfters auch das Aleppo-Scammonium zu Resina verarbeitet, indem das Aleppoharz mit Weingeist und Kohle gereinigt wird. Dieses Verfahren ist in Rücksicht auf die Reinheit des

Endproduktes nicht zu empfehlen, da durch den Weingeist auch die von vornherein im Aleppo-Scammonium vorhandenen Fremdharze (Colophonium etc.) mit in das gereinigte Produkt übergehen, was bei der Wurzel selbstredend ausgeschlossen ist. Bei der drastischen Wirkung des Scammoniums ist für die möglichste Reinheit auch der „Resina" einzutreten und die Forderungen entsprechend streng zu stellen. Den verschiedenen Gehalt der Wurzeln an Harz glaubt Hooper auf die Bodenbeschaffenheit, speciell den Gehalt an Phosphaten zurückführen zu sollen.

Ueber den Nachweis des Colophoniums im Scammonium an der Hand der Storch-Morawski'schen Reaktion vergl. sub Colophonium.

Ueber eine ganz grobe Verfälschung des Scammoniums berichtet die Apoth.-Ztg. Nr. 47. 1899:

Eine Probe Scammonium wurde wegen ihres verdächtigen Aussehens — sie zeigte kleine eigenthümliche Höhlungen und zwar mit kleinen grauen und schwarzblauen Krystallflittern von metallischem Aussehen durchsetzt — einer eingehenden Prüfung unterzogen. Es ergab sich beim Ausziehen mit Aether ein Harzgehalt von $41,3\,{}^0/_0$, während eine gute Handelsqualität von Scammonium $75—80\,{}^0/_0$ enthalten soll. Der Aschengehalt wurde zu $16,6\,{}^0/_0$ bestimmt, gutes Scammonium zeigt 3 bis höchstens $8\,{}^0/_0$ Asche. Der in Aether unlösliche Rückstand enthielt eine grosse Menge Stärke; ausserdem wurde eine bedeutende Menge Schwefelblei nachgewiesen. (Petit Monit. de la Pharm. 1899, p. 3208).

Diese gefährliche Verfälschung erinnert an die eben so gefährliche künstliche Färbung des Schellacks mit Schwefelarsen (vergl. Schellack).

L i t t e r a t u r.

E Dieterich, I. D. d. H. A., p. 36. — K. Dieterich, Ch. R. 1898, Heft 10. — Doensch, A. d. Ph. 221, p. 386 — Gregor u. Bamberger, Oestr. Ch.-Ztg. 1898, Nr. 8 u. 9. — Greenish, A. d. Ph. 208, p. 185. — Hess, A. d. Ph. 206, p. 223. — A. Kremel, N. z. Pr. d. A. 1889, p. 33. — Moeller, Pharmacognosie p. 411. — Rebner, A. d. Ph. 224, p. 556. — Thompson, Ap.-Ztg. 1897, p. 289.

36.

Schellack.
Resina Lacca.

Abstammung und Heimat. Produkt der Lackschildlaus Coccus Lacca Keor auf Croton lacciferum (bihar tree), Euphorbiaceen, Ficus religiosa (pepel tree), Artocarpeen, Butea frondosa[1]) und andere Buteaarten (Papilionaceen), und auf Chenopodium anthelminticum (stinking weed). *Ceylon, Antillen, Hinterindien.*

---

[1]) Dieser Gummilack von Butea ist nicht zu verwechseln mit dem bengalischen Kino (s. Kino), ebenfalls von Butea frondosa; dieses Kino ist das Harz vom Stamm.

Chemische Bestandtheile. Wachs (6%), Laccaïnfarbstoff (6,5%), mit der Laccaïnsäure $C_{16}H_{12}O_8$, Reinharz (74,5%), aus diesem 35% ätherlösliche Antheile, die den Riechstoff, einen Theil des Harzkörpers und das Erythrolaccin enthalten. Die anderen 65% des Reinharzes sind ätherunlöslich und enthalten die Resinotannolester der Aleuritinsäure. Die Aleuritinsäure hat die Formel $C_{13}H_{26}O_4$. Das Resinotannol ist wegen seiner Unbeständigkeit bisher nicht näher untersucht worden. Verunreinigungen, Sand, Holzstücke etc. (9,5%), Wasser (3,5%) (nach FARNER).

Allgemeine Eigenschaften und Handelssorten. Der Stocklack wird vom Farbstoff befreit, welcher dann als „Lac-Dye" in den Handel kommt. Der farbstoffarme, harzige Rückstand wird je nach seiner Farbe als „Tafellack = Lacca in tabulis" oder „Körnerlack = Lacca in granis" gehandelt. Der ganz weisse, gebleichte Lack kommt in gedrehten Stangen als „Lacca alba" in den Handel und ist am reinsten, farbstoffärmsten und werthvollsten. Die Farbe obiger Sorten schwankt zwischen weiss und dunkel-rothbraun. Der Schellack findet bekanntlich in der Lackfabrikation ausgedehnte Verwendung.

Der sogenannte „Arizona Schellack" oder „Sonoragummi" stammt von Larrea mexicana (Zygophylleen); andererseits liefert auch Mimosa laccifera nach HARTWICH einen „Sonoragummi", der als Körnerlack durch das Insekt Carteria mexicana erzeugt wird.

Verfälschungen resp. Verwechslungen. Colophonium, Aloëharz, Schwefelarsen, Operment (?).

Analyse. Da Colophonium und andere minderwerthige Harze, auch Aloëharz zur Verfälschung von Schellack verwendet werden, so hat man zuerst der Löslichkeit des Schellacks in Alkohol, Petroläther und Aether besondere Aufmerksamkeit zugewendet.

HIRSCHSOHN hat zahlreiche Sorten auf ihre Löslichkeit in Petroläther, kalt und heiss, untersucht und folgende Werthe gefunden:

		% löslich	
		bei 17° C.	120° C. getrocknet
1. Lacca in baculis		14,01	5,52
2. „	„	13,23	6,31
3. „	„	14,25	4,84
4. „	in massis	3,37	1,27
5. „	„	3,60	2,07
6. „	„	2,80	1,90
7. „	„	3,00	1,86
8. „	in tabulis	1,22	0,40
9. „	„	1,30	0,70
10. „	„	1,80	1,30
11. „	„	1,20	0,80

Oberdörffer hat zuerst auf Verfälschungen des Schellacks mit Colophonium hingewiesen und hat zur Erkennung das spec. Gew. (eine Mischung von 25% Colophonium und reinem Schellack zeigte das spec. Gew. 1,120) und die Löslichkeit in Aether herangezogen. Das natürliche Wachs, welches im Schellack zu circa 5% vorhanden ist, geht in den Aether über; eine höhere Ausbeute an ätherlöslichen Antheilen deutet auf Colophonium. Hierzu ist zu bemerken, dass der Gehalt an Wachs allerdings sehr schwankt. Oberdörffer fand 5%, Farner 6%, Benedikt und Ulzer fanden für das mit Natroncarbonat gewonnene Wachs nur 0,5—1%, Gascard endlich erhielt ebenfalls 6% Harz. Die von letzterem und Farner untersuchten Sorten wären nach Oberdörffer mit Colophonium verfälscht gewesen!

Von Verfälschungen kommen ausser Colophonium noch Aloëharz und nach Mackey künstliche Färbungen mit Operment, gelbem Schwefelarsen vor. Diese letzteren Körper bleiben bei der Behandlung mit Alkohol zurück. Colophonium soll auch mit Petroläther nachweisbar sein, indem dasselbe vom unverfälschtem Schellack nur 3% aufnimmt. Colophonium ist bekanntlich zum Theil ganz, zum Theil nur zur Hälfte in Petroläther löslich. Nach den obigen Angaben von Hirschsohn scheint die Grenze von 3% nicht stichhaltig zu sein, da Hirschsohn bis 14% in Petroläther lösliche, bei 17° C. getrocknete, Antheile fand.

Jedenfalls sind diese Angaben alle so unsicher, dass man dem folgenden Urtheil Klar's — soweit es die Löslichkeit des Schellacks betrifft — nur beistimmen kann.

Klar führt aus:

„Die Litteratur verlangt im allgemeinen, dass Aether dem gebleichten Schellack nicht mehr als 5% Lösliches (Probe auf Colophonium) entziehen soll. Verf. hat nun auch die S.-Z. und E.-Z. bestimmt und kommt zu dem Resultat, dass der Wachsgehalt einen wesentlichen Einfluss auf den Werth der Aetherextraktionszahl ausübt, dass diese aber, sowie die S.-Z. und E.-Z. nur wenig Bedeutung zu haben scheinen, da die für die Handelssorten gefundenen Werthe zu verschieden sind. Eine sichere und dabei einfache Methode zur Erkennung der Verfälschungen des gebleichten Schellacks giebt es zur Zeit nicht. Seine Löslichkeit in 96%igem Alkohol kann theils von einem Wachsgehalt, theils von einer Ueberbleichung, theils von Veränderungen durch Einwirkung der atmosphärischen Luft bedingt werden, indem der Schellack, wenn nicht unter Wasser aufbewahrt, unter dem Einflusse der Luft die Alkohollöslichkeit allmählich verliert. Alle versuchten Filtrations- und Klärungsversuche haben sich nicht bewährt. Soll der gebleichte Schellack — beim

Poliren dürfte ein kleiner Wachszusatz nichts schaden — eine klare Lösung geben, so schlägt KLAR einen geringen Zusatz von Zinkoxyd vor, der beim Stehenlassen der Mischung in der Wärme mit den Wachsbestandtheilen eine kompakte Verbindung eingeht, die es ermöglicht, schon nach kurzer Zeit eine klare Flüssigkeit abgiessen zu können, wobei allerdings ein nicht zu kleiner Prozentsatz Schellack mit ausfällt "

Was die von KLAR besprochenen S.-Z., E.-Z. und V.-Z. betrifft, so finden sich verschiedene Werthe hierfür in der Litteratur.

WILLIAMS fand:

	Asche·%	Wassergehalt %	S.-Z. d.	E.-Z.	V.-Z h.
Schellack Mittel Boutton	1,06	0,28	63,00	140,03	203,03
„ Granat	0,72	0,37	56,00	156,60	212,60
„ Schön Orange	1,23	0,31	64,00	142,00	206,00
„ Guter 2. Orange	0,88	0,42	47,60	163,10	210,70
„ Fair 2. Orange	1,01	0,63	56,00	155,40	211,40
„ Geringer 2. Orange	1,41	0,94	57,40	136,70	194,10

Die S.-Z. d., E.-Z. und V.-Z. h. wurden nach der meist üblichen Methode (s. Spec. Th. Einl.) festgestellt.

KREMEL fand:

	S.-Z. d.	E.-Z.	V.-Z. h.
Schellack weiss	73,7	102,8	176,5
„ gelb	63,5	50,2	113,7
Lacca in granis (Alc. dep.)	—	—	174,8

Die S.-Z. d., E.-Z. und V.-Z. h. wurden nach derselben Methode wie bei WILLIAMS festgestellt.

v. SCHMIDT und ERBAN fanden:

	S.-Z. d.	E.-Z.	V.-Z. h.
Schellack braun	65,1	148,2	213,3
„ orange	60,0	151,6	211,6

Löslichkeit in:

Alkohol	löslich
Aether	unlöslich
Methylalkohol	löslich
Amylalkohol	„
Benzol	fast unlöslich
Petroläther	unlöslich
Aceton	fast unlöslich
Eisessig	löslich
Chloroform	theilweise löslich
Schwefelkohlenstoff	unlöslich
Terpentinöl	fast unlöslich.

Die Löslichkeit in Aether und Petroläther wäre nach anderen Autoren richtiger als „etwas löslich" zu bezeichnen. Nach Mauch ist sowohl „Lacca in tabulis", wie „Lacca depurata in bacillis" unter vorhergehender Quellung in 80 %iger Chloralhydratlösung löslich.

Was die oben angeführten S.-Z. d., E.-Z. und V.-Z. h. betrifft, so bewegen sich dieselben in relativ engen Grenzen; man darf — entgegen der Klar'schen Ansicht — gewiss hoffen, dass gerade diese Kennzahlen zum Nachweis von Verfälschungen Anhaltspunkte bieten werden; eine eingehende Untersuchung hierüber wäre ebenso dankbar, wie wünschenswerth.

Ueber die Löslichkeit des gebleichten Schellacks in Epi- und Dichlorhydrin nach Valenta vergl. Allgem. Th., Löslichkeit p. 23 und 24.

L i t t e r a t u r.

Benedict-Ulzer, Ph. C. 1888, p. 624. — Gascard, A. d. Ph. 226, p. 706. — Hirschsohn, A. d. Ph. 213, p. 290. — Klar, Ap.-Ztg. 1897, p. 424. — Mauch, I.-D., Strassburg, 1898. — Oberdörffer, A. d. Ph. 153, p. 13. — Williams, Ph C. 1889, p. 152.

37.

Styrax.

Balsamum Styracis (officinell im D. A. III).

Abstammung und Heimat. Liquidambar orientalis M. Hamamelideen. *Kleinasien.*

Chemische Bestandtheile. Styrol $C_6H_5 . CH = CH_2$, Zimmtsäure $C_6H_5 . C\ H . CH . COOH$, Styracin $=$ Zimmtsäurezimmtester $C_9H_7O_2 . C_9H_9$, Zimmtsäurephenylpropylester $C_6H_5 . CH = CH COO CH_2 CH_2 CH C_6H_5$, Zimmtsäureäthylester $C_9H_7O_2 . C_2H_5$, Vanillin (nach K. Dieterich), Aethylvanillin (nach von Miller), α- und β-Storesin $C_{35}H_{55}(OH)_3$, amorphes Harz, Spuren Benzoësäure und Zimmtsäurestoresinester (nach v. Miller).

Der amerikanische Styrax von L. styraciflua enthält: Styrol, Styracin, sauerstoffhaltiges Oel, Zimmtsäurephenylpropylester und Storesin (nach von Miller).

Allgemeine Eigenschaften und Handelssorten. Der gewöhnliche kleinasiatische Styrax ist ein trüber, wasserhaltiger, zäher, klebriger, grauer Balsam, der gewürzhaft kratzend schmeckt und benzoëartig riecht. In Benzol, Petroläther ist er theilweise, in Aether, Alkohol fast vollständig löslich. Unter dem Mikroskop zeigt er Krystalle. Im Alterthum verstand man unter „Styrax" auch das Harz von Styrax officinalis; aus diesem Grunde findet man diesen Baum heute noch öfters — jedoch fälschlich — als Styraxlieferant angegeben (vergl. w. u. sub „Styrax calamitus"). Der mit Aether „gereinigte Styrax" ist trübe, ziemlich dick, bald krystallinisch erstarrend, hellbraun, der mit Benzol, Benzin, Alkohol gereinigte von hell-dunkelbrauner Farbe und dickflüssiger Konsistenz. Ein sogenannter „kolierter Styrax" ist ein von den gröberen Verunreinigungen und Wasser befreiter Rohstyrax, der in der Mitte zwischen letzteren und dem gereinigten Styrax steht. Ein „Styrax cum oleo olivarum" dient in öliger Lösung resp. Emulsion zur bequemen Dispensation und Verwendung in den Apotheken; die Aerzte verschreiben letzteren gerade gerne in dieser Form, weil sich derselbe bei Krätze etc. gut verreiben und bequem handhaben lässt.

Der amerikanische Styrax ist als Sweet-Gum in Amerika bekannt und stammt von Liq. styraciflua; derselbe wird meist zum Kauen verwendet. Nach GUIBOURT ist dieser Balsam identisch mit dem weissen (indischen) Perubalsam (vergl. dort). Auch Microstemon (Anacardiaceen) liefert einen Styraxbalsam, der jedoch nur im Inland gegen Psoriasis verwendet wird. Die bei der Gewinnung des Styrax zurückbleibenden ausgepressten Rindenreste werden als Räuchermittel unter dem Namen „Styrax Calamitus" verwendet; auch geht unter diesem Namen ein Gemisch von Sägemehl und Styrax. Früher war auch unter obigem Namen und zwar als Räuchermittel das Harz von Styrax officinalis im Handel.

Ueber die Entstehung, Abstammung, überhaupt Pharmakognosie der Styraxsorten vergl. MOELLER, Ap.-Ztg. 1894, p. 752 und 1896, p. 207 und 1897, p. 596.

Verfälschungen resp. Verwechslungen. Terpentin, Colophonium, Ricinusöl, Olivenöl, überhaupt fette Oele, pflanzliche Verunreinigungen, Wasser u. s. w. Früher wurde auch Ladanum als Verfälschung des Styrax benützt.

Analyse. Ueber den Styrax sind ziemlich viele Untersuchungen angestellt worden, speciell über seine Reinigung und die Erzielung eines medicinisch-pharmaceutisch brauchbaren und gleichmässigen Produktes. Auch ist verschiedentlich auf die Ungleichmässigkeit und die Verfälschung des Styrax hingewiesen worden; zeitweise dürften überhaupt nur Kunstprodukte im Handel gewesen sein. Neuerdings hat K. DIETERICH authentisch reine Proben von Styrax — vom Stammbaum direkt entnommen — untersucht und für die Beurtheilung und Untersuchung eines Styrax die ersten Grundlagen geschaffen. Es hat sich bei diesen Untersuchungen — wie beim Perubalsam — gezeigt, dass die Handelssorten, von denen K. DIETERICH zahlreiche Muster untersuchte, ganz anders zusammengesetzt waren, als wie die reine Naturwaare. Das, worauf schon früher andere Autoren, wie MYLIUS, GEHE & Co. u. a. m. hingewiesen haben, scheint auch heute noch so zu sein; es scheint ganz reiner Styrax im Handel so gut wie nicht vorzukommen. In folgendem sollen die einzelnen Sorten und Formen des Styrax nacheinander abgehandelt werden.

I. Rohstyrax. (Styrax liquidus crudus.)

Die zahlreichen Untersuchungen und mitgetheilten Werthe, wie S.-Z., E.-Z., V.-Z. und Jodzahl sind gerade für die Beurtheilung des Styrax deshalb von nur relativem Werth, weil man meist nicht den Rohstyrax, sondern alkoholische Extrakte in alkoholischer Lösung verwendete. Die Nachtheile der Verwendung von Theilen der Droge an Stelle des Rohproduktes ist in diesem Buche so oft, speciell in den Leitsätzen hervorgehoben worden, dass an dieser Stelle nur darauf hingewiesen zu werden braucht. Aus den Arbeiten von KREMEL, BECKURTS und BRÜCHE ist nicht deutlich ersichtlich, in welcher Weise verfahren wurde; es muss demnach hier unentschieden bleiben, ob das Extrakt oder das Rohprodukt verwendet oder in einer ähnlichen Weise vorgegangen wurde. Jedenfalls haben E. DIETERICH, EVERS u. a. m. die Extrakte verwendet. K. DIETERICH hat neuerdings eine Methode für Styrax ausgearbeitet, welche den Rohstyrax direkt verwenden lässt und somit auch massgebende Schlüsse auf letzteren zu ziehen gestattet.

Ebenso wie GEHE & Co., MYLIUS auf zugesetzte Verfälschungen aufmerksam gemacht haben, ebenso sind verschiedentlich Vorschläge zur Prüfung auf Verfälschungen gemacht worden. So schlägt E. DIE-TERICH vor, die S.-Z. d. zum Nachweis von Verfälschungen heranzuziehen, da diese beim Terpentin (nicht venetianischen, sondern gewöhnlichen) und Colophonium höher liegen, wie beim Styrax selbst. In ähnlicher Weise befürworten BECKURTS und BRÜCHE zum Nachweis von Verfälschungen die E.-Z., Jodzahl und V.-Z. h.; speciell die Jodzahl und das specifische Gewicht glaubt EVERS für die Prüfung empfehlen zu können.

HIRSCHSOHN untersuchte mehrere Proben auf die von Petroläther aufgenommenen, bei 17° C. und 120° getrockneten Mengen und fand folgende Werthe:

	°/₀ löslich	
bei	17° C.	120° C. getrocknet
1.	59,12 °/₀	52,09 °/₀
2.	43,30 „	32,82 „
3.	54,76 „	47,98 „

Nach dem Erhitzen auf 120° C. waren die Rückstände farblos, fast geruchlos, ölig, bald krystallinisch erstarrend.

Eine Verfälschung mit Terpentin soll sich nach HAGER mit Petrol-äther nachweisen lassen.

A. KREMEL fand:

$$\text{S.-Z. d. } 47{,}6$$
$$\text{E.-Z. } \quad 31{,}9$$
$$\text{V.-Z. h. } 79{,}5$$

Die Werthe wurden nach der meist üblichen Methode (s. Spec. Th., Einl.) erhalten.

v. SCHMIDT und ERBAN fanden:

$$\text{S.-Z. d. } 179{,}5$$
$$\text{E.-Z. } \quad 68{,}8$$
$$\text{V.-Z. h. } 198{,}3$$

Löslichkeit in:

Alkohol	theilweise löslich	Petroläther	unlöslich
Aether	„ „	Aceton	theilw. löslich
Methylalkohol	„ „	Eisessig	„ „
Amylalkohol	„ „	Chloroform	„ „
Benzol	„ „	Schwefelkohlenstoff	wenig löslich

Terpentinöl theilweise löslich

Die S.-Z. d. E.-Z. und V.-Z. h. wurde, wie oben bei KREMEL be-stimmt.

E. DIETERICH fand:

$$\text{vom Extrakt} \begin{cases} \text{S.-Z. d. } & 37{,}19-\ 96{,}65 \\ \text{E.-Z. } & 74{,}60-168{,}00 \\ \text{V.-Z. h. } & 134{,}60-249{,}00 \end{cases}$$

%₀ Asche   0,07— 1,20%₀

% Verlust bei 100° C. 10,25—40,15%

Löslichkeit in:

Alkohol 90%	56,14%—84,00
Essigäther	69,40 „ —73,60
Chloroform	69,20 „ —72,60
Aether	65,80 „ —82,80
Benzol	64,80 „ —74,80
Terpentinöl	54,40 „ —57,80
Schwefelkohlenstoff	62,30 „ —67,80
Petroläther	15,00 „ —19,40

Die S.-Z. d., E.-Z. und V.-Z. h. wurden wie oben bei Kremel, jedoch unter Verwendung der alkoholischen Lösung des alkoholischen
Extraktes festgestellt.

Beckurts und Brüche fanden:

Spec. Gew.	Löslichkeit im gleichen Volumen Alkohol	S.-Z. d.	E.-Z.	V.-Z. h.
1. 1,116	61 %	80	113	193
2. 1,121	72 „	91	120	214
3. 1,113	62 „	68	112	180
4. 1,113	66 „	69	153	222
5. 1,120	71 „	75	130	205
6. 1,118	64 „	93	115	208

Die S.-Z. d, E.-Z. und V.-Z. h. wurden ebenfalls nach der meist
üblichen Methode festgestellt, nur ist nicht genau ersichtlich, ob die
unfiltrirte Lösung, also das Rohprodukt direkt oder eine alkoholische
Lösung eines Extraktes verwendet wurde.

Auch K. Dieterich hat Zahlen — aus dem Extrakt gewonnen —
mitgetheilt und zwar folgende:

	I	II
% Verlust bei 110° C.	19,43	24,05
% Asche	0,35	0,71
% in Alkohol löslich	77,43	73,87
% „ „ unlöslich	4,23	3,36
vom Extrakt { S.-Z. d.	57,51 57,90	59,29 59,41
E.-Z.	—	—
V.-Z. h.	—	—

Die S.-Z. d. wurde unter Verwendung der alkoholischen Lösung,
des alkoholischen Extraktes festgestellt.

Evers führt folgendes aus:

„Die Vorschriften des Arzneibuches sind ganz unzureichend;
ein mit 10—20 % Terpentin verfälschter Styrax hält die Proben des
Arzneibuches vollständig aus. Die Bestimmung des spec. Gew. —
und zwar bei 100° C. (analog dem Verfahren von E. Königs zur
Prüfung des Butterfettes) — ist von grösstem Werthe für die Erkennung von Verfälschungen; alle fremden Zusätze wie Terpentin,
Colophonium, Fette, Oele vermindern das spec. Gew. Die Probe
ist mit dem gereinigten Styrax vorzunehmen und letzterer zuvor
behufs Entfernung noch vorhandenen Weingeistes etwa drei Stunden im Wassertrockenschrank[1]) (bei 100° C.) zu erhitzen. Die Ab-

---

[1]) Was wird da aus den flüchtigen Antheilen? Ist das Endprodukt noch
als Styrax zu bezeichnen?   K. D.

lesung des spec. Gew. erfolgt erst, wenn der Styrax in seiner ganzen Masse die Temperatur von 100° erreicht hat. Um dieses zu befördern, empfiehlt es sich, die — bei 100° C. justirte, mit Skala für die spec Gew. von 1,095—1,120 versehene — Spindel einige Male vorsichtig in dem Styrax auf und nieder zu bewegen. Das spec. Gew. des gereinigten Styrax schwankt zwischen 1,109 und 1,114. Das spec. Gew. des rohen entwässerten und nur durch Absitzenlassen in der Wärme geklärten Styrax ist etwas höher. Ein Zusatz von 10% Terpentin erniedrigt schon wesentlich das spec. Gew. Gereinigter Styrax, dessen spec. Gew. bei 100° C. unter 1,107 liegt, ist zum mindesten verdächtig. Liegt das spec. Gew. unter 1,104, so muss die Waare als verfälscht zurückgewiesen werden".

Hierzu sei bemerkt, dass diese Zahlen mit denen von BECKURTS und BRÜCHE schlecht stimmen. Die Untersuchung zahlreicher Handelssorten dürfte darthun, dass Schlüsse vom spec. Gew. auf die Reinheit des Styrax keinesfalls sicher sind, schon in Rücksicht auf den ursprünglichen Wassergehalt des Styrax resp. den Salzgehalt des ersteren.

EVERS hat noch weitere Untersuchungen ausgeführt und empfiehlt die Jodzahl besonders zum Nachweis von Verfälschungen.

EVERS fand für gereinigten, entwässerten Styrax:

		1,119	1,117	1,119	1,120
	Spec. Gew.	1,119	1,117	1,119	1,120
vom Extrakt	S.-Z. d.	52,2	56,7	—	—
	E.-Z	184,2	173,5	—	—
	V.-Z. h.	236,4	230,2	—	—

Hierzu bemerkt K. DIETERICH:

„EVERS hat in neuerer Zeit für die Bestimmung der Jodzahl bei Styrax gesprochen. Da ihm der Nachweis von Verfälschungen nicht vermittelst der Jodzahl gelang, muss, da S.-Z. und V.-Z. als Identitätsbestimmungen genügen, der Jodzahl nur relativer Werth beigemessen werden. Die Titration zur Bestimmung der Jodzahl geht beim Styrax — wie auch EVERS zugiebt — unter Umständen schwierig vor sich, indem sich dunkle Ausscheidungen bilden, zusammenballen und Jod mit einschliessen.

Uebrigens hat EVERS nur zwei verfälschte Sorten (mit Ricinusöl und Terpentin) untersucht. Es hätten auch noch andere Verfälschungen, wie Benzoë, Tolubalsam, Colophonium, Harzöle etc. zur Untersuchung herangezogen werden müssen. Die von ihm empfohlene Jodzahl hat sich jedoch, wie die Zahlen zeigen, nicht für den Nachweis der genannten Verfälschungen als brauchbar erwiesen. Als Identitätsreaktion ist die Jodzahl kaum nöthig, da sie durch die S.-Z., E.-Z. und V.-Z. etc. ersetzt wird.

Es muss weiterhin zugegeben werden, dass nicht bei der Jodzahl allein, sondern auch bei der S.-Z. und V.-Z unter Verwendung einer alkoholischen Extraktlösung Flüssigkeiten resultiren, welche sehr schwer titrirbar sind und einen genauen Umschlag überhaupt nicht zu fixiren gestatten."

Um nun Zahlen zu erhalten, welche unter allen Umständen der unveränderten Droge entsprechen und um eine Grundlage für die Beurtheilung der Handelsprodukte zu schaffen, hat K. Dieterich neuerdings ganz reine Styraxsorten — direkt vom Stammbaum, authentisch echt — untersucht und im Vergleich hierzu zahlreiche Handelssorten zur Prüfung herangezogen.

Die K. Dieterich'sche Methode beabsichtigt vor allem die Verwendung der alkoholischen Lösung des Rohstyrax ohne Filtration an Stelle der bisherigen Extrakte und Erzielung einer hellen gut titrirbaren Verseifungs-Flüssigkeit auf kaltem Wege. Diese Methode ist auf zahlreichen Vorversuchen aufgebaut, welche jedoch nicht hier Platz finden können, sondern in der Originalarbeit eingesehen werden müssen.

Speciell sei auch noch auf die vergleichenden Versuche hingewiesen, welche dieser Autor zwischen dem Rohprodukte und dem Extrakt anstellte. Folgende kurze Aufstellung mag dies erläutern:

I. Unveränderte Droge:

S.-Z. d.	49,045	50,053
V.-Z. k.	156,726	157,460

II. Alkoholischer Extrakt, die Zahlen auf 1 g Extrakt, nicht auf 1 g Rohprodukt berechnet:

S.-Z. d.	55,040	56,297
V.-Z. k.	194,300	194,565

III. Alkoholisches Extrakt, die Zahlen auf 1 g Rohprodukt, nicht auf 1 g Extrakt berechnet:

S.-Z. d.	40,208	40,873
V.-Z. h.	141,913	142,122

Aus diesen Versuchen geht wohl evident hervor, dass

a) die Zahlen, welche aus dem Extrakt gewonnen und auf Extrakt berechnet sind, viel höher liegen, als die aus dem Rohprodukt, da sie mehr als einem Gramm Ausgangsmaterial entsprechen; die so erhaltenen Zahlen dürfen also keinesfalls mit den Verseifungszahlen des Rohproduktes gleichgestellt oder als für das Rohprodukt massgebend bezeichnet werden;

b) die Zahlen, welche aus dem Extrakt gewonnen und auf 1 g Rohprodukt berechnet wurden, viel tiefer liegen, als die aus dem Rohprodukt, da bei der Gewinnung des Extraktes die flüchtigen Theile verloren gehen;

c) im allgemeinen alle aus dem Extrakt gewonnenen Zahlen keinesfalls mit denen aus dem Rohprodukt gewonnenen stimmen und keinesfalls für einen Schluss auf dasselbe massgebend sein können, dass vielmehr nur die Zahlen des Rohproduktes für die Beurtheilung desselben brauchbar sind.

K. Dieterich fasst seine Methode folgendermassen zusammen:

a) Verlust bei 100° C.

Man trocknet 2 g Styrax im Trockenschrank bei 100° C. bis zum konstanten Gewicht.

b) Bestimmung des alkohollöslichen Antheils.

10 g Styrax wiegt man in ein Becherglas von etwa 200 ccm Inhalt, löst durch Erwärmen in 100 ccm Alkohol von 96°/₀, filtrirt durch ein trockenes, gewogenes Filter in eine tarirte Porcellanschale und wäscht Becherglas und Filter mit 50 ccm heissem Alkohol nach. Die Filtrate dampft man ein und trocknet den Rückstand bei 100° C. bis zum gleichbleibenden Gewicht. Mit der Schale wägt man zweckmässig einen kleinen Glasstab, welchen man zum Umrühren des Harzrückstandes beim Trocknen benützt. Um das beim Eindampfen von Harzlösungen so lästige Ueberkriechen zu vermeiden, empfiehlt es sich, die Porcellanschale nicht direkt auf das Wasser- oder Dampfbad zu setzen, sondern auf einer grösseren Schale, welche man mit heissem Wasser gefüllt hat, schwimmen zu lassen. Die Harzlösung kriecht dann nicht höher, als das Niveau des heissen Wassers von aussen an der schwimmenden Schale beträgt.

Wenn man das Filter und Becherglas ebenfalls trocknet und wägt, erhält man den Gehalt an Schmutz- und Holztheilen der Droge.

c) Bestimmung des alkoholunlöslichen Antheils.

Man wägt oben gebliebenen in Alkohol unlöslichen Rückstand und berechnet auf Procente.

d) Asche.

Der oben bei 100° C. getrocknete Styrax wird verascht und geglüht, bis gleichbleibendes Gewicht eingetreten ist.

e) S.-Z. d.

ca. 1 g Styrax löst man kalt in 100 ccm 96°/₀igem Alkohol und titrirt mit alkoholischer $\frac{n}{2}$ Kalilauge und Phenolphthaleïn bis zur Rothfärbung. Die Anzahl der verbrauchten ccm Lauge mit 28,08 multiplicirt giebt die S.-Z. d.

f) V.-Z. k.

ca. 1 g Styrax übergiesst man in einer Literflasche mit eingeschliffenem Stöpsel mit 20 ccm alkoholischer $\frac{n}{2}$ Kalilauge und 50 ccm Benzin, 0,700 spec. Gew. Man lässt 24 Stunden in Zimmertemperatur stehen und titrirt dann ohne Wasserzusatz mit $\frac{n}{2}$ Schwefelsäure zurück. Die Anzahl der gebundenen ccm $\frac{n}{2}$ Kalilauge und Phenolphtaleïn mit 28,08 multiplicirt giebt die V.-Z. k.

g) E.-Z. durch Subtraktion der S.-Z. d. von der V.-Z. k.

Hierzu ist noch zu bemerken, dass der Styrax, bevor er zur Analyse kommt, von dem Wasser, welches ihm mechanisch anhängt, zu befreien ist; selbstredend kann für die Bestimmung nur das durch Emulsion gewissermassen gebundene Wasser in Frage kommen. Ein künstlich hoher Zusatz von Wasser neben der natürlichen, beim Auskochen verbleibenden Menge wird sich ja auch nie durch oben auf schwimmendes Wasser, sondern nur durch gut untergemischtes und emulgirtes Wasser mit Erfolg bewerkstelligen lassen.

Da sich beim Styrax genau 1 g schwer abwiegen lässt, auch das Einwägen in die Enghalsflasche unbequem ist, wirft man zweckmässig das kleine Glasstäbchen, an dessen Spitze der Styrax haftet, mit in die Flasche hinein. (Vergl. p. 51 und 52.)

K. DIETERICH fand folgende Grenzwerthe für die **authentisch reinen** Styraxsorten:

Echte, direkt bezogene Styraxsorten:

Wasser %	26,21—40,97	
Asche %	0,5—0,92	a. wasserhaltige Drog. berech.
„ %	0,74—1,25	„ wasserfreie „ „
in Alkohol löslich %	57,14—65,49	„ wasserhaltige „ „
„ „ „ %	88,75—100,20	„ wasserfreie „ „
in Alkohol unlöslich %	1,45—2,61	„ wasserhaltige „ „
„ „ „ %	1,97—3,85	„ wasserfreie „ „

S.-Z. d.	59,38—70,70	a. wasserhaltige Drog. berech.
„	87,62—95,81	„ wasserfreie „ „
E.-Z.	35,42—74,43	„ wasserhaltige „ „
„	49,84—109,83	„ wasserfreie „ „
V.-Z. k.	104,67—135,36	„ wasserhaltige „ „
„	145,62—199,74	„ wasserfreie „ „

Die zahlreichen untersuchten Handelssorten ergaben folgende Grenzwerthe:

Handelssorten von Styrax:

Wasser %	19,58—31,95	
Asche %	0,24—3,64	a. wasserhaltige Drog. berech.
„ %	0,57—4,75	„ wasserfreie „ „
in Alkohol löslich %	64,90—77,17	„ wasserhaltige „ „
„ „ „ %	89,62—99,63	„ wasserfreie „ „
in Alkohol unlöslich %	1,66—7,33	„ wasserhaltige „ „
„ „ „ %	2,45—9,56	„ wasserfreie „ „
S.-Z. d.	38,22—72,29	„ wasserhaltige „ „
„	54,96—106,23	„ wasserfreie „ „
E.-Z.	47,81—110,03	„ wasserhaltige „ „
„	72,82—142,47	„ wasserfreie „ „
V.-Z. k.	111,89—187,76	„ wasserhaltige „ „
„	170,41—233,40	„ wasserfreie „ „

Vergleicht man die Werthe der reinen authentisch echten Muster mit denen der Handelswaare, so sieht man, dass fast alle Handelssorten — wie beim Perubalsam — verfälscht, unecht oder minderwerthig sind. Die Normen der reinen, echten Sorten auf die Handelssorten anzuwenden hiesse fast alle Handelsstyraxsorten boykottiren. Um nun ungefähre Anhaltspunkte für die Aufstellung der als Forderung vorzuschlagenden Grenzwerthe zu haben, hat K. DIETERICH aus den echten Sorten verfälschte Marken hergestellt und diese untersucht. Derselbe fand folgende, in nebenstehender Tabelle verzeichnete Werthe:

Verfälschungen von Styrax liquidus crudus.

a = auf wasserhaltige Droge berechnet; b = auf wasserfreie Droge berechnet

Styrax liquidus crudus „authentisch echt"	% Wasser	% Asche		% in Alkohol löslich		% in Alkohol unlöslich		S.-Z. d.		E.-Z.		V.-Z. k.	
		a	b	a	b	a	b	a	b	a	b	a	b
+ 20 % Olivenöl	33,73	0,62	0,94	63,87	96,38	1,63	2,46	53,65	80,96	72,98	110,12	126,63	191,08
								58,55	88,35	68,52	103,39	127,07	191,74
+ 30 % „	28,22	0,47	0,65	70,59	98,34	1,25	1,74	53,08	73,95	78,34	109,14	131,42	183,09
								55,73	77,64	80,87	112,68	136,60	190,32
+ 20 % Ricinusöl	33,96	0,51	0,77	64,72	98,00	1,32	2,00	57,21	86,63	66,84	101,21	124,05	187,84
								58,41	88,45	66,78	101,12	125,19	189,57
+ 30 % „	29,30	0,33	0,47	69,65	98,52	0,94	1,32	51,31	72,57	79,88	112,98	131,19	185,55
								52,36	74,06	78,95	111,67	131,31	185,73
+ 20 % gewöhnl. Terpentin	39,56	0,61	1,01	59,30	98,11	1,17	1,94	78,40	129,72	29,53	48,86	107,93	178,58
								79,62	131,73	37,16	61,48	116,78	193,21
+ 30 % „ „	34,62	0,53	0,81	63,36	96,91	1,10	1,68	84,04	128,54	23,01	35,20	107,05	163,74
								84,43	129,14	23,01	35,20	107,44	164,34

13*

Aus obigen Zahlen geht hervor, dass sämmtliche zugesetzte Fremd-körper die Werthe des normalen Styrax verändert haben, und zwar haben die fetten Oele die S.-Z. d. herabgedrückt, die E.-Z. und die V.-Z. k. jedoch erhöht. Terpentin hingegen hat die S.-Z. d. — wie schon E. Dieterich (s. w. u.) nachgewiesen hat — bedeutend erhöht, die E.-Z. herabgedrückt. An den übrigen Zahlen ist eine Abnormität nicht zu bemerken. Somit scheinen gerade die S.-Z. d., E.-Z. und V.-Z. k. über die Reinheit, und ausser ihnen die Bestimmung des alkohollöslichen Antheils über den Werth eines Styrax brauchbare Anhaltspunkte zu geben.

Auf Grund der Zahlen der echten Sorten und auf Grund obiger Erfahrungen, welche die zugesetzten Verfälschungen ergeben haben, schlägt K. Dieterich Grenzwerthe vor, welche einerseits nicht zu scharf, andererseits aber doch so gefasst sind, dass grössere Zusätze von Ver-fälschungen noch erkannt werden können:

1. Wassergehalt nicht über 30%.

2. Asche nicht über 1%.

3. Alkohollöslicher Antheil nicht unter 60% (die früheren Forder-ungen von mindestens 70% dürften zu hohe sein).

4. Alkoholunlöslicher Antheil nicht über 3%.

5. S.-Z. d. 55—75.

6. E.-Z. 35—75.   } abgerundet

7. V.-Z. k. 100—140.

K. Dieterich führt selbst weiterhin aus, dass noch mehr Erfahrungen nöthig sein werden, um zu zeigen, ob diese Zahlen, speciell die S.-Z. d., E.-Z. und V.-Z. k. gerechtfertigt sind.

Gregor und Bamberger theilen folgende Werthe mit:

M.-Z.

	I.	II.
Gregor	4,5	3,6
Bamberger	0,0	—

Ueber den Werth dieser Bestimmungen vgl. Chem. Rev. 1898, Heft 10.

II. Gereinigter Styrax.

Ueber die Art der Reinigung ist eine grosse Litteratur vorhanden. Während einige Autoren Alkohol, Benzol, Benzin, Petroläther befür-worten, schlagen andere Aether vor. Besonders hat sich Mylius um diese Frage verdient gemacht. Derselbe schlägt vor, Petroläther zu nehmen, um das unwirksame Harz nicht mitzulösen. Allerdings sagt Mylius dann wieder an anderer Stelle, dass man die Oelmischung des Styrax nicht mit Olivenöl, sondern Ricinusöl herstellen soll, da Olivenöl das Harz ausscheidet, dass Harz aber beim Liniment wirksam sei. Schlickum und E. Dieterich befürworten den Aether, was auch nach

K. Dieterich die einzig richtige Methode ist. Aether löst grosse Mengen vom Styrax und verdunstet am leichtesten, so dass Verluste an Styrax resp. seinen aromatischen Theilen in sehr geringem Maasse stattfinden. Die Reinigung mit Alkohol ist demnächst noch die beste, dann kommt Petroläther, Benzin und zuletzt Benzol

K. Dieterich hat hierüber wieder mit den authentisch reinen, oben beschriebenen echten Styraxsorten Versuche in dieser Richtung angestellt und gefunden, dass Alkohol 65 %, Aether 69,5 %, Benzin 56,5 % und Benzol 64,3 % Ausbeute gab. Der mit Alkohol gereinigte Styrax war dunkelbraun, fast ganz klar, der mit Aether emulsionsartig hell, der mit Benzin hellgelb, klar, der mit Benzol braun und klar. Auch die weiter unten mitzutheilenden analytischen Werthe zeigen, dass die Aetherreinigung die einzig richtige ist und dass der mit Aether gereinigte Styrax dem Ausgangsmaterial am nächsten kommt.

Ueber die Reinigung von Styrax, resp. die Herstellung von Styrax liquidus depuratus D. A. III. bringt Krüer einige Vorschläge, die an dieser Stelle nicht deshalb Erwähnung finden, weil sie eine Verbesserung bringen, sondern weil sie etwas verlangen, was im Interesse der Bestandtheile des Styrax entschieden verworfen werden muss. Krüer will den Styrax auf offenem Feuer gekocht und entwässert, dann kolirt und so gereinigt haben. Das Kochen eines Harzes, das, wie Styrax, so viele flüchtige und leicht zersetzliche Bestandtheile enthält, ist in Rücksicht auf seine Wirkungskraft keinesfalls zulässig. Wenn auch diese Methode bequem sein mag, lege artis kann sie gewiss nicht bezeichnet werden. Warum wollen wir ein so „sekundäres" Produkt wie Styrax, der so wie so schon verändert und etwas ganz anderes ist, als das Naturprodukt, unnöthigerweise noch mehr verändern.

Evers theilt für gereinigten Styrax folgende Zahlen mit:

	Spec. Gew. bei 100° C.	S.-Z. d.	V.-Z. h.	E.-Z.
	1,109	55,7	216,0	160,3
	1,109	67,0	216,0	149,0
	1,114	61,2	211,5	150,3
	1,110	56,0	217,9	161,9
	1,110	56,3	222,3	166,0
	1,111	62,8	221,3	158,5
	1,113	60,2	221,1	160,9
	1,110	58,0	218,6	160,6
	1,109	57,4	218,9	161,5
	1,113	59,0	216,6	157,6
	1,111	56,1	221,2	165,1
Mittel	1,111	59,1	218,3	159,2
Grenzzahlen	1,109—1,114	56,0—67,0	211,5—222,3	149,0—166,0

Die Werthe wurden nach der meist üblichen Methode (s. Spec. Theil Einl.) festgestellt.

KREMEL fand:

$$\text{S.-Z. d.} \quad 61{,}0$$
$$\text{E.-Z.} \quad 76{,}0$$
$$\text{V.-Z. h.} \quad 137{,}0$$

Diese Zahlen liegen, trotzdem sie wie die von EVERS bestimmt wurden, bedeutend tiefer.

E. DIETERICH fand:

$$\text{S.-Z. d.} \quad 56{,}94 - \ 84{,}00$$
$$\text{E.-Z.} \quad 105{,}77 - 173{,}00$$
$$\text{V.-Z. h.} \quad 178{,}45 - 257{,}00$$

Asche	$0{,}00 - \ 0{,}14\,\%$
Verlust bei 100° C.	$5{,}06 - 12{,}63$ „
in Petroläther löslich	$37{,}54 - 58{,}96$ „
in Petroläther unlöslich	$37{,}00 - 63{,}15$ „

in Alkohol von 90 %   fast vollständig bis vollständig löslich

„ Aether   93,14 % bis vollständig löslich

„ Chloroform   fast vollständig bis vollständig löslich

„ Essigäther   vollständig löslich

„ Benzol   95,75 % bis fast vollständig löslich

„ Petroläther   38,18—62,18 %

„ Terpentinöl   81,80—99,55 „   } löslich

„ Schwefelkohlenstoff   86,80—93,39 „

Die S.-Z. d., E.-Z. und V.-Z. h. wurde wie oben bei KREMEL festgestellt.

K. DIETERICH hat, wie schon eingangs erwähnt, auch depurirte Styraxproben untersucht und vor allem Zahlen für die depurirten, authentisch echten Styraxsorten geschaffen. Die Methode, nach welcher K. DIETERICH unter Verwendung des Rohproduktes, nicht eines Extraktes, verfährt, ist schon oben unter Styrax crudus in extenso angegeben.

K. DIETERICH erhielt für die aus authentisch echten, unverfälschten Styraxsorten unter Verwendung von Aether hergestellten, gereinigten Präparate folgende Grenzwerthe:

Wasser	15 %				
Asche	0,03 %	a. wasserhaltige Droge berechnet			
„	0,04 %	„ wasserfreie	„		„
S.-Z. d.	85,97— 88,51	„ wasserhaltige	„		„
„	101,73—104,73	„ wasserfreie	„		„

E.-Z.	52,11— 52,26	a. wasserhaltige Droge berechnet
„	61,66— 61,84	„ wasserfreie „ „
V.-Z. k.	138,23—140,62	„ wasserhaltige „ „
„	163,57—166,39	„ wasserfreie „ „

Nach derselben Methode untersucht gaben zahlreiche **Handels-sorten** von depurirtem Styrax folgende Grenzwerthe:

Wasser	5,91—10,35$^0/_0$			
Asche	0,01— 0,47$^0/_0$	a. wasserhaltige Drog. berechnet		
„	0,01— 0,52$^0/_0$	a. wasserfreie	„	„
S.-Z. d.	59,69— 95,06	a. wasserhaltige	„	„
„	63,45—116,15	a. wasserfreie	„	„
E.-Z.	54,07—129,44	a. wasserhaltige	„	„
„	66,08—137,27	a. wasserfreie	„	„
V.-Z.k.	148,16—192,61	a. wasserhaltige	„	„
„	181,05—208,66	a. wasserfreie	„	„

Wie schon bei den nicht gereinigten Handelssorten, so sind auch hier im Vergleich zu dem Normalmuster bei den gereinigten Handels-sorten sehr grosse Schwankungen zu konstatiren, was bei dem schon so wechselnd zusammengesetzten Ausgangsmaterial nicht Wunder neh-men kann.

Auf Grund der Prüfung obiger Handelssorten und der mit Aether aus den authentisch reinen Styraxsorten selbst hergestellten Präparate schlägt K. Dieterich folgende Grenzwerthe vor:

Wasser höchstens 15$^0/_0$ (die frühere Forderung von nur 8$^0/_0$ ist zu scharf.)

Asche	„	0,5 $^0/_0$
S.-Z. d.	70— 90	
E.-Z.	50—120	} abgerundet
V.-Z. k.	135—180	

K. Dieterich bemerkt hierzu:

„Die Zukunft und weitere Erfahrungen werden lehren müssen, ob diese Zahlen zu eng oder zu weit gefasst sind. Gegenüber dem Normalstyrax scheinen sie mir zu weit gefasst, wenn auch hier wieder berücksichtigt werden muss, dass durch strengere Forderungen fast alle der gereinigten Handelssorten beanstandet werden müssten.“

III. Styrax crudus colatus.

Unter diesem Namen existirt ein Produkt im Handel, welches durch Coliren von Schmutz, Holz, Harz und Wasser möglichst befreit ist. Da auch hierüber Zahlen vorhanden sind, so mögen dieselben an dieser Stelle Platz finden.

E. Dieterich fand:

$$\text{vom Extrakt} \left\{ \begin{array}{ll} \text{S.-Z. d.} & 63{,}03-\ 88{,}04 \\ \text{E.-Z.} & 139{,}02-140{,}99 \\ \text{V.-Z. h.} & 203{,}13-227{,}16 \end{array} \right.$$

Die Zahlen wurden vom Extrakt nach der meist üblichen Methode (s. Spec. Th., Einl.) bestimmt.

K. Dieterich fand für Styrax crudus colatus aus Handelssorten hergestellt:

Verlust bei 100° C. 27,00—34,75 %
Asche   0,00— 1,02 „
in Alkohol löslich   66,4 „
  „   „   unlöslich   2,1 „

K. Dieterich hat weiterhin aus den erwähnten authentisch echten Styraxsorten einen Styrax crudus colatus hergestellt und denselben unter Verwendung des Rohproduktes, nicht eines Extraktes nach seiner unter Styrax liquidus crudus in extenso wiedergegebenen Methode untersucht.

Derselbe fand folgende Zahlen:

Wasser			%		37,83
Asche	a. wasserhaltige Droge berechnet	„			0,57
„	a. wasserfreie	„	„	„	0,92
in Alkohol löslich	a. wasserhaltige	„	„	„	60,83
„ „ „	a. wasserfreie	„	„	„	97,84
in Alkohol unlöslich	a. wasserhaltige	„	„	„	1,19
„ „ „	a. wasserfreie	„	„	„	1,94
S.-Z. d.	a. wasserhaltige	„	„		70,18— 70,89
„	a. wasserfreie	„	„		110,03—112,88
E.-Z.	a. wasserhaltige	„	„		35,91— 39,74
„	a. wasserfreie	„	„		57,76— 63,49
V.-Z. h.	a. wasserhaltige	„	„		106,09—110,36
„	a. wasserfreie	„	„		170,64—177,52

Im allgemeinen muss über die Herstellung eines Styrax crudus colatus betreffs der Erhitzung gerechterweise dasselbe gesagt werden, wie vorher über die Krüer'sche Methode zur Reinigung des Styrax.

Ueber die Prüfung des Styrax im D. A. III. vergl Ph. C. 1898, Nr. 20.

L i t t e r a t u r.

Beckurts u. Brüche, A. d. Ph. 230, p 84. — Biel, A. d. Ph. 217, p. 367, 218, p 312. — E. Dieterich, I. D. d. H. A. p. 20 u. 32; Ph. C. 1886, p. 192. — K. Dieterich, H. A 1896, p. 103, 1897, p. 99; Ph. C. 1898, Nr. 20, 1899, Nr. 28 und 29. — Evers, Ph. Ztg. 1896, Nr. 81. — Gehe & Co., Ph. C. 1883, p. 444. — Gregor u. Bamberger, Oestr. Ch.-Ztg. 1898, Nr. 8 u. 9. — Guibourt, Ph. C. 1896, p. 354. — Hirschsohn, A. d. Ph. 211, p. 325. — Kremel, N. z. P. d. A. 1889. — Krüer, Ph. Ztg. 1897, p. 882. — Maisch, A. d. Ph. 206, p. 545. — Mylius, Ph. C. 1883, p. 108 u. 139, 1888, p. 627; A. d. Ph. 224, p. 1025. — Schlickum, Ph. C. 1883, p. 162. — v. Schmidt u. Erban, R. E. Bd. V, p. 142—143.

38.

Tacamhak.

Resina Tacamahaca.

Abstammung und Heimat. Das amerikanische und westindische Tacamhaca von Icica heptaphyllum und Elaphyrum tomentosum, Burseraceen; das ostindische Tacamhaca von Calophyllum Inophyllum; das Bourbon-T. von Calophyllum Tacamahaca, Burseraceen. Im allgemeinen ist die Abstammung unsicher. *Ostindien, Maskarenen, Amerika.*

Chemische Bestandtheile. Aehnlich zusammengesetzt, wie Elemi und Anime, jedoch nicht näher untersucht.

Allgemeine Eigenschaften und Handelssorten. Tacamahak wird im allgemeinen als „westindische Anime" bezeichnet, trotzdem Anime (s. d. und sub Elemi) wohl ähnliche, aber entschieden andere Harzkörper sind.

Das ostindische Tacamahak (alba, orientalis) stellt ein gelbliches, graubraunes, halb durchsichtiges, fettglänzendes, weiches und klebriges Harz von lavendelartigem Geruch und gewürzhaft bitterem Geschmack dar.

Das Bourbon-Tacamahak oder der „Marienbalsam" ist ein weiches, dunkelblaugrünes, klebendes, etwas nach Foenum graecum riechendes, in Alkohol nur theilweise lösliches Harz; dasselbe soll mit Carannaharz (s. dort) identisch sein, was jedoch neuerdings bestritten wird.

Das amerikanische Tacamahak (occidentalis) ist ein festes Harz, aus grösseren und kleineren Stücken bestehend, etwas durchscheinend, braun, leicht zerbrechlich, auf dem Bruch flach und glänzend. Heute ist nur mehr Tacamahaca alba im Handel anzutreffen. Ein dem Tacamahaca ähnliches Harz von Calophyllum Calaba ist unter dem Namen „Resina Ocuje" bekannt, jedoch nicht im Handel.

Verfälschungen resp. Verwechslungen. Resina Anime, verschiedene Elemisorten, überhaupt nahestehende und ähnliche Harzkörper.

Analyse.

HIRSCHSOHN fand für Tacamahak folgende Werthe für die in heissem Petroläther löslichen, bei 120° C. getrockneten Antheile:

Tacamahaca orientalis	44,11 %	
schwärzlich graues Tacahamaca	52,93 %	
„ „ „	26,99 %	löslich.
Tacamahaca mexicana	69,64 %	

E. DIETERICH hat Jodzahlen von Tacamahaca alba (70,93—77,72) bestimmt und K. DIETERICH hat in neuester Zeit mehrere Sorten von Tacamahak untersucht und folgende Werthe gefunden:

	S.-Z. d.	E.-Z.	V.-Z. h.
Bourbon-Tacamahak	38,10	68,22	106,32
	39,06	78,47	117,53
Westindisches „	28,40	68,43	96,83
	22,71	75,88	98,59
„ „	20,39	77,33	97,72
	27,75	95,15	122,90
Ostindisches „	32,99	38,81	71,80
	34,43	36,57	71,00
„ „	21,41	32,67	54,08
	21,37	37,58	58,95
„ „	22,20	60,90	83,10
	22,60	66,31	88,91

Da die Tacamahakharze sehr unrein, vielleicht auch mehr oder minder Kunstprodukte sind, so dürfen die Schwankungen, welche die einzelnen Sorten zeigen, nicht Wunder nehmen. Die Werthe der ostindischen Tacamahake liegen — was bemerkenswerth ist — unter dem westindischen Produkt.

Alle oben mitgetheilten Werthe wurden nach der meist üblichen Methode (vergl. Spec. Th., Einl.) erhalten. Die von demselben Autor früher mitgetheilten V.-Z. (20—50) auf kaltem Wege sind nicht haltbar, da Tacamahak kalt nicht verseifbar ist. Vergleichszahlen lagen seiner Zeit noch nicht vor.

Litteratur.

E. Dieterich, I. D. d. H. A. p. 33. — K. Dieterich, Ph. C. 1899, Nr. 30.
— Hirschsohn, A. d. Ph. 211, p. 440.

39.

Thapsiaharz.

Resina Thapsiae.

Abstammung und Heimat. Thapsia garganica L. Umbelliferen
Nordafrika, Südeuropa.

Chemische Bestandtheile. Die Pflanze enthält einen Milchsaft,
der einen in Blättchen krystallisirenden, stickstofffreien, blasenziehenden
Körper vom Schmelzpunkt 87⁰ C. enthält; ferner Caprylsäure und die zwei-
basische Thapsiasäure $C_{16}H_{30}O_4$. Das im Handel befindliche, wirksame,
französische Extrakt der Wurzel enthält Thapsiasäure, ätherisches Oel,
66 % Harz, Euphorbon, Cholesterin, Isocholesterin, Gummi, Fett, aliphatische Säuren, ein Terpen, bei 180⁰ C. siedend, ein Camphen, bei 170⁰ C.
siedend und Wasser; das Euphorbon dürfte von einer Beimischung von
Euphorbium herrühren (nach Canzoneri).

Allgemeine Eigenschaften und Handelssorten. Das Harz der
Pflanze, resp. der Wurzel, stellt ein dunkles, nicht durchsichtiges, meist
wasserhaltiges, trübes Extrakt dar, welches höchst unangenehm riecht,
in Alkohol, Schwefelkohlenstoff, Chloroform, Aether zum grössten Theil,
in Benzin und Petroläther nur theilweise löslich ist. Zur Extraktion wird
meist Wasser und Alkohol verwendet, auch wird das Extrakt von
Thapsia villosa und Euphorbium beigemengt. Das Extrakt von
Thapsia villosa enthält auch scharfe, in Petroläther lösliche Stoffe, jedoch
ist die Wirkung milder, wie bei Thapsia garganica. Die echten französischen Handelssorten sind augenblicklich wirksamer, als die durch
den deutschen Handel bezogenen.

Verfälschungen resp. Verwechslungen. Minderwerthige Harze,
die keine reizende Wirkung haben, Euphorbium und das Harz von
Thapsia villosa.

Analyse. Ausser den verschiedenen Angaben, dass das Thapsiaharz mit dem weniger wirksamen Harz von Thapsia villosa und mit
Euphorbium vermengt wird, finden sich so gut, wie keine analytischen
Daten. Erst in neuerer Zeit hat sich K. Dieterich mit der Untersuchung des Thapsiaharzes beschäftigt und eine Methode ausgearbeitet,

welche einerseits ein gefahrloses Arbeiten gestattet und welche andererseits die ersten, wenn auch noch nicht gänzlich abgeschlossenen Grundlagen zur Werthbestimmung und Beurtheilung geschaffen hat.

Da schon das blosse Erhitzen oder Eindampfen einer Thapsia-
lösung etc. grosse Gefahren für den Arbeitenden — äusserst schmerz-
hafte, juckende Entzündungen — mit sich bringt, so hat K. Dieterich
in seiner Methode auch darauf Rücksicht genommen, dass jedes
Arbeiten mit heissen Flüssigkeiten und Eindampfen etc. vermieden
oder nur unter den entsprechenden Vorsichtsmassregeln vorgenommen wird.

Die Methode nach K. Dieterich umfasst:

a) Bestimmung des petrolätherlöslichen Antheils,

b) V.-Z. h. des petrolätherlöslichen Antheils auf 1 g berechnet,

c) Bestimmung des alkohollöslichen Antheils,

d) Bestimmung des alkoholunlöslichen Antheils,

e) V.-Z. h. des alkohollöslichen Antheils auf 1 g berechnet,

f) Gesammt-V.-Z. h. des ursprünglichen Harzes,

g) Wassergehalt,

h) Aschegehalt.

Man verfährt folgendermassen:

*Ungefähr 1 g des Thapsiaharzes wird mit genügend viel reinem
Sand vermischt, die krümelige Masse in eine Patrone (Schleicher und
Schüll) gebracht, das Gesammtgewicht von Patrone + Sand + Harz,
weiterhin von Patrone + Sand und endlich vom Harz allein notirt und
im Extraktionsapparat (Soxhlet) mit Petroläther drei Stunden extrahirt.
Man lässt erkalten und bringt die Patrone in den Trockenschrank, um
sie bei 80° C. so lange zu trocknen, bis sich kein Petroläthergeruch mehr
wahrnehmen lässt. Längeres Trocknen ist in Rücksicht auf den Wassergehalt des Harzes zu vermeiden. Der erkaltete petrolätherische
Auszug wird nun unter Verwendung des Rückflusskühlers und
gutschliessender Stopfen mit 20 ccm alkoholischer $\frac{n}{2}$ Kalilauge versetzt und eine halbe Stunde gekocht. Nach dem Erkalten wird die
„V.-Z. h. des in Petroläther löslichen Antheils" nach der meist
üblichen Methode (s. Spec. Th. Einl.) festgestellt und auf 1 g berechnet
angegeben.*

*Die „Menge des in Petroläther löslichen Antheils" wird
indirekt aus dem Gewichtsverlust der obigen Patrone berechnet und in
Procenten angegeben. Die Patrone wird nun in den Extraktionsapparat
zurückgebracht, der darunter befindliche Kolben mit 20 ccm alkoholischer $\frac{n}{2}$ Kalilauge und 50 ccm Alkohol beschickt und wieder zwei Stunden*

extrahirt. Hierbei wirkt der Alkohol als Extraktionsmittel, während das unten befindliche Alkali das vom Alkohol gelöste sofort verseift. Nach zwei Stunden lässt man den ganzen Apparat erkalten und trocknet die Patrone bei 100° C. bis zum gleichbleibenden Gewicht.

Der weitere Verlust giebt — auf % berechnet — die Werthe für den „alkohollöslichen Antheil"; derjenige Rückstand, der sich leicht durch Berechnung ergiebt, wenn man von dem Gesammtgewicht von Sand + Patrone + Harz das Gesammtgewicht von Patrone + Sand abzieht, ergiebt die Werthe für den „unlöslichen Rückstand".

Die im Kolben vorhandene Verseifungsflüssigkeit wird titrirt und die „V.-Z. h. des alkoholischen Antheils" — auf 1 g berechnet — angegeben.

Verseift man nun circa 1 g des ursprünglichen Harzes am Rückflusskühler unter Zusatz von 25 ccm alkoholischer $\frac{n}{2}$ Kalilauge und titrirt nach dem Erkalten zurück, so erhält man die „Gesammt-V.-Z. h." des ursprünglichen Harzes.

„Wassergehalt" und „Aschegehalt" werden nach bekannten Methoden festgestellt, nur mit der Vorsichtsmassregel, dass man einen gutventilirten Trockenschrank wählt, dessen Abzüge im Freien enden (leicht durch Gummischläuche und Glasröhren zu bewerkstelligen). Der petrolätherlösliche Antheil enthält die grösste Menge der wirksamen Substanzen, der alkohollösliche nur noch geringe Mengen.

Verschiedene Handelssorten, vor allem 3 echte, französische Harze und 2 minderwerthige, deutsche Handelssorten ergaben folgende, in umstehender Tabelle verzeichneten Werthe:

	Nr. 1.	Nr. 2.	Nr. 3.	Nr. 4.	Nr. 5.	Nr. 6.	Nr. 7.	Nr. 8.
Thapsiaharz	Wasser-gehalt	Asche	Petrol-äther-löslicher Antheil	V.-Z h. von Nr. 3 (auf 1 g berechnet)	Alkohol-löslicher Antheil	V.-Z. h von Nr. 5 (auf 1 g berechnet)	Alkohol-unlöslicher Rückstand	G.-V.-Z. h. des Rohharzes
Nr. I. Echt französischer Herkunft, sehr wirksam								
auf wasserhaltige Droge berechnet	10,336 %	0,403 %	23,02 %	225,90	74,83 %	340,17	2,15 %	{ 301,57 326,99
auf wasserfreie Droge berechnet	—	0,450 %	25,67 %	251,94	83,46 %	379,38	2,40 %	{ 336,33 364,68
Nr. II. Echt französischer Herkunft, sehr wirksam								
auf wasserhaltige Droge berechnet	7,916 %	0,415 %	17,75 %	332,60	82,25 %	338,74	0,00	{ 317,55 333,24
auf wasserfreie Droge berechnet	—	0,451 %	19,28 %	360,18	89,32 %	367,86	0,00	{ 344,84 361,88
Nr. III. Echt französischer Herkunft . .								
auf wasserhaltige Droge berechnet	7,43 %	0,16 %	19,73 %	282,83	72,81 %	375,42	0,199 %	{ 353,68 355,89
auf wasserfreie Droge berechnet	—	0,173 %	21,31 %	305,53	86,71 %	405,55	0,215 %	{ 383,07 384,47
Nr. IV. Herkunft zweifelhaft, Wirkung weniger gut								
auf wasserhaltige Droge berechnet	32,38 %	0,388 %	{ 42,45 % 44,03 %	{ 114,38 113,04	{ 56,67 % 53,78 %	{ 383,80 384,41	{ 0,88 % 2,19 %	{ 255,11 265,17
auf wasserfreie Droge berechnet	—	0,574 %	{ 62,78 % 65,12 %	{ 169,15 167,17	{ 83,81 % 79,35 %	{ 567,59 568,49	{ 1,30 % 3,24 %	{ 377,78 392,15
Nr. V. Herkunft zweifelhaft, durch deut-sches Haus bezogen, Wirkung schlecht								
auf wasserhaltige Droge berechnet	9,032 %	0,380 % .	{ 38,22 % 42,02 %	{ 249,21 236,59	—	{ 335,54 341,72	—	290,76
auf wasserfreie Droge berechnet	—	0,418 %	{ 42,02 % 46,19 %	{ 273,96 260,08	—	{ 368,86 375,65	—	319,63

Hieraus ergeben sich folgende Grenzwerthe und Durchschnitte für die echten, wirksamen Harze, auf wasserfreie Droge berechnet:

	I. Grenzwerthe	II. Durchschnitt
Wassergehalt	7,43 – 10,336 %	8,88 % rund 9 %
Asche	0,16 – 0,415 %	0,2875 % „ 0,3 %
petrolätherlöslicher Antheil	19,28 – 25,67 %	22,475 % „ 22,5 %
seine V.-Z. h. auf 1 g berechnet	251,94 – 360,18	306,06 „ 305
alkohollöslicher Antheil	83,46 – 89,32 %	86,39 % „ 86,5
seine V.-Z. h. auf 1 g berechnet	367,86 – 405,55	386,05 „ 386
alkoholunlöslicher Rückstand	0,00 – 2,40 %	1,2 %
Gesammt-V.-Z. h.	336,33 – 384,47	360,40 rund 360.

Gegenüber diesen Zahlen zeigt Nr. IV der Tabelle einen sehr hohen, abnormen Wassergehalt, einen sehr hohen petrolätherlöslichen Antheil und eine sehr niedrige V.-Z. h. desselben; das Harz Nr. V zeigt einen sehr hohen petrolätherlöslichen Antheil und eine niedrige V.-Z. h. desselben und ebenfalls eine sehr niedrige Gesammt-V.-Z. h. K. DIETERICH wagt auf Grund dieser Untersuchungen nicht zu behaupten, dass diese abnormen Zahlen direkt mit der Wirksamkeit des betreffenden Thapsiaharzes zusammenhängen, immerhin hält er es für angebracht, diese abweichenden, schwankenden Zahlen gegenüber den relativ gutstimmenden und in engen Grenzen liegenden Werthen der echten und wirksamen Thapsiaharze besonders hervor zu heben.

<h3 style="text-align:center">Litteratur.</h3>

CANZONERI, Gazette chim. XIII, p. 514; d. pharm. Ztg. 1884, p. 375; Ap.-Ztg. 1896, p. 994. — K. DIETERICH, Ph. C. 1899, Nr. 17. — HECKEL und SCHLAGDENHAUFFEN, A. d. Ph. 225, p. 1068. — RENARD und EYMARD, Ph. Ztg. 1896, p. 225.

<h2 style="text-align:center">40.</h2>

<h1 style="text-align:center">Terpentine.</h1>

Terebinthina, Balsamum Terebinthinae (officinell im D. A. III).

I. Gewöhnliche Terpentine:

Abstammung und Heimat. Zahlreiche Pinussorten, wie Pinus Pinaster, Pinus Laricio etc. Abietineen.

Chemische Bestandtheile. Abietin-Pimarsäure, Wasser, Terpentinöl und Bitterstoff. Tschirch hat neuerdings aus den Harzen von P. palustris, Picea vulgaris, Abies pectinata durch fraktionirte Ausschüttelung neue „krystallinische Resinolsäuren" isolirt. (Vergl. Ph. Ztg. 1899, Nr. 77.)

II. Lärchen-Venetianischer Terpentin:

Abstammung und Heimat. Larix decidua M. Abietineen.

Europa.

Chemische Bestandtheile. Aetherisches Oel $C_{10}H_{16}$ $(15-20^{0}/_{0})$ Kaffeesäure, Vanillin, Ferulasäure (?), Abietinsäure, Wasser, Bitterstoffe, Ameisensäure. Tschirch hat neuerdings durch fraktionirte Ausschüttelung neue „krystallinische Resinolsäuren" aus dem Harz von Larix decidua isolirt. (Vergl. Ph. Ztg. 1899, Nr. 77.)

Allgemeine Eigenschaften und Handelssorten. Der gewöhnliche Terpentin ist dünn- bis dickflüssig, krystallinisch, stark nach Terpentinöl riechend, mit Kalkhydrat (10 g T., 2 g K. h.) sofort erhärtend. Während die gewöhnlichen Terpentine balsamähnliche Konsistenz haben, sind die Fichtenharze — Resina Pini, welche ebenfalls von Pinusarten (s. Resina Pini) stammen — von festerer Konsistenz.

Der Venetianische Terpentin ist fast klar und wird nicht krystallinisch, erstarrt mit Kalkhydrat nicht sofort.

Der Strassburger Terpentin von Pinus Picea (Abies pectinata) ist dünnflüssig, klar, gelb, von schwacher Fluorescenz.

Die Chiosterpentine sind mastixähnlich und stammen von Pistaciaarten (s. Mastix).

Russischer Terpentin von Pinus silvestris enthält nach Schkatelow $30^{0}/_{0}$ einer krystallinischen Säure $C_{40}H_{58}O_{5}$.

Canadabalsam und Mekkabalsam sind ebenfalls Terpentine im weiteren Sinn (vergl. deren specielle Abhandlungen), Terebinthin'a cocta, siehe Resina Pini. Einen Bernsteinsäure, Abietinsäure enthaltenden Terpentin von bitterem scharfen Geschmack liefert nach Hartwich die mexikanische Abietinee Pinus religiosa. Dieser Terpentin führt den Namen „Aceite de abeto". Der Karpathische Balsam „Balsamum Carpathicum" kommt von Pinus Cembra L.

Verfälschungen resp. Verwechslungen. Künstliche Gemische aus Harz, Terpentinöl und Wasser.

Analyse. Von den zahlreichen Terpentinsorten haben vor allem Chiosterpentin, gewöhnliche Terpentine verschiedener Provenienz, Venetianischer Terpentin und auch russischer Terpentin eine analytische Untersuchung erfahren. Ebenso sind Kunstprodukte des Handels geprüft worden und der Strassburger Terpentin und Canada- und Mekkabalsam beschrieben worden. Der Canadabalsam und Mekkabalsam sind an dieser Stelle ausgeschlossen, da sie im besonderen abgehandelt wurden (s. sub Canada- und Mekkabalsam). Wenn ich die Terpentine nicht, wie vielfach üblich, unter die Balsame einreihe, so geschieht es in Rücksicht darauf, dass wir es hier nicht, wie bei den meisten Balsamen mit Lösungen von Harz in ätherischem Oel, sondern nur mit zum Theil krystallisirten, sehr dicken und zähflüssigen Mischungen zu thun haben, die den Harzen entschieden näher stehen, wie den Balsamen, trotzdem sie zum Unterschiede von den Fichtenharzen — Res. Pini (s. d.) — bedeutend weicher sind, als die in fast ganz fester Konsistenz gehandelten Fichtenharze. Dasselbe gilt vom Styrax (s. d.).

Ich werde die Analyse der Terpentine in folgender Reihenfolge abhandeln:

I. gewöhnliche Terpentine,
II. Lärchenterpentin,
III. Chiosterpentin,
IV. Strassburger Terpentin.

I. Gewöhnliche Terpentine:

Hirschsohn fand, dass die Terpentine bis auf geringe Rückstände in Petroläther löslich sind.

Kremel fand:

	I	II
S.-Z. d.	128,7	124,4

Derselbe bestimmte nur die S.-Z. d. und zwar nach der meist üblichen Methode (s. Spec. Th., Einl.).

E. Dieterich fand:

a) Terebinthina communis (abietina)

S.-Z. d.	112,45—136,81
E.-Z.	9,84— 32,75
V.-Z. h.	139,77—160,93

b) Terbinthina communis (Gallica)

S.-Z. d.	104,72—140,93
E.-Z.	2,80— 9,80
V.-Z. h.	108,99—149,33

Löslichkeit in:

Alkohol 90 °/₀	vollständig löslich
Aether	″ ″
Chloroform	″ ″
Essigäther	″ ″
Benzol	″ ″

Terpentinöl   vollständig löslich
Schwefelkohlenstoff   fast   „
Petroläther   94,04—95,71 $^0/_0$

c) **Terbinthina communis (Pini Cembrae)**

$$S.\text{-}Z.\,d.\quad 117,03—118,56$$
$$E.\text{-}Z.\quad 56,01—\ 60,19$$
$$V.\text{-}Z.\,h.\quad 173,04—178,75$$

d) **Terbinthina communis (Pini silvestris)**

$$S.\text{-}Z.\,d.\quad 128,65—144,94$$
$$E.\text{-}Z.\quad 34,59—\ 38,75$$
$$V.\text{-}Z.\,h.\quad 167,40—179,53$$

Sämmtliche Werthe wurden nach der meist üblichen Methode (Spec. Th. Einl.) festgestellt, nur wurde die Verseifungsflüssigkeit erst eingedampft und dann wieder mit Alkohol aufgenommen und nun zurücktitrirt.

K. DIETERICH fand:

	I.	II.	III.	IV.
S.-Z. d.	107,98	107,69	112,42	113,36
E.-Z.	10,02	7,82	17,25	20,39
V.-Z. h.	118,00	115,51	129,67	133,65

Derselbe fand später:

	I.	II.	III.	IV.	V.
S.-Z. d.	112,93	115,13	115,32	114,84	115,88
E.-Z.	7,77	6,30	7,15	4,29	4,14
V.-Z. h.	120,70	121,43	122,47	119,13	120,02

Auch diese Werthe wurden nach der meist üblichen Methode (Spec. Th. Einl.) festgestellt.

DIETZE fand für französischen Terpentin

$$S.\text{-}Z.\,d.\quad 119,67—120,41$$
$$E.\text{-}Z.\quad 1,76—\ 3,05$$
$$V.\text{-}Z.\,h.\quad 121,43—123,46$$

Diese nach der meist üblichen Methode (Spec. Th. Einl.) erhaltenen Zahlen stimmen mit denen von E. DIETERICH (s. o. Tereb. commun. Gallica) gut überein.

KITT bestimmte vom Harz von Pinus halepense Carbonylzahlen und fand:

	I.	II.
C.-Z.	0,28	0,57

K. DIETERICH bestimmte beim gewöhnlichen Terpentin Acetylzahlen und fand:

$$A. \begin{cases} S.\text{-}Z. & 123,75-125,55 \\ E.\text{-}Z. & 62,32-93,79 \\ V.\text{-}Z. & 187,87-217,04 \end{cases}$$

Während das Ausgangsprodukt zähflüssig ist, zeigt das Acetylprodukt nach K. Dieterich feste Beschaffenheit.

Ueber den Werth der Carbonyl- und Acetylzahlen, vergl. Chem. Revue 1898, Heft 10.

In der Hauptsache ist der gewöhnliche Terpentin vom venetianischen durch die dem ersteren zukommende höhere S.-Z. d. unterschieden. Von dem oben erwähnten russischen Terpentin von Pinus silvestris (vergl. hierzu die Werthe von E. Dieterich, sub d) sind von Schkatelow nur die chemischen, nicht aber analytische Daten mitgetheilt worden. Im allgemeinen zeigen alle Pinusterpentine dieselben Zahlen und lassen sich somit nur äusserlich unterscheiden. Auch ihre Löslichkeit in Aether und Alkohol ist eine fast völlig übereinstimmende. Im Gegensatz zum Colophonium, welches den Destillationsrückstand vom Terpentin darstellt, enthalten alle Terpentine wie auch die Fichtenharze (s. Res. Pini) esterartige Verbindungen. Bei der Destillation scheinen gerade diese als solche, oder in Form ihrer Spaltungs- und Zersetzungsprodukte überzugehen, so dass das Colophonium als esterfreies, aber äther- und laktonhaltiges Harz — ohne oder nur mit Spuren von ätherischem Oel — zurückbleibt. (Vergl. hierzu sub Colophonium.)

Ueber die Prüfung der Terpentine nach dem D. A. III. s. Ph. Centralhalle 1898, Nr. 20.

II. Lärchenterpentin.

Der venetianische Terpentin als eine werthvollere Sorte hat eine weit eingehendere Analyse erfahren, als der gewöhnliche Terpentin.

Analytische Werthe über den venetianischen Terpentin wurden bisher mit ziemlicher Genauigkeit und auch in guter Uebereinstimmung festgestellt:

Hirschsohn fand, dass der Lärchenterpentin fast vollständig in Petroläther löslich ist.

A. Kremel fand:

	I.	II.
S.-Z. d.	68,4	70,3

Derselbe titrirte direkt, stellte aber E.-Z. und V.-Z. h. nicht fest.

v. Schmidt und Erban fanden:

S.-Z. d.	67,7
E.-Z.	29,8
V.-Z. h.	97,5

Löslichkeit in:

Alkohol	löslich
Aether	"
Methylalkohol	"
Amylalkohol	"
Benzol	"
Petroläther	fast ganz löslich
Aceton	löslich
Eisessig	"
Chloroform	"
Schwefelkohlenstoff	theilweise löslich
Terpentinöl	löslich.

Die S.-Z. d., E.-Z. und V.-Z. h. wurden nach der meist üblichen Methode (s. Spec. Th., Einl.) festgestellt.

BECKURTS und BRÜCHE fanden:

	I.	II.	III.	IV.	V.	VI.	VII.
Spec. Gew.	1,091	1,121	1,160	1,100	1,180	1,190	1,060
S.-Z. d.	85	76	81	94	101	98	93
E.-Z.	9	5	0	3	0	0	6
V.-Z. h.	85	81	81	97	101	98	99

Die S.-Z. d., E.-Z. und V.-Z. h. wurden nach der meist üblichen Methode (s. Spec. Th., Einl.) festgestellt.

E. DIETERICH fand:

S.-Z. d.	64,44—76,69
E.-Z.	35,41—55,94
V.-Z. h.	108,27—132,63

Löslichkeit in

Alkohol 90%	völlig löslich
Chloroform	" "
Essigäther	" "
Benzol	" "
Terpentinöl	" "
Schwefelkohlenstoff	fast vollständig löslich
Petroläther	98,89% — vollständig löslich
Aether	fast vollständig löslich.

Bei der Bestimmung der V.-Z. h. wurde die Verseifungsflüssigkeit wieder eingedampft, wieder aufgenommen und erst dann titrirt. Die S.-Z. d. wurde durch direkte Titration der alkoholischen Lösung ermittelt. Die Löslichkeit stimmt gut mit der v. SCHMIDT und ERBAN (s. o.) gefundenen überein.

K. Dieterich fand:

S.-Z. d.   66,93—68,85
E.-Z.   46,27—54,94
V.-Z. h.   114,56—127,71

Auch diese Zahlen wurden nach der meist üblichen Methode (s. Spec. Th., Einl.) festgestellt und stimmen mit denen der übrigen Autoren gut überein.

Auch Acetyl- und Methylzahlen wurden vom venetianischen Terpentin bestimmt.

Es fand K. Dieterich:

$$A.- \begin{cases} \text{S.-Z.} & 69,87-72,19 \\ \text{E.-Z.} & 109,08-118,67 \\ \text{V.-Z.} & 178,95-190,86 \end{cases}$$

Gregor fand ebenso wie Bamberger als Methylzahlen die Werthe o.

Was nun die Verfälschung von Lärchenterpentin betrifft, so kommen für denselben vor allem Kunstprodukte, gewöhnliche Pinusterpentine und fremde Harze in Frage.

Ueber künstlichen venetianischen Terpentin berichtete Hoffmann. Nach demselben ist ein solches Produkt frei von Terpentinöl, und verhält sich vollkommen anders. Nach Schaal stellt man einen solchen künstlichen Terpentin aus Coniferenharzen und zwar so dar, dass man diese im Vacuum bei 270° C. abdestillirt und diese dann mit Terpentinöl im luftverdünnten Raum übertreibt.

E. Dieterich hat ein solches Kunstprodukt untersucht und fand: S.-Z. d. 98,79, E.-Z. 0,88, V.-Z. h. 97,66.

v. Itallie sagt

„In den Helfenberger Annalen von 1893 erwähnt E. Dieterich Lösungen von Harzen in Harzöl, die für Terebinthina veneta verkauft werden. Von derartigen Lösungen sind S.-Z. d. und V.-Z. h. ungefähr gleich, während bei guten Terpentinarten die S.-Z. d. 70 und die V.-Z. h. 120 ist.

Ich erhielt nun zwei Terpentinarten mit den folgenden Werthen:

S.-Z. d.   V.-Z. h.
97,0   108,0
99,5   109,3

Es lagen hier also Mischungen vor, die zum grössten Theil aus Harz und Harzöl bestanden."

Hirschsohn sagt über den Nachweis von gewöhnlichem Terpentin im Lärchenterpentin:

„Zum Nachweis des gewöhnlichen Terpentins im Lärchenterpentin (venetianischer Terpentin) eignet sich die von anderer

Seite hierzu empfohlene Hübl'sche Verseifungsmethode nicht, weil die hierbei resultirenden S.-Z. und E.-Z. sowohl beim gewöhnlichen Terpentin wie auch beim Lärchenterpentin ausserordentlich variiren."

Dagegen hat E. Hirschsohn in dem Verhalten des Terpentins zu Ammoniakflüssigkeit ein Mittel gefunden, welches nicht nur die sichere Unterscheidung der beiden Terpentine, sondern bis zu einem gewissen Grade auch den Nachweis des gewöhnlichen Terpentins im Lärchenterpentin ermöglichen soll:

„Uebergiesst man eine kleine Menge des gewöhnlichen Terpentins in einem Reagenzglase mit Salmiakgeist von 0,96 spec. Gew., so vertheilt sich der Terpentin nach und nach in der Flüssigkeit zu einer Milch; behandelt man in der gleichen Weise den Lärchenterpentin, so bleibt die Flüssigkeit klar. Versucht man, den Terpentin mit einem Glasstäbchen in der Ammoniakflüssigkeit zu vertheilen, so beobachtet man, wie der Lärchenterpentin sich anfangs, scheinbar ohne Veränderung, wie eine ölige Masse in der wässerigen Flüssigkeit verhält, um beim weiteren Rühren allmählich in eine halbfeste, farblose, undurchsichtige Masse überzugehen, wobei die Flüssigkeit nur eine schwache Trübung zeigt; der gewöhnliche Terpentin dagegen zergeht sofort und bildet eine Milch, welche nach kurzer Zeit zu einer Gallerte erstarrt, namentlich, wenn auf 1 Theil Terpentin etwa 5 Theile Salmiakgeist genommen worden waren. Lärchenterpentin mit 50% gewöhnlichem Terpentin vertheilt sich sehr leicht im Salmiakgeist, die Mischung wird nach etwa 5 Minuten fest und beim Einstellen in kochendes Wasser klar; eine Mischung mit 30% gewöhnlichem Terpentin vertheilt sich ebenfalls leicht, wird nach etwa 10 Minuten fest und im Wasserbade klar; mit 20% gewöhnlichem Terpentin versetzt, zergeht die Probe ziemlich leicht zur Milch, wird nicht fest, aber im Wasserbade klar; Beimengungen von weniger als 20% des gewöhnlichen Terpentins lassen sich jedoch nur nachweisen, wenn man einen unzweifelhaft reinen Lärchenterpentin zum Vergleich bei der Hand hat.

Mischungen von Lärchenterpentin mit nicht weniger als 30% gewöhnlichen Terpentins lassen sich auch einigermassen sicher mit 80°/₀igem Alkohol erkennen. Wird nämlich 1 Theil Terpentin mit 3 Theilen Alkohol übergossen und geschüttelt, so entsteht beim Lärchenterpentin eine fast klare Lösung, während vom gewöhnlichen Terpentin sich über die Hälfte des angewandten Quantums nach kurzer Zeit abscheidet."

Wenn diese Methode von Hirschsohn auch nicht einwandfrei ist und sein Urtheil über die S.-Z. d., E.-Z. und V.-Z. h. keinesfalls zu billigen ist, so möge doch diese Probe für die Heranziehung in einem Zweifelsfall hier Platz finden. Der Werth der S.-Z. d., E.-Z. und V.-Z. h. geht doch wohl schon daraus hervor, dass der gewöhnliche Terpentin eine viel höhere S.-Z. d., als der venetianische zeigt und grössere Zusätze von gewöhnlichem zu venetianischem Terpentin an diesen Werthen wohl erkannt werden können. Als interessant und als bemerkenswerth für den Werth der Acetylzahlen sei auch hervorgehoben, dass nicht nur die S.-Z d., sondern auch die Acetylsäurezahlen beim gewöhnlichen Terpentin viel höher, als beim venetianischen Terpentin liegen. Die Menge der Hydroxylgruppen, durch die Acetylzahlen ausgedrückt, ist also je nach der Menge der hydroxylhaltigen Harzsäuren hoch oder niedrig ausgefallen. Dasselbe ist von den Acetylester- und Acetylverseifungszahlen zu sagen. Ueber den Werth der Methyl- und der Acetylzahlen der Harze s. Chem. Revue 1898, Heft 10. Ueber die Prüfung der Terpentine nach dem D. A. III s. Pharmaceutische Centralhalle 1898, Nr. 20.

III. Chios-Terpentin.

Wenngleich der Chiosterpentin fälschlich öfters zu den Larixterpentinen gezählt wird, so sei er schon desshalb im besonderen abgehandelt, da sich mehrere Angaben in der Litteratur über denselben finden.

Nach WIGNER ist von Chiosterpentin folgendes zu verlangen:

„Das spec. Gew. ist 1,050, variirt jedoch ebenso wie die Konsistenz mit dem geringeren oder grösseren Gehalt an flüchtigem Oel. Der Geschmack ist schwach aromatisch, terpentinartig, ganz ohne Bitterkeit und Schärfe, der Geruch angenehm aromatisch, schwach an Terpentin erinnernd. In Alkohol und Aether löst sich der Chiosterpentin, nur erdige Beimischungen hinterlassend. Die Auflösung in rectificirtem Alkohol ist nicht ganz klar, setzt aber beim Abkühlen kaum etwas ab. Eine Beimischung von Coniferenterpentin lässt sich durch die Löslichkeit erkennen. Man wird hierauf auch hingeleitet, wenn sich in dem Ungelösten unter dem Mikroskop die dem Coniferenholze so eigenthümlichen getüpfelten Gefässe erkennen lassen. Zur Unterscheidung von anderen Terpentinsorten dient auch noch das optische Verhalten des Chiosterpentins. Das ätherische Oel desselben ist nämlich stark rechtsdrehend, das der meisten Coniferen aber linksdrehend. Umgekehrt ist das Harz der meisten Coniferen rechtsdrehend, das des Chiosterpentins aber wahrscheinlich linksdrehend".

W. BETTINK verlangt, dass ein Chiosterpentin völlig löslich in siedendem Alkohol sei; diese Lösung muss sich beim Erkalten trüben. Der Geschmack darf weder bitter noch scharf sein. Der Terpentin selbst soll keine Krystalle enthalten. Die mechanischen Verunreinigungen dürfen keine getüpfelten Gefässe der Coniferen aufweisen. Da diesem Autor authentische Proben vorlagen, so sind diese Anhaltspunkte werthvoll; vor allem sei auf die mikroskopische Prüfung dieses Terpentins hingewiesen.

Landerer hat schon vor langer Zeit auf die Verfälschungen des Chiosterpentins aufmerksam gemacht und hat sogar bis 20 und 30 % Sand und Steine im naturellen Produkt gefunden.

Kremel giebt für Chiosterpentin folgende Werthe an:

$$\begin{array}{ccc} & \text{I.} & \text{II.} \\ \text{S.-Z. d.} & 47,8 & 53,4 \end{array}$$

V.-Z. hat dieser Autor nicht bestimmt; die S.-Z. wurde durch direkte Titration ermittelt.

E. Dieterich hat auch Chiosterpentin genau untersucht und werthvolle Angaben gemacht. Nicht zu billigen ist es jedoch, dass in diesen Untersuchungen der Chiosterpentin, der von Pistaciaarten stammt, als Tereb. „Laricina“ Chios abgehandelt wird. Gerade durch das Fehlen der Elemente (getüpfelte Gefässe) der Coniferen ist dieser Pistaciaterpentin von dem Pinus- und Larix-Terpentin unterschieden und keinesfalls zu den Larixterpentinen zu zählen.

E. Dieterich fand:

$$\begin{array}{ll} \text{S.-Z. d.} & 47,13-48,53 \\ \text{E.-Z.} & 19,13-21,47 \\ \text{V.-Z. h.} & 66,26-70,00 \end{array}$$

Löslichkeit in:

Aether	fast völlig — vollständig löslich
Chloroform	„ „ „ „
Essigäther	„ „ „ „
Benzol	„ „ „ „
Terpentinöl	„ „ „ „
Alkohol 90 %	98,64 % „ „
Schwefelkohlenstoff	fast vollständig löslich
Petroläther	98,49 % fast vollständig löslich.

IV. Strassburger Terpentin (Terebinthina argentoratensis).

Wenngleich eigentliche analytische Daten über den Strassburger Terpentin fehlen, und derselbe heute so gut wie vom Markt verschwunden ist und wohl nur noch selten gehandelt wird, so sei derselbe doch der Vollständigkeit halber an dieser Stelle erwähnt.

Nach Flückiger stimmt der Harzsaft der Weisstanne mit dem Canadischen Terpentin (siehe Canadabalsam) bis auf die Löslichkeit überein. Der erstere ist nach Flückiger in allen Verhältnissen mit Eisessig, absolutem Alkohol und Aceton klar mischbar; auch ist der Geruch des Weisstannenterpentins noch feiner, so dass er früher in Frankreich als Térébinthine au citron bezeichnet wurde. Der Geschmack zeigt nicht die Schärfe, auch weniger Bitterkeit als der Canadabalsam. Eine Fluorescenz ist nicht wahrnehmbar.

Litteratur.

BECKURTS und BRÜCHE, A. d. Ph. 230, p. 83. — BETTINK, A. d. Ph. 219, p. 149. — F. DIETZE, Südd. Ap.-Ztg. 1897, Nr. 44. — E. DIETERICH, I. D. d. H. A. p. 33, 34. — K. DIETERICH, H. A. 1896, p. 102, 1897, p. 39 ff., 101 u. 102; Ph. C. 1898, Nr. 19; Ch. R. 1898, Heft 10. — FLÜCKIGER, Pharmacognosie des Pflanzenreiches p. 82. — GREGOR und BAMBERGER, Oestr. Ch.-Ztg. 1898, Nr. 8 u. 9. — HIRSCHSOHN, A. d. Ph. 211, p. 153, 227, p. 999; Ph. C. 1889, p. 745. — KITT, Ch.-Ztg. 1898, p. 358. — KREMEL, N. z. P. d. A. 1889. — VAN ITALLIE, Ap.-Ztg. 1895, p. 694. — LANDERER, A. d. Ph. 171, p 236. — v. SCHMIDT und ERBAN, R. E. Bd. V, p. 142—143. — WIGNER, A. d. Ph. 218, p. 227.

41.

Turpethharz.
Resina Turpethi.

Abstammung und Heimat. Ipomoea Turpethum R. Brown, Convolvulaceen. *Ostindien.*

Chemische Bestandtheile. Das Harz „Turpethin" soll mit dem Scammonin in der Zusammensetzung identisch sein; richtiger ist es in der Zusammensetzung identisch mit dem im Jalapenharz gefundenen Orizabin = Jalapin $C_{34}H_{56}O_{16}$ (nach SPIRGATIS). Nach SPIRGATIS ist das Scammonin wieder identisch mit Orizabin = Jalapin. Das Turpethin ist nach SPIRGATIS ein Glykosid von der Formel $C_{34}H_{56}O_{16}$.

Allgemeine Eigenschaften und Handelssorten. Braungelbes, fast geruchloses Harz, von bitterem und scharfem Geschmack, leicht löslich in Weingeist, nicht löslich in Aether. Im Handel ist das aus der Wurzel extrahirte Harz, welches in Stangen geformt wird

Verfälschungen resp. Verwechslungen. Pflanzliche und mineralische Verunreinigungen, Kunstprodukte.

Analyse. Das Turpethharz wird ähnlich wie das Jalappenharz und Scammoniumharz so hergestellt, dass man die Wurzel erst mit Wasser auskocht und dann durch Alkohol das Harz gewinnt.

Das Turpethharz ist an dieser Stelle vor allem deshalb mit abgehandelt worden, weil seine Bestandtheile nach SPIRGATIS identisch sind mit Scammonin und Jalapin. Das Harz selbst ist in Stangen im Handel und zeigt einen Schmelzpunkt, der bei 183° C. liegen soll. Von

Resina Scammonium und Jalapae ist es dadurch unterschieden, dass es in Aether unlöslich ist; erstere Harze sind darin grösstentheils löslich. In Alkohol sind alle drei Harze löslich. Der Aschegehalt soll, wie bei Resina Scammonium und Jalapae möglichst gering sein.

K. DIETERICH hat das Turpethharz des Handels, das Resina Turpethi in Stangen nach der meist üblichen Methode (s. Spec. Th., Einl.) untersucht und folgende Werthe gefunden:

	I.	II.	III.	IV.
S.-Z. d.	20,73	24,45	22,93	20,55
E.-Z.	139,98	137,27	141,01	139,94
V.-Z. h.	160,71	161,72	163,94	160,49

Nach diesem Ausfall der Zahlen scheint das Turpethharz des Handels ziemlich gleichmässig zusammengesetzt zu sein.

Litteratur.

K. DIETERICH, Ph. C. 1899, Nr. 30.

C. Gummiharze.

Ebenso, wie bei vielen Harzen, so ist auch hier bei den Gummiharzen vorauszuschicken, dass die bisher erhaltenen analytischen Werthe fast ohne Ausnahme aus Extrakten gewonnen wurden. Diesen Zahlen ist also — wie ja schon an mehreren Stellen ausführlich erörtert wurde — nur relativer Werth zuzumessen. Die aus den Extrakten erhaltenen Zahlen können nie denen des Rohproduktes entsprechen, geschweige einen massgebenden Schluss auf die Beschaffenheit des letzteren zulassen (vergl. Allgem. Th., allgemeine und specielle Leitsätze). Der Vollständigkeit halber sollen trotzdem diese auf die Extrakte bezüglichen Werthe registrirt werden, da sie im Zweifelfall, mindestens zur Charakteristik der Extrakte der Gummiharze, eventuelle Anhaltspunkte geben werden. Es existiren übrigens schon heute auch für die meisten der Gummiharze Zahlen, welche aus dem unveränderten Rohprodukt erhalten worden sind. Besonders mag gerade hier bei den Gummiharzen hervorgehoben werden, dass die bisher für diese Produkte erhaltenen analytischen Werthe die relativ grössten Schwankungen unter allen Harzprodukten zeigen. Es ist dies allerdings zum Theil auf die Methoden, resp. auf die Verwendung von Extrakten zurückzuführen, zum grösseren Theil muss aber den Grund hierfür in der sehr wechselnden Beschaffenheit der Gummiharze überhaupt gesucht werden. Von allen Harzkörpern sind es diese, welche im Gehalt an aetherischem Oel, Gummi, Harz etc. und im gegenseitigen Verhältniss dieser Körper sehr schwanken. Weiterhin zeigen auch die Gummiharze von allen Harzkörpern die grösste Menge (bis $50\,^0/_0$) Asche und Verunreinigungen. Schon aus diesem Grunde und in Rücksicht auf die schmierige Beschaffenheit der Gummiharze überhaupt ist es mit Schwierigkeiten verbunden, für die Analyse wirkliche Durchschnittsmuster zu gewinnen. Es empfiehlt sich, um die Gummiharze zerreiben zu können, dieselben kalt zu stellen, sei es im kalten Keller, oder noch besser im Eisschrank oder in einer Kältemischung und erst dann zu zerreiben. Wärme, wie es fälschlich das Arzneibuch vorschreibt, ist nicht nur ohne Erfolg und unpraktisch, sondern auch irrationell, da Verluste an ätherischem Oel herbeigeführt werden. Gerade bei den Gummiharzen muss man 4—5 Muster herstellen und die definitiven Werthe aus 4—5 Analysen berechnen. Was oben von der Erwärmung der Gummiharze gesagt wurde, gilt auch für die sogenannten „gereinigten Gummiharze" (auf trockenem oder nassem Wege), welche einst sehr häufig, jetzt nur mehr selten im Handel sind. Diese Extrakte sind zweifelsohne praktisch und auch relativ rein, dem Rohprodukt entsprechen sie aber nur in sehr geringem Grade. Es ist darum nur anzuerkennen, dass die deutsche Pharmacopoe diese Produkte bisher nicht aufgenommen hat, was die schweizerische Pharmacopoe allerdings nur, soweit es die trockenen, durch Absieben gereinigten Gummiharze betrifft, gethan hat.

42.

Ammoniacum.

Gummi- resina Ammoniacum (officinell in D. A. III).

Abstammung und Heimat. Dorema Ammoniacum, Umbelliferen.
Persien.

Chemische Bestandtheile. In Wasser und Alkohol unlösliche Bestandtheile ($3{,}5\,°/_0$), saures und indifferentes Harz (in summa $60\,°/_0$). Beide Harze sind schwefelfrei. Das saure Harz ist ein Ammoresinotannolsalicylsäureester. Das isolirte Ammoresinotannol hat die Formel $C_6H_{10}O$ resp. $C_{18}H_{29}O_2 . OH$, ist also dem Galbaresinotannol (siehe Galbanum) analog zusammengesetzt. Aetherisches Oel ($0{,}2-0{,}4\,°/_0$) aber kein Umbelliferon und kein Schwefel. Freie Salicylsäure in Spuren. Flüchtige Säuren, wie Essigsäure und Capronsäure (nach Tschirch und Luz). Das Gummi ($12-16\,°/_0$) ist dem Gummi arabicum ähnlich, stickstofffrei und giebt bei der Hydrolyse Galactose, Arabinose und Mannose (nach Frischmuth).

Allgemeine Eigenschaften und Handelssorten. Das p e r s i s c h e A m m o n i a c u m stellt grauweisse Massen dar oder aussen gelbe, innen weisse Thränen. In der Kälte ist es spröde, von eigenthümlich aromatischem Geruch. Die Sorte „i n m a s s a" enthält mehr ätherisches Oel, wie die Sorte „i n l a c r y m i s" — erstere ist daher schmierig, letztere ist fest. Zwar ist eben genannte Sorte reiner, verdient aber wegen ihres geringen Gehaltes an ätherischem Oel, speciell für pharmaceutische Zwecke keinen Vorzug vor der ersteren Marke. In Wasser

und Alkohol ist dieses persische Ammoniacum — übrigens die einzig
übliche Handelssorte — nur theilweise löslich.

Das afrikanische Ammoniacum von Ferula tingitana ist dem
persischen Ammoniacum äusserlich nur wenig ähnlich; es ist bedeutend
dunkler, unreiner und von ganz anderem Geruch und Geschmack, auch
scheint nur die Sorte „in massa" zu existiren. Mit Salzsäure und Ammoniak behandelt (wie bei Galbanum, s. d.) giebt dasselbe zum Unterschied
vom persischen Ammoniacum die Umbelliferonreaktion. Auch unterscheidet es sich durch seine analytischen Werthe vom persischen Ammoniacum und Galbanum.

Verfälschungen resp. Verwechslungen. Galbanum, afrikanisches
Ammoniacum, minderwerthige Harze, Pflanzenreste etc.

Analyse. Auf die Unreinheit des Ammoniacums ist verschiedentlich, besonders in Bezug auf die Asche hingewiesen worden. E. Dieterich
empfahl deshalb die elegirte oder gereinigte Waare zu nehmen und sie
auch für das Arzneibuch zur Aufnahme zu befürworten. Wenn man
auch durch den Reinigungsprozess die Asche und den Gehalt an Unreinigkeiten herabdrücken kann, so ist doch hierbei alles das zu bedenken,
was in der Einleitung zu „Gummiharze" im allgemeinen über die „gereinigten Gummiharze" gesagt worden ist. Sehr richtig fordert die
dänische Pharmacopoe, dass das Ammoniacum „abgekühlt" gepulvert
werden soll. Vergl. auch hierzu die allgemeine Einleitung. Weder die
Aufnahme eines gereinigten Gummiharzes, wie es E. Dieterich und
Thoms für die Arzneibücher befürworten, noch das Erhitzen des Ammoniacums vermögen hier Wandel zu schaffen, sondern nur eine strenge
und genaue Festsetzung der Asche und der alkohollöslichen und alkoholunlöslichen Antheile, wie es zu öfterem von K. Dieterich betont worden
ist. Von Reaktionen ist vor allem die von Picards und die von Plugge
hervorzuheben, weiterhin die Prüfung auf Galbanum nach K. Dieterich.
Picards fand, dass die alkoholische Lösung des Gummiharzes mit unterchlorigsaurem Natron eine schöne rothviolette Farbe gab. Plugge
empfiehlt statt unterchlorigsaurem Natron das unterbromigsaure und
will bis zu $1\,^0/_0$ Ammoniacum im Galbanum und in anderen Gemischen
nachgewiesen haben. Dem Verfasser dieses Buches ist das nicht gelungen;
derselbe untersuchte sogar stark verunreinigte Sorten, welche nicht die
charakteristische Färbung, sondern schmutzige, keinesfalls charakteristische Farbentöne gaben. Es dürfte also auch dieser, wie allen Farbenreaktionen nur relativer Werth zuzumessen sein. Der Nachweis von
Ammoniacum im Galbanum ist, wie unter Galbanum ausgeführt werden
wird, auf quantitativem Weg wohl möglich. Plugge hat mit titrirter
Bromlösung auch quantitativ das Ammoniacum in Gemischen zu be-

stimmen gesucht. Seine Untersuchungen haben folgende Bestandtheile für Ammoniacum ergeben, wobei die älteren Autoren zum Vergleich beigefügt wurden:

PLUGGE und andere Autoren vor ihm fanden:

Bestandtheile	PLUGGE	BUCHOLZ	BRACON-NOT	MOSS	HIRSCHSOHN
Aetherisches Oel .	1,27 %	}	}	} 2,8 %	1,43— 6,68 %
Wasser	5,10 „	} 4,0 %	} 7,2 %		0,81— 3,27 „
Aschenbestandtheile	2,00 „	}	}	2,3 „	2,02—16,88 „
Harz	65,53 „	72,0 „	70,0 „	68,6 „	47,12—69,22 „
Gummi	26,10 „	22,4 „	18,4 „	19,3 „	—
Bassorin	—	1,6 „	—	—	—
Leimartige Stoffe .	—	—	4,4 „	5,4 „	—
Extraktivstoffe . .	—	—	—	1,6 „	—
Zucker etc. . . .	—	—	—	—	1,61— 4,59 %
In Wasser lösliche Bestandtheile . .	—	—	—	—	11,85—25,74 „
Rest	—	—	—	—	0,81— 3,09 „

HIRSCHSOHN fordert von den persischen Sorten, dass der im Petroläther lösliche Antheil bei den Marken „in massa" nicht unter 55 %, bei den „in granis" nicht unter 66 % liege. Für den Aschegehalt wird 3 % festgesetzt. (Dies dürfte heute eine Grenze sein, welcher nur die wenigsten Sorten in massa entsprechen! K. D.) Eine grosse Anzahl qualitativer Reaktionen vervollständigen die ausführlichen Arbeiten über Ammoniacum; auch wird eine Reaktion angegeben, welche persisches Galbanum und afrikanisches Ammoniacum unterscheiden lassen. Da letzteres nicht im Handel ist, so dürfte bei dem verschiedenen Ursprung und dem verschiedenen Handelsweg eine Verfälschung ausgeschlossen sein, eine Verwechslung beider Sorten ist aber schon desshalb ausgeschlossen, weil das äussere von afrikanischem Ammoniacum auf den ersten Blick vom Galbanum — ganz abgesehen von den analytischen Unterschieden vergl. KREMEL und K. DIETERICH — zu unterscheiden ist. Beide geben jedoch die Umbelliferonreaktion mit Salzsäure und Ammoniak (vergl. oben Nachweis von Galbanum oder afrikanischem Ammoniacum im persischen Ammoniacum).

KREMEL fand:

	% Harz	S.-Z. d.	E.-Z.	V.-Z. h.
1. Ammoniacum persisch	67,7	112	30,6	142,6
2. „ „	67,1	110	50,0	160,0
3. „ „	70,7	100	50,5	150,5
4. „ afrikanisch	77,6	59,0	123,0	182,0

vom Extrakt.

Wie in der Einleitung ausgeführt, sind fast alle Zahlen, so auch obige unter Zugrundlegung des Extraktes bestimmt. Die S.-Z. d., E.-Z. und V.-Z. h. desselben wurde dann nach der meist üblichen Methode (s. Einl. zum Spec. Th.) bestimmt.

Das persische und afrikanische Ammoniacum sind schon auf analytischem Wege leicht zu unterscheiden, ebenso ist letzteres auf demselben Wege von Galbanum (s. d.) zu unterscheiden. Die verschiedenen unzuverlässigen qualitativen Farbenreaktionen sind demnach überflüssig.

E. Dieterich fand:

		crudum	depuratum
vom Extrakt	S.-Z. d	57,12—105,45	78,96—135,00
	E.-Z.	64,40— 91,22	73,00— 98,00
	V.-Z. h.	146,16—196,67	180,00—233,00
	Verlust bei 100° C.	3,8—12,20 %	2,15 %
	Asche	0,9—10,08 %	1,05—2,75 %

Löslichkeit:

In Alkohol 96% löslich		46,0—88,20%	66,50—76,53%
„ „ „ unlöslich		22,23—42,96%	—

Die S.-Z. d., E.-Z. und V.-Z. h., wie oben bei Kremel bestimmt.

Beckurts und Brüche fanden:

Nummer	Handels- sorte	Spec. Gewicht bei 15°	Asche in %	In Alkohol löslich %	S.-Z. d.	E.-Z.	V.-Z. h.
1	depurat.	1,214	4,47	59	69	37	106
2	„	1,198	3,20	63	75	22	97
3	„	1,190	0,79	68	80	19	99
4	„	1,200	3,97	61	76	38	114
5	in granis	1,200	3,84	56	70	35	105

vom Extrakt

K. Dieterich hat eine neue Methode für die Untersuchung von Ammoniacum, unter Zugrundlegung des Rohproduktes, nicht eines Extraktes, ausgearbeitet. Es sind dies die ersten Zahlen, welche wirklich auf das unveränderte Rohprodukt Bezug haben. Die S.-Z. wird auf 2 Arten bestimmt. Entweder nach der Reichert-Meissl'schen Methode durch Uebertreibung der flüchtigen Antheile oder durch Aufschliessen des Ammoniacums und Zusatz von Lauge und Rücktitration nach genau 5 Minuten. Direkte Titration ist ausgeschlossen, da keinesfalls ein wirklich sichtbarer Umschlag, sondern undefinirbare Zwischenstufen von gelbroth eintreten. Die Aufschliessung mit Wasser und Alkohol ist deshalb nöthig, um die sauren Bestandtheile herauszulösen und sie der nur 5 Minuten einwirkenden, überschüssigen Lauge zugängig zu machen. Längere Einwirkung der Lauge bewirkt Verseifung. Die G.-V.-Z. wird zusammen mit der H.-Z. und G.-Z. auf fraktionirtem Wege festgestellt

K. Dieterich verfährt folgendermassen:

a) S.-Z f.

0,5 g Ammoniakgummi übergiesst man in einem Kolben mit etwas Wasser und leitet nun heisse Wasserdämpfe durch. Der erstere Kolben wird in einem Sandbad zur Verhütung zu starker Wasserdampf-Kondensation erhitzt. Die Vorlage beschickt man mit 40 ccm wässeriger $\frac{n}{2}$ Kalilauge und das aus dem Kühler kommende Rohr taucht man in die Lauge ein. Man zieht genau 500 ccm über, spült das Destillationsrohr von oben her und unten gut mit destillirtem Wasser ab und titrirt unter Zusatz von Phenolphtaleïn zurück. Die Menge der gebundenen ccm KOH lassen durch Multiplikation mit 28,08 die S.-Z. f. berechnen.

„In diesem Falle giebt die S.-Z. f. die Anzahl Milligramme KOH an, welche 500 ccm Destillat von 0,5 g Ammoniacum mit Wasserdämpfen abdestillirt, zu binden vermögen.“

b) S -Z. ind.

ca. 1 g Ammoniacum kocht man zur Aufschliessung mit 50 g Wasser und 100 g Alkohol nacheinander je ¼ Stunde lang am Rückflusskühler. Nach dem Erkalten ergänzt man das Gewicht mit angewandter Substanz auf 150 g, filtrirt und setzt zu 75 g des Filtrats = 0,5 g Substanz 10 ccm alkoholische $\frac{n}{2}$ Kalilauge, lässt genau 5 Minuten stehen und titrirt dann mit $\frac{n}{2}$ Schwefelsäure und Phenolphtaleïn zurück. Die Anzahl der gebundenen ccm KOH mit 28,08 multiplicirt und auf 1 g Substanz berechnet giebt die S.-Z. ind.

c) H.-Z. und G.-V.-Z.

Zweimal je 1 g Ammoniakgummi zerreibt man und übergiesst mit je 50 ccm Petroleumbenzin (0,700 spec. Gew. bei 15° C.), dann fügt man je 25 ccm alkoholische $\frac{n}{2}$ Kalilauge zu und lässt in Zimmertemperatur unter häufigem Umschwenken in zwei Glasstöpselflaschen von 1 Liter Inhalt 24 Stunden verschlossen stehen. Die eine Probe titrirt man nun unter Zusatz von 500 ccm Wasser und unter Umschwenken nach Verlauf dieser Zeit mit $\frac{n}{2}$ Schwefelsäure und Phenolphtaleïn zurück. Diese Zahl ist die „H.-Z“. Die zweite Probe behandelt man weiter und zwar setzt man noch 25 ccm wässerige $\frac{n}{2}$ Kalilauge und 75 ccm Wasser zu und lässt unter häufigem Umschütteln noch 24 Stunden stehen. Man ver-

dünnt dann mit 500 ccm Wasser und titrirt mit $\frac{n}{2}$ Schwefelsäure und Phenolphtalein unter Umschwenken zurück. Diese Zahl ist die „G.-V.-Z."

Die betreffenden Mengen an gebundenen ccm KOH lassen die entsprechenden Zahlen durch Multiplikation mit 28,08 berechnen.

Die G.-Z. ist die Differenz der H.-Z. und G.-V.-Z.

d) Verlust bei 100° C.

2 g Ammoniacum werden im Trockenschrank bei 100° C. bis zum konstanten Gewicht getrocknet.

Alle Zahlen sind auf die unveränderte Rohdroge zu berechnen.

e) Prüfung auf Galbanum.

5 g des möglichst fein zerriebenen Ammoniakgummi kocht man in einem Schälchen mit 15 g starker Salzsäure (1,19 spec. Gew.) eine Viertelstunde lang und filtrirt dann durch ein doppeltes — vorher genässtes — Filter. Das blanke Filtrat übersättigt man vorsichtig mit Ammoniak. Bei Anwesenheit von Galbanum zeigt dieses so behandelte Filtrat im auffallenden Licht die charakteristische blaue Fluorescenz des Umbelliferons.

Die untersuchten Handelssorten gaben nach K. Dieterich folgende Grenzwerthe:

S.-Z. f.	100—200
S.-Z. ind.	90—105
H.-Z.	99,4—155,40
G.-Z.	7,0—46,2
G.-V.-Z.	145,60—162,40
Verlust bei 100° C.	2,15—12 %
Asche	nicht über 10% Asche.

Weiterhin hat K. Dieterich diese Methode auf Verfälschungen angewandt und gefunden, dass Verfälschungen mit Galbanum die H.-Z. und G.-V.-Z. herabdrücken, wie folgende Tabelle zeigt:

Ammoniacum mit	H.-Z.	G.-Z.	G.-V.-Z.
5 % Galbanum	112,00	15,4	127,40
10 „ „	124,60	5,2	129,80
20 „ „	120,40	15,4	135,80

Was die S.-Z. betrifft, so ist die S.-Z. der flüchtigen Antheile zum Nachweis von Verfälschungen nicht brauchbar, auch ist die Ausführung zur Bestimmung der flüchtigen Antheile sehr umständlich und erfordert, wie die Reichert-Meissl'sche Zahl bei den Fetten, viel Uebung. K. Dieterich empfiehlt deshalb als bequemer und leichter die S.-Z. ind.; noch sei bemerkt, dass ein gutes Ammoniacum eine möglichst hohe

S.-Z. f., eine möglichst hohe H.-Z., aber eine möglichst niedrige G.-Z. zeigen soll.

Afrikanisches Ammoniacum gab nach der K. Dieterich'schen Methode folgende Werthe:

S.-Z. ind.   47,59 — 92,21
H.-Z.   103,89 — 104,59
G.-V.-Z.   105,30 — 108,10

Durch die verhältnissmässig grosse Unreinheit des afrikanischen Ammoniacums liegen besonders die S.-Z. d. in weiten Grenzen. Im allgemeinen liegen alle Werthe weit unter denen des persischen Ammoniacums und soweit es H.-Z. und G.-V.-Z. betrifft, auch unter den Zahlen des Galbanums (s. d.). Ein „Ammoniacum depuratum" gab die S.-Z. ind. 82,34 — 100.

Im allgemeinen gestattet die K. Dieterich'sche Methode die Verwendung des Rohproduktes zur Analyse, — unter Berücksichtigung der in der Einleitung zu der Abtheilung Gummiharze angegebenen Cautelen — und weiterhin gestattet sie einen genauen Umschlag zu fixiren.

Mauch stellte fest, dass das Gummiharz, wie fast alle Gummiharze in $60^0/_0$ iger Chloralhydratlösung löslich sei und empfiehlt zur Bestimmung des Gummis die mit Chloralhydrat hergestellte Lösung (1—2 g in 10—15 g) in 100 g starken Alkohol hinein zu filtriren. Er erhielt auf diese Weise bis $21^0/_0$ ganz reines Gummi.

Gregor und Bamberger fanden:

	Gregor	Bamberger
M.-Z.	8,6	11,0
	9,0	—

Ueber den Werth dieser Bestimmungen vergl. Chem. Revue 1898, Heft 10. Ueber die Prüfung des Ammoniacums nach dem D.-A. iii vergl. K. Dieterich, Pharm. Centralhalle 1898, Nr. 21.

Litteratur.

Beckurts und Brüche, A. d. Ph. 1892. — E. Dieterich, I. D. d. H. A. p. 34. — K. Dieterich, H. A. 1896, p. 82 u. 83, 1897, p. 321 u. 322; Ph. C. 1898, Nr. 21, 1899, Nr. 31; Chem. Rev. 1898, Heft 10. — Gregor und Bamberger, Oestr. Ch.-Ztg. 1898, Nr. 8 u. 9. — Kremel, N. z. P. d. A. 1889. — Hirschsohn, A. d. Ph. 209, p. 187. — Mauch, I.-D., Strassburg 1898. — Picards, Ph. C. 1897, p. 596. — Plugge, Ph. C. 1884, p. 121; A. d. Ph. 221, p. 801—811. — Thoms, Ph. C. 1890, p. 543.

43.

Bdellium.
Gummi-resina Bdellium.

Abstammung und Heimat. Afrikanisches Bdellium: Commiphora afrikana [1] Burseraceen, ostindisches Bdellium: Balsamodendron indicum Burseraceen.
Senegal, Ostindien.

Chemische Bestandtheile. Da, wie FLÜCKIGER ausführt, die Untersuchungen dadurch von einander abweichen. dass über die Herkunft der untersuchten Produkte — ob afrikanisch oder ostindisch — Zweifel bestehen, so sind die Bestandtheile nicht mit Sicherheit anzugeben.

FLÜCKIGER fand Harz (70 %) geringe Mengen ätherisches Oel und Gummi (29 %).

Allgemeine Eigenschaften und Handelssorten. Ostindisches Bdellium stellt unförmige, 4—5 cm grosse, äusserlich schlechte, Myrrha ähnliche, zusammengeklebte Massen dar, die sehr unrein sind. Aussen sind sie uneben, rauh, matt, schwarzbraun, im Bruch wachsglänzend, von scharfem und bitterem Geschmack, ähnlich wie Bisabol-Myrrha riechend. Mit Wasser giebt das Gummiharz eine weissliche Emulsion.

Afrikanisches Bdellium stellt röthliche, ovale oder runde, circa 2 cm starke Stücke, aussen fettglänzend, dar, in der Wärme weich und knetbar. Das Gummiharz giebt mit Alkohol eine goldgelbe Tinktur, die durch Wasser getrübt wird. Während ein mit Myrrhentinktur getränkter und getrockneter Streifen durch Salpetersäure blauroth gefärbt wird, ist dies bei Bdellium nicht der Fall (nach BERG).

Bdellium giebt, wie auch bei Myrrhe erwähnt, die Reaktion mit Bromdampf nicht, auch ist es analytisch von beiden Myrrhensorten unterschieden (s. w. u). Ueber die Abstammung und die verschiedenen Sorten von Bdellium äussert sich THISELTON DYER, indem er zunächst mittheilt, dass diese Droge von Berbera, einem kleinen ostafrikanischen Hafen exportirt wird. Sie wird gewöhnlich mit der Droge identificirt, welcher GUIBOURT den Namen gab, und welche von Westafrika stammte. Nach ROYLE stammt Bdellium von Balsamodendron africanum Arnott, GUIBOURT ist derselben Ansicht; Beschreibungen geben DYMOCK und PARKER. In ROYLES Materia medica findet sich die Angabe, dass JOHNSTON bei Besprechung der Myrrhe mittheilt, es fänden sich bei Adel zwei Varietäten der Stammpflanze; die eine ein niedriger, dorniger, gerissen aus-

---

[1] Die Abstammung von Bdellium ist ebensowenig mit voller Sicherheit ermittelt, wie diejenige der Myrrhe. Vergl. HOLMES, Ph. Ztg. 1899, Nr. 28, p 237—238 und P. SIEDLER, Apoth. Ztg. 1897, Nr. 2.

sehender Baum sei von EHRENBERG beschrieben worden und liefere die beste Myrrhe des Handels, (Balsamodendron Myrrha oder eine der Formen von B. Opobalsamum), die andere, ein blattreicher Baum, mit grossgesägten, dunkelgrünen Blättern, welche zu vier oder fünf an einem gemeinsamen Centrum entspringen, mit kleinen grünen Blättern und vertrocknenden Beerenfrüchten, ist wahrscheinlich B. Kua. THISELTON DYER ist der Ansicht, dass B. Myrrha Myrrhe, B. Kua aber afrikanisches Bdellium giebt.

Von opakem Bdellium giebt PARKER eine Beschreibung, nach welcher die Farbe opak, gelblich-ockerfarbig, muschelig brechend, sehr hart, geruchlos und von bitterem Geschmacke ist und oft in grossen elliptischen Stücken mit granulirter Oberfläche vorkommt. — Sie gelangt über Berbera nach Indien. Nach DYMOCK wird opakes Bdellium häufig in den Ballen von Myrrhe gefunden, wenn diese in Bombay sortirt werden; die Droge heisst „Meena harma" und, wird zum Abtreiben des Guinea-Wurmes benutzt; nach diesem Autor ist das opake Bdellium von gelblichweisser Farbe, dem Ammoniacum ähnelnd. PARKER hält die DYMOCK-sche Droge aber für das von VAUGHAN „Hotai" genannte Gummiharz. Nach ihm giebt die Tinktur von echtem opakem Bdellium eine intensiv grünlichschwarze Reaktion mit Eisenchlorid, während die Hotai-Tinktur keine Reaktion giebt. Nach PARKER stammt das Bdellium von Balsamodendron Playfairii.

Von indischem Bdellium beschreibt DYMOCK in seiner Pharmacognosie Indiens zwei Sorten. Die erstere stammt von Balsamodendron Mukul, sie ähnelt im allgemeinen der afrikanischen Droge, doch ist die Farbe heller, oft grünlich; Geruch und Geschmack sind abweichend. Manche Stücke sind wurmförmig und so dick wie der kleine Finger. Die Sorte ist ein Drittel weniger werth als die afrikanische. — Die zweite Sorte stammt von B. Roxburghii, kommt in unregelmässigen, klumpigen, mehr oder weniger mit Schmutz, Rinde und Haaren bedeckten Stücken vor. Sie ist von grünlichgelber Farbe mit einem Stich ins röthliche. Die Konsistenz ist wachsartig, weich und zerbrechlich; der Geruch ist eigenthümlich balsamisch, an Cedernholz erinnernd, der Geschmack bitter. Mit Wasser bildet die Sorte eine grünlichweisse Emulsion. — Es ist nicht unmöglich, dass beide Sorten identisch sind und beide von B. Mukul abstammen.

Auch heute noch sind die Angaben der Litteratur über die Stammpflanze der Myrrhe, Bdellium und verwandte Harze noch widersprechend, so dass definitive Angaben auch für Bdellium noch verfrüht sind.

Verfälschungen resp. Verwechslungen. Anorganische und pflanzliche Verunreinigungen.

Analyse. Wie schon bei Myrrha erwähnt, zeigt nach K. Dieterich das Bdellium gegenüber den Myrrhensorten die niedrigsten analytischen Werthe, auch giebt es die Bromreaktion nicht wie Herabolmyrrha.

Hirschsohn hat zahlreiche Sorten untersucht und folgende in Petroläther lösliche bei 17^0 C. und 120^0 C. getrocknete Antheile gefunden:

bei 17^0 C.   bei 120^0 C. getrocknet

		bei 17^0 C.	bei 120^0 C. getrocknet	
Bdellium	indicum	13,37	11,29	
„	„	16,57	9,87	
„	african.	36,09	35,61	$^0/_0$ löslich
„	„	35,68	34,79	
„	„	21,70	20,31	

Hiernach nimmt Petroläther aus den afrikanischen Sorten bedeutend mehr, als aus den indischen auf. (Vergl. auch w. u. die analytischen Unterschiede).

Kremel fand:

74,3$^0/_0$ Harz

$$\text{vom Extrakt} \begin{cases} \text{S.-Z. d.} & 28,3 \\ \text{E.-Z.} & 119,3 \\ \text{V.-Z. h.} & 147,6 \end{cases}$$

Die S.-Z. d., E.-Z. und V.-Z. h. wurde vom Extrakt nach der meist üblichen Methode (s. Spec. Th., Einl.) festgestellt.

K. Dieterich hat Bdellium als myrrhenähnliches Gummiharz genau nach seiner für Myrrhe ausgearbeiteten Methode — unter Verwendung des Rohproduktes, nicht eines Extraktes — untersucht. Die Methode ist folgende:

a) S.-Z. d.

1 g der möglichst fein zerriebenen und einer grösseren Menge zerriebenen Bdelliums als Durchschnittsmuster entnommenen Droge übergiesst man mit 30 ccm destillirtem Wasser und erwärmt $^1/_4$ Stunde am Rückflusskühler. Man setzt nun 50 ccm starken Alkohol zu und kocht noch $^1/_4$ Stunde am Rückflusskühler im Dampfbad. Nachdem die Flüssigkeit erkaltet ist, titrirt man mit alkoholischer $\frac{n}{2}$ Kalilauge und Phenolphtalein bis zur wirklichen Rothfärbung. Man verwendet nicht $\frac{n}{10}$, sondern $\frac{n}{2}$ Lauge, weil der Umschlag bei Hinzufügung eines Tropfens stärkerer Lauge schärfer, intensiver und rascher eintritt, als bei schwächerer Lauge. Durch Multiplikation der verbrauchten ccm Lauge mit 28,08 erhält man die S.-Z. d.

b) V.-Z. h.

Ein weiteres Durchschnittsmuster und zwar 1 g des Bdelliums übergiesst man mit 30 ccm Wasser, lässt $^1/_2$ Stunde stehen und fügt nun

25 ccm alkoholische $\frac{n}{2}$ Kalilauge hinzu. Man kocht eine $^{1}\!/_{2}$ Stunde auf dem Dampfbad am Rückflusskühler, lässt erkalten und titrirt nach der Verdünnung mit Alkohol zurück. Die Anzahl der gebundenen ccm KOH mit 28,08 multiplicirt giebt die V.-Z. h.

c) E.-Z. erhält man durch Subtraktion der S.-Z. d. von der V.-Z h.

d) Alkohollöslicher Antheil.

Man erschöpft 10 g mit starkem 96%igem Alkohol und dampft das Extrakt ein, bis es nach dem Trocknen bei 100° C. konstantes Gewicht zeigt.

K. DIETERICH erhielt folgende Werthe:

	S.-Z. d.	E.-Z.	V.-Z. h.
Bdellium afrikanisch	12,79	70,00	82,79
	14,43	69,33	83,76
„ „	9,73	96,39	106,12
	11,96	95,57	107,53
„ „	19,21	90,66	109,87
	20,81	90,14	110,95
„ indisch	35,69	46,75	82,44
	37,19	48,46	85,65

Ebenso, wie der petrolätherlösliche Antheil (s. o.) so sind auch diese Zahlen wohl zur Unterscheidung beider Sorten brauchbar.

Litteratur.

K. DIETERICH, Ph. C. 1899, Nr. 31. — TH. DYER, Ap.-Ztg. 1897, p. 104. — HIRSCHSOHN, A. d. Ph. 213, p. 316. — KREMEL, N. z. P. d. A. 1889.

44.

Euphorbium.

Gummi-resina Euphorbium (officinell im D. A. III).

Abstammung und Heimat. Euphorbia resinifera Euphorbiaceen

Marokko.

Auch andere Euphorbiaarten, wie E. Cattimandoo, E. evemocorpus, E. pilulifera, helioscopia, E. geniculata, E. latyris, E. Tirncalli liefern euphorbonhaltige, dem Euphorbium ähnliche Milchsäfte, die auch zum grossen Theil Verwendung finden.

G. HENKEL (Arch. d. Pharm. 224, p. 729) hat zahlreiche Euphorbium-sorten untersucht; es sei auf diese werthvolle Arbeit besonders hingewiesen. HENKEL untersuchte die Euphorbia von E. resinifera, E. tetragona, E. Myrsinites L., E. orientalis L., E. virgata W., E. Lagascae Spr., E. humifusa W., E. splendens B., canariensis, E. friogona, E. neriifolia, E. virosa, E. palustris, E. Gerardiana, E. verrucosa L., E. exigua L., E. Cyparissias L.

Chemische Bestandtheile. Euphorbon $C_{15}H_{24}O$ (22°/o), Gummi (18 °/o), Kautschuk, äpfelsaure Salze, Asche (10°,o), amorphes scharfes Harz (38°/o), (nach FLÜCKIGER).

Das von den Unreinigkeiten befreite, reine Euphorbium enthält Euphorbon (34,60°/o), in Aether lösliches Harz (26,95°/o), in Aether unlösliches Harz (14,25"/o), Kautschuk (1,10°/o), Aepfelsäure (1,50°/o), mit Alkohol fällbares Gummi und Salze (8,10°/o), mit Alkohol nicht fällbares Gummi und Salze (12,30°.o), in Ammoniak lösliche Salze und organische Substanzen (1,20°/o), (nach HENKEL).

Das Euphorbium von E. Cattimandoo zeigt ganz ähnliche Bestandtheile wie das von E. resinifera:

Euphorbon (35.00°/o), in Aether lösliches Harz (27,40°/o), in Aether unlösliches Harz (13.70°/o), Kautschuk (1,50°/o), Aepfelsäure (1,15°/o), mit Alkohol fällbares Gummi und Salze (7,60°/o), mit Alkohol nicht fällbares Gummi und Salze (12,15"/o), in Ammoniak lösliche Salze und organische Substanzen (1.50°/o), (nach HENKEL).

Allgemeine Eigenschaften und Handelssorten. Leicht zerreibliche, mattgelbe Stücke, welche die zweistacheligen Blattpolster, die Blütengabeln und die dreiknöpfigen Früchte umhüllen. In Wasser ist Euphorbium wenig, in Alkohol fast ganz löslich. Der Geschmack ist brennend scharf, das Pulver reizt zum Niessen.

Verfälschungen resp. Verwechslungen. Anorganische und pflanzliche Verunreinigungen.

Analyse. HIRSCHSOHN beschreibt eine Sorte Euphorbium von E. resinifera, welche an Petroläther 20°/o lösliche, bei 120° C. getrocknete Antheile abgab.

Euphorbium von E. Tirncalli ergab 66,71°/o in Petroläther lösliche, bei 120° C. getrocknete Antheile.

Nach HIRSCHSOHN ist dieses Gummiharz von gewöhnlichem Euphorbium noch dadurch unterschieden, dass das erstere fast vollkommen in Chloroform löslich ist.

Betreffs der übrigen Euphorbiumsorten und ihren Eigenschaften vergl. Arch. d. Ph. 224, p. 729 ff. (G. HENKEL).

BECKURTS und BRÜCHE fanden:

		I.	II.	III
	S.-Z. d.	18	25	21
vom Extrakt	E.-Z	63	68	49
	V.-Z h.	81	93	70
	Asche °/o	2,0	1,8	1,3

Die Zahlen wurden vom Extrakt nach der meist üblichen Methode (s. Spec. Th., Einl.) festgestellt; Verfasser bemerken, dass die geringe Menge dieser untersuchten Handelssorten nicht zu Schlüssen berechtige.

Kremel fand:

$$S.-Z. d. \quad 13,4$$
$$E.-Z \quad 64,6$$
$$V.-Z. h. \quad 78,0$$

Die Zahlen wurden nach der meist üblichen Methode (s. Spec. Th., Einl.) festgestellt.

K. Dieterich hat unter Verwendung des Rohproduktes, nicht eines Extraktes, eine Methode ausgearbeitet, welche die Verseifung, wie bei anderen Gummiharzen, auf kaltem fraktionirten Weg vornimmt.

K. Dieterich verfährt folgendermassen:

a) S.-Z. d.

ca. 1 g des fein zerriebenen Euphorbiums übergiesst man mit 100 g Alkohol, erwärmt $^{1}/_{4}$ Stunde am Rückflusskühler und titrirt nach dem Erkalten mit alkoholischer $\frac{n}{2}$ Kalilauge und Phenolphtaleïn bis zur Roth-färbung. Die Anzahl der verbrauchten ccm auf 1 g Substanz berechnet giebt die S.-Z. d.

b) H.-Z. und G.-V.-Z.

Zweimal je 1 g Euphorbium zerreibt man und übergiesst mit je 50 ccm Petrolbenzin (0,700 spec. Gew bei 15° C.), dann fügt man je 25 ccm alkoholische $\frac{n}{2}$ Kalilauge zu und lässt in Zimmertemperatur unter häufigem Umschwenken in zwei Glasstöpselflaschen von je 1 l Inhalt 24 Stunden verschlossen stehen. Die eine Probe titrirt man nun unter Zusatz von 500 ccm Wasser und unter Umschwenken nach Verlauf dieser Zeit mit $\frac{n}{2}$ Schwefelsäure und Phenolphtalein zurück. Diese Zahl ist die „H.-Z.“. Die zweite Probe behandelt man weiter und zwar setzt man noch 25 ccm wässerige $\frac{n}{2}$ Kalilauge und 75 ccm Wasser zu und lässt unter häufigem Umschütteln noch 24 Stunden stehen. Man ver-dünnt dann mit 500 ccm Wasser und titrirt mit $\frac{n}{2}$ Schwefelsäure und Phenolphtalein unter Umschwenken zurück. Diese Zahl ist die „G.-V.-Z.“

Die betreffenden Mengen an gebundenen ccm KOH lassen die ent-sprechenden Zahlen durch Multiplikation mit 28,08 berechnen.

Die Differenz von H.-Z. und G.-V.-Z. ist die „G.-Z.“

K. Dieterich fand folgende Werthe:

	S.-Z. d.	H.-Z.	G.-V.-Z.	G.-Z.
1. Euphorbium electum	13,4	71,40	85,40	14,00
		71,40	88 20	16,80
2. „ pulvis	25,0	77,00	86,80	9,80
		72,80	85,40	12,60

	S.-Z. d.	H.-Z.	G.-V.-Z.	G.-Z.
3. Euphorbium pulvis	21,00	72,10	82,60	10,50
		72,80	85,40	12,60
4. „ „	19,60	77,00	89,60	12,60
		78,40	91,00	12,60

GREGOR und BAMBERGER erhielten folgende Werthe:

M.-Z.

	I.	II.
GREGOR	0,0	2,8
BAMBERGER	0,0	0,0

Ueber den Werth dieser Bestimmungen vergl. Chem. Revue 1898, Heft 10. Eigentliche analytische Daten über die selteneren Sorten fehlen gänzlich.

Litteratur.

BECKURTS und BRÜCHE, A. d. Ph. 230, p. 91. — K. DIETERICH, H. A. 1896, p. 68; Ch. Rev. 1898, Heft 10. — GREGOR und BAMBERGER, Oestr. Ch.-Ztg. 1898, Nr. 8 u. 9. — HIRSCHSOHN, A. d Ph. 211, p. 448. — G. HENKEL, Arch. d. Ph. 224, p. 729. — KREMEL, N. z. P. d. A. 1889.

45.

Galbanum.

Gummi-resina Galbanum (officinell im D. A. III).

Abstammung und Heimat. Peucedanum (Ferula) galbanifluum und verwandte Arten. Umbelliferen *Persien.*

Chemische Bestandtheile. Aetherisches Oel ($9,5\,^0/_0$), $C_{10}H_{16}$ u. $C_{15}H_{24}$ (nach WALLACH und BRÜHL) und Oelester (nach CONRADY) enthaltend, spirituslösliches Harz ($63,5\,^0/_0$), Gummi und Unreinigkeiten ($27\,^0/_0$). Im Reinharz sind gebundenes Umbelliferon ($20\,^0/_0$), Galbaresinotannol $C_6H_{10}O$ resp. $C_{18}H_{29}O_2OH$ und freies Umbelliferon ($0,25\,^0/_0$), Galbaresinotannol und Umbelliferon sind als Umbelliferongalbaresinotannolester vorhanden (nach CONRADY).

Allgemeine Eigenschaften und Handelssorten. Zusammenge-klebte, wachsglänzende Thränen oder Massen von gelber oder grün-licher Farbe. Die Sorte „in massa" ist unreiner, enthält aber viel ätherisches Oel, was ihm die schmierige Beschaffenheit verleiht. Wegen des Oeles ist gerade die Sorte in massa für pharmaceutische Zwecke sehr brauchbar. Die Sorte „in lacrymis" ist reiner und stellt graue, kugelige Gebilde dar, die auf den Bruch weisse Farbe zeigen. Pflanzen-theile sind der Droge stets beigemengt. Der Geruch ist stark balsamisch,

Geschmack bitter, scharf und brennend. In Wasser und Weingeist, auch in anderen Lösungsmitteln ist das Galbanum nur theilweise löslich. Mit Salzsäure gekocht, dann mit Ammoniak übersättigt, zeigt das Filtrat die schöne blaue Fluorescenz des Umbelliferons. Das sogenannte persische flüssige Galbanum stammt nach HOLMES von einer dem Peucadanum galbanifluum verwandten Species und ist in terpentinähnlicher Beschaffenheit auch heute im Handel anzutreffen. Die früher bestehenden Unterschiede von levantinischem Galbanum (in Thränen und Masse) und persischem Galbanum (in Masse und dickflüssigem Zustand) ist heute kaum noch aufrecht zu halten, da eben verschiedene Ferulaarten derartige Gummiharze liefern und Persien als Hauptlieferant anzusehen ist. Nach HOLMES ist alles Galbanum persisch, wenn auch von verschiedenen Species stammend. Die von HIRSCHSOHN angegebenen Unterschiede zwischen persischem und levantinischem Gummiharz sind somit zweifelhaft. Als Ersatz des Galbanums wird neuerdings von THOMS das Laretiaharz von Laretia acaulis (Umbelliferen), aus Chile stammend, empfohlen. Das Harz enthält Umbelliferon, giebt in geringem Maasse die im Deutschen Arzneibuch für Galbanum angegebene Salzsäure-, nicht aber die Ammoniakreaktion.

Verfälschungen resp. Verwechslungen. Minderwerthiges, extrahirtes Galbanum, Sand, fette Oele, Ammoniacum (persisch und afrikanisch), Terpentin.

Analyse. Ganz abgesehen vom Geruch unterscheidet sich das Galbanum durch das Umbelliferon und seine Reaktion vom Ammoniacum und durch sein Aeusseres sofort vom afrikanischen Ammoniacum, welches ja auch die Umbelliferonreaktion giebt; HIRSCHSOHN hat mehrere Sorten Galbanum untersucht und auch zwischen persischem und levantinischem Gummiharze Unterschiede auf chemischem Wege angegeben, die jedoch, wie schon oben erwähnt, nicht mehr haltbar sind. Nach diesem Autor soll Galbanum in massis nicht unter 60 % in Petroläther lösliche, bei 120° getrocknete Antheile zeigen. Ebenso wie HOLMES, leitet auch HIRSCHSOHN das flüssige persische Galbanum von einer besonderen Species Ferula, resp. Peucedanum ab.

KREMEL fand:

		I.	II.
	% Harz	74,3	74,2
	S.-Z. d.	28,3	28,3
vom Extrakt	E.-Z.	119,3	132,2
	V.-Z. h.	147,6	160,5

Die Zahlen wurden vom Extrakt nach der meist üblichen Methode (s. Spec. Th., Einl.) festgestellt.

E. DIETERICH fand:

		G. crudum	G. depuratum
	S.-Z. d.	5,16— 68,80	19,32 — 46,26
vom Extrakt	E.-Z.	82,10—179,00	55,70 — 91,40
	V.-Z. h.	108,00—241,00	75,02 — 121,80
Verlust bei 100° C.		1,10— 30,98 %	8,61 %
Asche		0,45— 31,31 %	0,15— 2,10 %
In Alkohol von 96% löslich		17,83— 71,50 %	45,6 —92,16 %
„ „ „ „ unlöslich		45.58— 91,33 %	11,40—37,24 %
Wasser		21,40 %.	—

E. DIETERICH befürwortet die Reinigung des Galbanumharzes, da
der Aschegehalt auf ungefähr die Hälfte herabgedrückt wird (Vergl.
hierzu Einl. zu Gummiharzen).

CONRADY, welcher sich eingehend mit Galbanum beschäftigt hat
und als wirklicher Kenner gelten muss, äussert sich wörtlich:

„Meine Beobachtungen über Aschegehalt etc. decken sich völlig
mit den E. DIETERICH'schen Angaben. Was das Sinken der S.-Z.
und E.-Z. beim Galbanum dep. anbetrifft, so ist dies sehr erklärlich,
indem nach Privatmittheilungen das ätherische Oel zunächst mit
Wasserdämpfen übergetrieben wird und mit ihm die freien Fettsäuren, denn bei der schweren Verseifbarkeit des Galbanums kann
es sich lediglich um den flüssigen Ester handeln, der durch diese
Behandlung verseift wird. Man könnte jedenfalls leicht von der
Destillation Abstand nehmen und nur kalt mit Petroläther extra-
hiren und das unverseifte Oel dem depurirten Harze wieder zusetzen. Dann würde das Galbanum depuratum wirklich diesen
Namen verdienen und allen Anforderungen der Pharmacopoe entsprechen; denn ich konnte sowohl das freie Umbelliferon, als auch
bei der Verseifung gebundenes nachweisen. Die Salzsäurereaktion
des Rohgalbanums kommt dem depurirten Präparate ebenfalls zu,
weshalb wohl ein Theil des Oeles nicht völlig verseift sein dürfte.

Es ist lediglich das Sinken der E.-Z., die bemerkbare Differenzen
mit dem Rohgalbanum zeigt und dürfte daher bei Galbanum ganz
allgemein eine E.-Z. von mindestens 130 zu fordern sein. Selbstverständlich müsste wie auch schon LÜDY für die Benzoë gefordert
hat, die Dauer der Verseifung genau normirt sein. Besser noch
wäre es bei den Galbanumsorten, wenn man 10,0 Galbanum mit
Wasserdämpfen verseifte und direkt das Destillat titrirte, wobei
lediglich die Säure aus dem flüssigen Ester titrirt würde, was den
Vortheil hätte, dass bei den verhältnissmässig geringen Schwank-

ungen der gebräuchlichen Handelswaare an ätherischem Oel die Normirung der S.-Z. und E.-Z. in engeren Grenzen möglich wäre."

K. Dieterich hat später (s. w. u.) gezeigt, dass die Bestimmung der S.-Z., wie Conrady anregt, so einfach nicht möglich ist und besonderer Kautelen bedarf. Weiterhin weist K. Dieterich darauf hin, dass seine auf dem Reichert-Meissl'schen Prinzip aufgebaute Säurezahlbestimmung viel Uebung erfordert und umständlich ist. Hierüber wird weiter unten noch eingehend berichtet werden.

Beckurts und Brüche fanden:

	Spec. Gew. bei 15° C.	Asche %	In Alkohol löslich %	vom Extrakt		
				S.-Z. d.	E.-Z.	V.-Z. h.
1. G. depuratum	1,110	4,0	63	22	82	104
2. do.	1,130	8,7	56	19	91	110
3. do.	1,109	4,1	58	40	69	109
4. do.	1,133	8,4	54	19	63	82
5. in granis	1,121	4,9	60	25	90	115

Die Zahlen für die S.-Z. d., E.-Z. und V.-Z. h. wurden vom Extrakt festgestellt.

Verfasser bemerken, dass der Aschegehalt in direktem Zusammenhang mit dem spec. Gew. steht, so dass Galbanum mit dem höchsten spec. Gew. auch den höchsten Aschegehalt zeigte. Im Uebrigen empfehlen diese Autoren die S.-Z., E.-Z. und V.-Z. zum Nachweis von Verfälschungen, ohne hierfür Versuche mitzutheilen.

K. Dieterich hat für Galbanum eine neue Methode ausgearbeitet und zahlreiche Sorten untersucht und hat gefunden, dass die S.-Z.-Bestimmung, wie sie Conrady vorschlug (s. o.) nicht in praxi möglich ist; vielmehr muss man, um Verluste zu vermeiden, Alkali vorlegen. Da diese Methode jedoch umständlich ist und auch praktische Uebung erfordert, so hat K. Dieterich eine bequeme Methode der S.-Z.-Bestimmung in Anlehnung an Ammoniacum (s. d.) geschaffen. Auch hier wird vorher aufgeschlossen und aus den bei Ammoniacum angegebenen Gründen zurücktitrirt. Die H.-Z., G.-V.-Z. und G.-Z. werden auf kaltem, fraktionirtem Weg festgestellt. Die Methode K. Dieterich's hat den Vortheil gut titrirbare Flüssigkeiten zu liefern, das Naturprodukt, k e i n Extrakt zu verwenden und gut übereinstimmende Zahlen, soweit dies a priori überhaupt bei Gummiharzen erwartet werden darf, zu geben.

K. Dieterich verfährt folgendermassen:

a) S.-Z. f.

0,5 g Galbanum, so fein als möglich zerrieben, werden in einem Kolben mit etwas Wasser übergossen und nun heisse Dämpfe durchge-

leitet. Der erstere Kolben ist in einem Sandbad zur Verhütung zu starker Kondensation zu erhitzen. Die Vorlage wird mit 40 ccm wässeriger $\frac{n}{2}$ Kalilauge beschickt und das aus dem Kühler kommende Rohr in die Lauge eingetaucht. Man zieht genau 500 ccm über, spült das Destillationsrohr von oben her und unten gut mit destillirtem Wasser ab und titrirt unter Zusatz von Phenolphtalein zurück. Die Menge der gebundenen mg KOH mit 28,08 lassen leicht die S.-Z. f. berechnen.

In diesem Falle giebt die S.-Z. f. die Menge mg KOH an, welche 500 ccm Destillat von 0,5 Galbanum mit Wasserdämpfen abdestillirt, zu binden vermögen.

b) S.-Z. ind.

ca. 1 g des Galbanums kocht man zur Aufschliessung mit 50 g Wasser und 100 g Alkohol nacheinander je $^1/_4$ Stunde lang am Rückflusskühler. Nach dem Erkalten ergänzt man das Gewicht mit angewandter Substanz auf 150 g, filtrirt und setzt zu 75 g des Filtrates = 0,5 g Substanz 10 ccm alkoholische $\frac{n}{2}$ Kalilauge, lässt genau fünf Minuten stehen und titrirt dann mit $\frac{n}{2}$ Schwefelsäure und Phenolphtalein zurück Die Anzahl der gebundenen ccm mit 28,08 multiplicirt und auf 1 g Substanz berechnet giebt die S.-Z. ind.

c) H.-Z. und G.-V.-Z.:

Zweimal 1 g Galbanum zerreibt man und übergiesst mit je 50 ccm Petroleumbenzin (0,700 spec. Gew. bei 15° C.), fügt dann je 25 ccm alkoholische $\frac{n}{2}$ Kalilauge zu und lässt in Zimmertemperatur unter häufigem Umschwenken in zwei verschlossenen Flaschen von je 1 l Inhalt 24 Stunden stehen Die eine Probe wird nun unter Zusatz von 500 ccm Wasser und unter Umschwenken nach Verlauf dieser Zeit mit $\frac{n}{2}$ Schwefelsäure und Phenolphtaleïn zurücktitrirt. Diese Zahl ist die „H.-Z." Die zweite Probe wird weiter behandelt und zwar setzt man noch 25 ccm wässerige $\frac{n}{2}$ Kalilauge und 75 ccm Wasser zu und lässt unter häufigem Umschütteln abermals 24 Stunden stehen. Man verdünnt dann mit 500 ccm Wasser und titrirt mit $\frac{n}{2}$ Schwefelsäure und Phenolphtaleïn unter Umschwenken zurück. Diese Zahl ist die G.-V.-Z.

Die betreffende Anzahl an gebundenen ccm KOH giebt mit 28,08 multiplicirt, die entsprechenden Zahlen.

Die G.-Z. ist die Differenz der H.-Z. und G.-V.-Z.

d) Aschebestimmung.

Man verascht vorsichtig 1 g Galbanum und glüht so lange, bis nach dem Erkalten im Exsiccator ein gleichbleibendes Gewicht resultirt.

e) Verlust bei 100° C.

Man trocknet 1 g Galbanum im Trockenschrank bei 100° C. bis zum konstanten Gewicht.

K. Dieterich fand für zahlreiche Sorten folgende Grenzwerthe:

S.-Z. f.	73,5—114,0
S.-Z. ind.	21,24—63,45
H. Z.	107,5—122,5
G.-V.-Z.	116,2—135,8
G.-Z.	8,4—16,1
Asche	1—10 %
Verlust bei 100° C.	0,35—31,5 %

Weitere Analysen desselben Autors zeigen, dass die E.-Z. und V.-Z. resp. H.-Z., G.-V.-Z. und G.-Z. — entgegen Beckurts und Brüche — zum Nachweis von Verfälschungen nicht brauchbar sind, wohl aber die S.-Z. nach beiderlei Methode.

K. Dieterich fand:

	S.-Z. f.		Durch-schnitt	S.-Z. ind.
1. Galbanum m. 5% Ammoniacum	75,60	83,44	75,52	29,00—37,68
2. „ „ 10 „ „	70,00	79,52	74,67	33,00—47,00
3. „ „ 20 „ „	59,92	64,40	62,16	42,34—66,51
4. „ „ 5 „ Asa foetida	105,00	117,60	111,30	34,77—46,13
5. „ „ 10 „ „ „	119,28	120,96	120,12	29,84—36,66
6. „ „ 20 „ „ „	schon durch den Geruch			21,45—29,87

wahrnehmbar, ebenso wie Nr. 4 und 5.

Hieraus geht hervor, dass Verfälschungen mit Ammoniacum die S.-Z. der flüchtigen Antheile herabdrücken, während solche mit Stinkasant dieselben erhöhen. Schon 5% Stinkasant lassen sich bei der Destillation deutlich durch den penetranten Geruch wahrnehmen. Entgegengesetzt liegen die Verhältnisse bei der S.-Z. ind., wo Ammoniacum mit der a priori höheren S.-Z ind. die Werthe herauf, Stinkasant hingegen die Zahlen herabgedrückt hat.

Die S.-Z. f. und ind., überhaupt der quantitative Weg ist also, wenn man von den qualitativen Reaktionen nach Picards und Plugge absieht, wohl zu empfehlen.

Der hohe Aschegehalt — bis 30% — ist natürlich abnorm, 10% ist das höchste, was ein gutes Galbanum haben darf, wie es z. B. auch die schweizerische Pharmacopoe durch die Norm: höchstens 8% Asche ausdrückt. Das deutsche Arzneibuch setzt überhaupt keinen Aschegehalt fest.

GREGOR und BAMBERGER fanden:

	M.-Z.
GREGOR	3,7
BAMBERGER	3,7

Ueber den Werth dieser Zahlen vergl. Chem. Revue 1898, Heft 10. Ueber die Prüfung des Galbanums im D. A. III vergl. Ph. C. 1898, Nr. 21. Endlich sei noch erwähnt, dass Galbanum nach MAUCH in einer Lösung von Chloralhydrat (60 %) zu einer gelben Flüssigkeit gelöst wird, die mit Wasser milchig, mit Alkohol trübe wird und Gummi absetzt. Die Umbelliferonreaktion tritt auch in dieser Lösung auf.

Litteratur.

BECKURTS und BRÜCHE, A. d. Ph. 230, p. 90. — CONRADY, A. d. Ph. 232, p. 98—126 — E. DIETERICH, Ph C. 1882, p. 612; I. D. d. H. A p. 35. — K DIETERICH, H. A. 1896, p. 117—125, 1897, p. 323; Ph. C. 1899, Nr. 31, 1898, Nr. 21; Ch. Rev. 1898, Heft 10. -- GREGOR und BAMBERGER, Oestr. Ch -Ztg. 1898, Nr. 8 u. 9 — HIRSCHSOHN, A. d. Ph. 209, p 187. — KREMEL, N. z. P. d. A. 1889. — MAUCH, I -D , Strassburg 1898.

46.

Gutti.

Gummi-resina Gutti (officinell im D. A. III).

Abstammung und Heimat. Garcinia Morella D. Clusiaceen

Siam, Ceylon.

Chemische Bestandtheile. Gummi (13,8 %), Harz, Cambogiasäure (70 %) Wachs und Asche, Pflanzenreste, kein ätherisches Oel.

Allgemeine Eigenschaften und Handelssorten. Röhren bis 7 cm dick oder Stücke oder Kuchen von rothgelber Farbe, grossmuschelig, glänzend brechend. Bei 20° C. schwimmen dieselben auf Schwefel- kohlenstoff und sinken in der Wärme unter; mit Wasser geben sie eine gelbe Emulsion. Bei 100° C. wird Gutti knetbar; in Wasser, Alkohol, Aether ist es nur theilweise löslich; die Lösung reagiert sauer. Die „Röhren" sind die beste Sorte, dann kommen die „Kuchen", end- lich die „Masse". In der Hauptsache giebt es zwei Handelssorten: Siam-Gutti und Ceylon-Gutti, letzteres ist jedoch selten.

Verfälschungen resp. Verwechslungen. Pflanzliche Verunrei- gungen, Reismehl, Sand, Baumerde, Stärke, Dextrin und Colophonium, letzteres speciell zur Verfälschung des Pulvers.

Analyse. Das Gutti ist mehrfach analytisch untersucht worden

Williams fand:

$$\begin{aligned}
&\text{S.-Z. d.} \quad 80,6 \\
&\text{E.-Z.} \qquad 67,2 \\
&\text{V.-Z. h.} \quad 147,8 \\
&\text{Asche} \qquad\quad 0,48\,\% \\
&\text{Wassergehalt} \;\; 3,70\; \text{„}
\end{aligned}$$

Die S.-Z. d, E.-Z. und V.-Z. h. wurden nach der meist üblichen Methode (s. Spec. Th., Einl.) bestimmt.

Costelo erschöpfte 10 g verschiedener Sorten mit Alkohol und fand:

In 10 g		Harz	Gummi	Verun-reinigungen	i. summa i. Alkohol löslich
Gutti	Klumpen	6,76	2,74	0,38	9,88
	Röhren	7,93	1,94	0,15	9,89
	Pulver	7,66	2,25	0,07	9,98

Der Rest, welcher an 10 g fehlt, ist Feuchtigkeit.

v. Schmidt und Erban fanden:

Löslichkeit in:

Alkohol	theilweise löslich
Aether	„ „
Methylalkohol	„ „
Amylalkohol	„ „
Benzol	„ „
Petroläther	„ „
Aceton	„ „
Eisessig	„ „
Chloroform	„ „
Schwefelkohlenstoff	„ „
Terpentinöl	„ „

$$\text{vom Extrakt} \begin{cases} \text{S.-Z. d.} & 80,3 \\ \text{E.-Z.} & \text{nicht bestimmt} \\ \text{V.-Z. h.} & \text{„ „} \end{cases}$$

Die Zahlen dieser Autoren entstammen Extrakten und sind für einen massgebenden Schluss nur relativ brauchbar (vergl. Allgem. Th., Leitsätze).

A. Kremel fand:

$$\text{Harz} \quad 79,6\,\%$$

$$\text{vom Extrakt} \begin{cases} \text{S.-Z. d.} & 100,0 \\ \text{E.-Z.} & 56,7 \\ \text{V.-Z h.} & 156,7 \end{cases}$$

Die KREMEL'schen Zahlen entstammen ebenfalls einem Extrakt und sind für einen massgebenden Schluss nur relativ brauchbar (s. Allgem. Th., Leitsätze).

BECKURTS und BRÜCHE fanden:

	I.	II.	III.	IV.
Asche %	0,49	0,63	0,58	0,71
S.-Z. d.	89	81	69	71
vom Extrakt E.-Z.	61	50	43	44
V.-Z.h.	150	131	112	115

Von den letzteren Zahlen ist dasselbe zu sagen, wie oben von den KREMEL'schen.

Als relativ bestes Lösungsmittel (indifferent) für Gutti empfiehlt K. DIETERICH zwei Theile starken Alkohol und einen Theil Wasser, aber nicht gemischt, sondern nach einander angewendet.

K. DIETERICH hat unter Verwendung des Naturproduktes — keines Extraktes — von Gutti S.-Z. d., H.-Z., G-V.-Z. und G.-Z. (s. Allgem. Th. Verseifungsmethoden, spec. fraktionirte Verseifung) bestimmt und ver-fährt folgendermassen:

a) S.-Z. d.

1 g möglichst fein zerriebenes, naturelles Gutti erwärmt man mit 100 g Alkohol ¹/₄ Stunde am Rückflusskühler, setzt 50 g Wasser hinzu und lässt stehen, bis sich möglichst Alles gelöst hat. Nun titrirt man, nach völligem Erkalten mit alkoholischer $\frac{n}{2}$ Kalilauge solange, bis ein ein-fallender Tropfen Lauge nicht mehr rothgefärbt wird, sondern die ganze Flüssigkeit roth gefärbt erscheint.

b) H.-Z. und G.-V.-Z.

Zweimal 1 g fein zerriebenes Gutti — als Durchschnittsmuster einer grösseren Menge entnommen — übergiesst man mit je 25 ccm alkoholi-scher $\frac{n}{2}$ Kalilauge und lässt in einer Glasstöpselflasche wohl verschlossen 24 Stunden stehen. Die eine Probe titrirt man unter Wasserzusatz nach 24 Stunden und erhält durch Multiplikation der gebundenen ccm KOH mit 28,08 die „H.-Z." Zur zweiten Probe setzt man noch 25 ccm wässerige $\frac{n}{2}$ Kalilauge, lässt noch 24 Stunden stehen und erhält nach der Rück-titration die G.-V.-Z.

Die Differenz von letzterer und ersterer ist die „G.-Z."

Diese Methode lässt die Naturdroge verwenden und gestattet einen vorzüglich zu fixirenden Umschlag. Die vorherige Aufschliessung mit Alkohol und Wasser im Verhältniss 2 : 1 zur Säurezahlbestimmung lässt eine fast vollständige, gut zu titrirende Lösung erzielen.

K. Dieterich fand folgende S.-Z. d.:

S.-Z. d.

Gutti naturale (Röhren): 1. 71,45   4. 85,03
2. 78,60   5. 86,46
3. 79,31   6. 83,60
7. 84,31

und folgende H.-Z., G.-Z. und G.-V.-Z.:

	H.-Z.	G.-V.-Z.	G.-Z.
1 Gutti naturale	109,20 / 110,60	127,40 / 131,60	18,20 / 21,00
2. „ pulvis	110,60 / 112,00	124,60 / 133,00	14,00 / 21 00
3. „ naturale	105,00 / 107,80	121,80 / 124,60	16,80 / 16,80
4. „ „	110,60 / 110,60	128,80 / 128,80	18,20 / 18,20
5. „ electum	114,80 / 116,20	137,20 / 138,60	22,40 / 22,40

Die Sorte „pulvis" scheint, wie fast alle Harzpulver mit Colophonium verfälscht zu sein.

Einen weiteren, bemerkenswerthen Beitrag zur Guttiprüfung lieferte Eberhardt.

Eberhardt lässt vor allem auf Stärke prüfen:

1 g des zu prüfenden Pulvers löst man in 5 ccm Kalilauge, giebt 45 ccm Wasser hinzu und zuletzt einen Ueberschuss von Salzsäure; man filtrirt alsdann die trübe Flüssigkeit durch Watte und giebt zu dem klaren Filtrat 1—2 Tropfen Jodlösung. Bei Gegenwart von mehr als 2 % Stärke entsteht sofort eine dunkelblaue Färbung oder ein ebenso gefärbter Niederschlag. Die gepulverte Handelsdroge giebt gewöhnlich eine gelbe, später blau werdende Färbung; reines Gummi-Gutti mit 1 % Stärke verursacht ein mattes, beim Stehen dunkel werdendes Blau und eine leichte Fällung. 2 % Stärkegehalt giebt sofort ein dunkles Blau, nach einigen Stunden einen Niederschlag. 5—10 % Stärke geben sofort eine blaue Fällung. 5 % und weniger Curcumagehalt geben deutliche Stärkereaktionen. Erhält man sofort einen Niederschlag, so kann man Verfälschungen annehmen, doch kann auch die gänzlich stärkefreie Droge unter Umständen verfälscht sein, in welchem Falle die beste Prüfung die Ermittlung des Harzgehaltes ist. Verf. bestimmte in einigen stärkefreien

Mustern durch Auflösen in Alkohol den Harzgehalt und den Rückstand und fand ersteren zu 75,9—81,4, letzteren zu 18,6—24,1 %.

Auch Woolsey berichtet über verfälschtes Gutti und verlangt mindestens 70—80 % Harz, nicht mehr als 3—4 % Asche und 4—6 % Wasser.

Nach Mauch ist Gummigutti schon in fünf Teilen 60 %iger Chloralhydratlösung löslich. Bestimmt man durch Ausfällen mit Alkohol das Gummi, so erhält man ein sehr reines Gummi, welches nach Mauch nur 16 % beträgt. Auch zur Bestimmung der Verunreinigungen ist die Chloralhydratmethode brauchbar. (Vergl. Stinkasant.)

Kitt bestimmte von Gummi-Gutti Carbonylzahlen und fand:

C.-Z.   1,25—1,38.

Bamberger und Gregor bestimmten Methylzahlen und fanden:

M.-Z.

Gregor	3,7	0,0
Bamberger	3,7	0,0

Ueber den Werth dieser Bestimmungen siehe Chem. Revue 1898, Heft 10. Ueber die Prüfung des Gummi-Gutti im D. A. III siehe K. Dieterich, Pharmaceut. Centralhalle 1898, Nr. 21.

Litteratur.

Beckurts und Brüche, A. d. Ph. 230, p. 92. — D. Costelo, A. d. Ph. 115, p. 553. — E. Dieterich, I. D. d. H. A. p. 36. — K. Dieterich, H. A. 1896, p. 92; Ph. C. 1898, Nr. 21; Ch R. 1898, Heft 10. — Eberhardt, Ap.-Ztg. 1896, p. 687. — Gregor und Bamberger, Oest. Ch.-Ztg. 1898, Nr. 8 u. 9. — Kitt, Ch.-Ztg. 1898, p. 358. — A. Kremel, N. z. P. d. A. 1889. — Mauch, I.-D. 1898. — v. Schmidt und Erban, R. E. Bd. V, p. 142 ff. — Williams, Ph. C. 1889, p. 151. — Woolsey, Ap.-Ztg. 1898, p. 842.

47.

Lactucarium.

Lactucarium Germanicum.

Abstammung und Heimat. Lactuca virosa L. Compositen.

Europa.

Chemische Bestandtheile. Lactucin (Bitterstoff, krystallisirbar) $C_{11}H_{14}O$, Lactucasäure (bitter und krystallisirbar) (nach Kromayer), Lactucon (indifferent und krystallisirbar $C_{15}H_{24}O$, (nach Ludwig) $C_{19}H_{30}O$, (nach O. Schmidt) Asparagin (?) Kautschuk, Asche (10 %), Mannit (?). Das englische Lactucarium ist ähnlich, ohne erhebliche Abweichungen, zusammengesetzt.

16*

Allgemeine Eigenschaften und Handelssorten. Das Lactucarium Germanicum bildet derbe, gleichförmige, gelbbraune, im Bruch etwas wachsartige Massen, die hykroskopisch sind. Der Geschmack ist kratzend bitter, narkotisch. In Wasser, Aether, Alkohol ist das Lactucarium nur theilweise löslich.

Das Lactucarium Anglicum, auch von Lactuca virosa stammend, besteht aus unregelmässigen, kleineren nnd grösseren, mehr oder weniger stumpfkantigen, matten, zerreiblichen, dunkelbraunen Körnern, die nicht hykroskopisch sind.

Das Lactucarium gallicum, das „Thridax“ der Alten stammt von Lactuca sativa und stellt ein fettes Extrakt von schwarzbrauner Farbe dar. Auch Lactuca canadensis liefert ein Lactucarium.

Verfälschungen resp. Verwechslungen. Minderwerthige Pflanzenextrakte, verschiedene Sorten Brot.

Analyse. Da speciell das Deutsche Lactucarium — früher offizinell — in jeder Apotheke zu finden ist, so sei dasselbe hier nebst den anderen Handelssorten besprochen, trotzdem eigentliche analytische Daten so gut wie fehlen.

Hanausek berichtet über eine Lactucarium-Imitation, die aus Körnern verschiedener Grösse und bräunlicher Farbe bestand. Die Körner waren geruch- und geschmacklos; im Wasser quollen dieselben auf und zerfielen in kleine Körner. Die Untersuchung ergab, dass die Waare aus altem Weizengebäck hergestellt war.

Kremel hat in verschiedenen Lactucariumsorten eine Beimengung von Brotkrumen gefunden. Diese Verfälschung lässt sich sowohl mikroskopisch, als auch chemisch nachweisen. Extrahirt man Lactucarium in einem Extraktionsapparat mit einem Gemenge von 3 Theilen Alkohol und 1 Theil Chloroform, so geht vorwiegend das Lactucon in Lösung, und es beträgt das so gewonnene Extrakt bei reinem Lactucarium 55—69%. Bei einer Beimengung von Brot wird natürlich die Extraktmenge um so geringer sein, je grösser der Brotzusatz war. Auch selbst der Feuchtigkeits- und Aschegehalt wird durch einen solchen Zusatz alterirt. Als Beispiel mögen die Analysen folgender drei Lactucariumsorten dienen:

	Feuchtig-keit	Aschen-gehalt	Chloroform-Alkohol-Extrakt
I.	5,80 %	6,50 %	57,46 %
II.	5,88 „	4,51 „	40,00 „
III.	10,84 „	1,61 „	11,54 „

Nr. I war ganz reines Lactucarium german., Nr. II und III verfälschtes L. austriacum. Mikroskopisch konnten in II und III gequollene Amylumkörner nachgewiesen werden. Wurde eine Probe mit Wasser aufgekocht, so erfolgte nach dem Erkalten auf Jodzusatz intensive Blaufärbung.

Das Lactucarium mit einer Mischung von 3 Theilen Alkohol und 1 Theil Chloroform extrahirt, giebt nach KREMEL mindestens 50 % lösliche Bestandtheile an obige Mischung ab.

K. DIETERICH hat deutsches und englisches Lactucarium untersucht und die H.-Z. und G.-V.-Z. vermittelst fraktionirter Verseifung nach folgender Methode festgestellt:

„Zweimal 1 g Lactucarium werden zerrieben und mit je 50 ccm Petroleumbenzin (0,700 spec. Gew.) übergossen, dann je 25 ccm alkoholische $\frac{n}{2}$ Kalilauge zugefügt und kalt unter häufigem Umschwenken in zwei verschlossenen Flaschen von je 1 l Inhalt 24 Stunden stehen gelassen. Die eine Probe wird nun unter Zusatz von 500 ccm Wasser und unter Umschwenken sofort mit $\frac{n}{2}$ Schwefelsäure und Phenolphtalein zurücktitrirt. Diese Zahl ist die „H.-Z.“ Die zweite Probe wird weiter behandelt, und zwar setzt man 25 ccm wässerige $\frac{n}{2}$ Kalilauge und 75 g Wasser zu und lässt unter häufigem Umschütteln noch 24 Stunden stehen. Man verdünnt dann mit 500 ccm Wasser und titrirt mit $\frac{n}{2}$ Schwefelsäure und Phenolphtalein unter Umschwenken zurück. Die so erhaltene Zahl repräsentirt die perfekte „G.-V.-Z.“ Durch Subtraktion der H.-Z. von der G.-V.-Z. erhält man die G.-Z.

K. DIETERICH fand folgende Werthe:

	H.-Z.	G.-V.-Z.	G.-Z.
1. Lactucarium Germanicum pulvis	203,00	215,60	12,60
	207,20	217,00	9,80
2. „ „ in massa	154,00	166,60	12,60
	156,80	169,40	12,60
3. „ „ pulvis	189,00	191,80	2,80
	191,80	191,80	0,00
4. „ „ „	249,20	310,80	61,60
	252,00	313,60	61,60
5. „	163,80	190,40	26,60
	162,40	184,80	22,40
6. „ Anglicum	68,60	75,60	7,00
	67,20	75,60	8,40
7. „ „	225,40	232,40	7,00
	225,40	238,00	12,60
8. „ „	50,40	75,60	25,20
	51,80	78,40	26,60

Während sich die Zahlen bei dem Deutschen Lactucarium, — wenn man die Sorte „in massa" (Nr. 2 und 5) für sich und die Sorte „in pulvis" (Nr. 1, 3 und 4) ebenfalls für sich betrachtet — in verhältnissmässig engen Grenzen bewegen, zeigen diejenigen des englischen Lactucariums, dass dieser Milchsaft äusserst unregelmässig zusammengesetzt ist. Wie bei fast allen Harzprodukten haben die Sorten „pulvis" des deutschen Lactucariums die höchsten Werthe ergeben, so dass wohl auch hier eine Verfälschung mit Colophonium vermuthet werden kann (s. Allgem. Th. Spec. Leitsätze Schluss).

Ueber den Nachweis des Colophoniums auf Grund der Storch-Morawski'schen Reaktion vergl. sub Colophonium.

L i t t e r a t u r.

K. Dieterich, H. A. 1896, p. 69. — Hanausek, A. d. Ph. 225, p. 829 — Kremel, Ph. C. 1888, p. 512; N. z. P. d. A. 1889, p. 116—117.

48.

Myrrha.

Gummi-resina Myrrha (Herabol-Myrrhe officinell im D. A. III.)

Abstammung und Heimat [1]. I. Herabol-Myrrha (die gew. Handelssorte). Balsamodendron- und Commiphoraarten, Burseraceen.

Arabien.

Chemische Bestandtheile. Gummi, Harz und ätherisches Oel. Ersteres 57—59%, der Formel $C_6 H_{10} O_5$ entsprechend. Der in Alkohol leicht lösliche Theil der Myrrhe ist ein Gemenge verschiedener Harze: ein indifferentes Harz und ein in Alkohol und Aether lösliches Weichharz von der Formel $C_{26} H_{34} O_5$ mit drei Hydroxylgruppen und zwei Harzsäuren. Die eine der letzteren ist zweibasisch mit der Formel $C_{13} H_{16} O_8$, die andere ist ebenfalls zweibasisch mit der Formel $C_{26} H_{32} O_9$. Aetherisches Oel (7–8%) mit dem Hauptbestandtheil, der Formel $C_{10} H_{14} O$ entsprechend. (Nach O. Köhler).

Allgemeine Eigenschaften. Nussgrosse Körner oder Massen von gelblichrother Farbe, Bruch fettglänzend, kleinkörnig, nicht glatt und grossmuschelig. Wasser giebt eine weisse Emulsion, Alkohol löst nur das Harz; stark riechend, nachhaltig bitter und kratzend schmeckend. Die Herabol-Myrrhe ist die sogenannte „männliche Myrrhe."

Verfälschungen resp. Verwechslungen. Extrahirtes Myrrhenharz, Bdellium, Gummi arabicum, Bisabolmyrrha.

---

[1] Trotz zahlreicher Forschungen sind die Widersprüche in der Litteratur über die Abstammung von Myrrhe, Bdellium und von ähnlichen Körpern noch nicht ganz geklärt. Eine definitive Angabe ist somit noch verfrüht. Vergl. über die Abstammung: Holmes, Ph. Ztg. 1899, Nr. 28, p. 237—238 und P. Siedler, Ap. Ztg. 1898, Nr. 2.

II. Bisabol-Myrrha.

Abstammung und Heimat. Balsamea erythrea[1]) Engl. Burseraceen
Somaliländer.

Chemische Bestandtheile. Wasserlösliches Gummi (22,1 %), in Natronlauge lösliches Gummi (29,85 %), Rohharz (21,5 %), Bitterstoff (1,5 %), ätherisches Oel (7,8 %), Wasser (3,17 %), Pflanzenreste (13,4 %). Im ätherischen Oel ist ein Kohlenwasserstoff Bisabolen von der Formel $C_{10}H_{16}$ enthalten, ausserdem enthält das ätherische Oel noch esterartige Verbindungen und einen sauerstoffhaltigen Körper $C_{56}H_{96}O$, welches das doppelte minus ein Atom Sauerstoff vom Chironol $C_{28}H_{48}O$ (s. Opopanax) beträgt. Das Reinharz enthält freie Säuren, ein Resen, das Bisabolresen und einen neutralen Körper (nach TUCHOLKA).

Allgemeine Eigenschaften und Handelssorten. Aehnlich, wie die Herabol-Myrrhe, aber mehr nach Bdellium, milder und nicht so stark riechend und schmeckend. Diese Bisabol-Myrrhe heisst „weibliche Myrrhe."

Verfälschungen resp. Verwechslungen. Die Bisabol-Myrrhe kann nur mit der Herabol-Myrrhe verwechselt werden; erstere wird nur im Produktionsland gebraucht und ist kaum im Handel anzutreffen.

Andere Myrrhensorten, wie arabische Myrrhe, Meetiya-Myrrhe, persische Myrrhe und Chinaïbol-Myrrhe (Siam) sind nur für die Produktionsländer, nicht für den europäischen Handel von Interesse. Als Ersatz der Myrrhe sind von HOOPER das Gummiharz von Balsamodendron Berryi, in seiner Heimat Ostindien Mulukilivary genannt, als vorzüglicher Ersatz empfohlen. Diese Myrrhe enthält 84 % Gummi, 5 % Wasser und 6,6 % mineralische Theile. Das Gummi ist durch Bleiacetat nicht fällbar, entgegengesetzt dem Gummi der gewöhnlichen Myrrhe, das weiche Harz ist rechtsdrehend, in Aether, Alkohol, Chloroform und Schwefelkohlenstoff löslich. Ein ähnlicher Myrrhenersatz ist der Bayeebalsam, welcher das Gummiharz von Balsamodendron pubescens darstellt. Das bei der Bereitung der alkoholischen Myrrhenpräparate zurückbleibende Gummi wird technisch vielfach auf Klebgummi verarbeitet.

Analyse. Die mehrfach empfohlene und sogar von mehreren Arzeneibüchern acceptirte Bromreaktion ist später von ebensovielen Autoren als unzuverlässig bezeichnet worden. Zieht man Myrrhe mit Alkohol aus und nimmt den Verdampfungsrückstand mit Aether auf, so soll Bromdampf eine rothviolette Farbenreaktion geben. Ebenso, wie diese Reaktion, besonders bei alter oder gepulverter Myrrhe oft negativ ausfällt,

---

[1]) Vergl. Anm. 1 auf vorhergehender Seite.

ist das Betupfen der Myrrhe mit Weingeist und mit Salpetersäure und die trübviolette Färbung der betreffenden Stelle unsicher. Analytisch unterscheiden sich Herabol-Myrrhe und Bisabol-Myrrhe so auffällig, dass die obige Farbenreaktion, welche der Bisabol-Myrrhe fehlen soll, anzustellen, überflüssig ist und das um so mehr, als Bisabol-Myrrhe auf den ersten Blick durch Aussehen und Geruch zu unterscheiden und überhaupt nicht im Handel anzutreffen ist. Tucholka giebt folgende Reaktion zur Unterscheidung von Herabol- und Bisabol-Myrrhe an:

„Sechs Tropfen eines Petrolätherauszuges (1:15) mit 3 ccm Eisessig gemischt und mit 3 ccm concentrirter Schwefelsäure unterschichtet, zeigen an der Berührungsstelle sofort eine schön rosarothe Zone; nach kurzer Zeit ist die ganze Eisessigschicht rosa, welche Farbe längere Zeit bleibt. Wird der Petrolätherauszug concentrirter gewählt, so ist die entstehende Färbung braun. Die officinelle Myrrhe giebt mit diesem Reagens nur ganz schwache Rosafärbung der Eisessigschicht, die an Intensität nicht zunimmt; die Berührungsfläche beider Flüssigkeiten zeigt erst grüne Farbe, die beim Stehen in Braun mit grüner Fluorescenz übergeht."

Die Reaktion der Herabol-Myrrhe mit Bromdampf in ätherischer Lösung zeigt Bdellium, wie Bisabol-Myrrhe, nicht. Auch analytisch ist (s. w. u.) Bdellium unschwer von Bisabol- und Herabol-Myrrhe zu unterscheiden.

Hirschsohn untersuchte zahlreiche Sorten und fordert, dass die mit Petroleumäther gemachten Auszüge farblos seien und nach dem Trocknen bei 120° C höchstens 6%/o betragen; ein höherer Procentgehalt würde auf Verfälschung deuten; Schwefel in diesen Rückständen soll auf Bdellium deuten. (Nach dem heutigen Stand der Forschung sind schwefelhaltige Körper im Bdellium nicht mit Sicherheit nachgewiesen worden, warum also die Anwesenheit von Schwefel gerade auf Bdellium deuten soll, ist nicht verständlich; weit eher wäre dann Stinkasant oder Sagapen — beide haben schwefelhaltiges Oel — zu vermuthen, wenn nicht Verfälschungen mit diesen Körpern als zu fernliegend ausgeschlossen wären. K. D.) Der Petroläther soll nach dem Ausziehen farblos sein.

Die Arzneibücher haben sich meist auf die Bromreaktion, auf die Forderung: mindestens 30%/o alkohollösliche Antheile und 6—8%/o Asche beschränkt.

Die alkohollöslichen Antheile betragen nach K. Dieterich bei der Herabol-Myrrhe bedeutend mehr (bis 50%/o) als bei der Bisabol-Myrrhe (bis 20%/o).

Kremel fand für Herabol-Myrrhe:

	I.	II.	III.
% Harz	39,5	42,0	23,9
S.-Z. d.	64,0	60,2	70,3
vom Extrakt E.-Z.	95,0	116,5	145,8
V.-Z. h.	159,0	176,7	216,1

Derselbe fand für indische Myrrhe:

% Harz	30,7
S.-Z. d.	42,1
vom Extrakt E.-Z.	130,8
V.-Z. h.	172,9

Die Werthe wurden vom Extrakt nach der meist üblichen Methode (s. Spec. Th. Einl.) festgestellt.

E. Dieterich fand:

Löslichkeit in

Wasser 37,30—52,50%

Alkohol von 96% 22,60%

Tucholka arbeitete bei seinen Untersuchungen über die Bisabol-Myrrhe nach der Kremel'schen Methode und konnte, wie es zu erwarten war, keine analytischen Unterschiede zwischen beiden Myrrhensorten herausfinden. Hieran anschliessend hat K. Dieterich dieselbe Bisabol-Myrrhe nach seiner Methode untersucht und führt folgendes aus:

„Ebenso wie bei vielen anderen Harzen und Gummiharzen hat man auch hier bei der Bisabol-Myrrhe den Fehler begangen — ich habe auf diese Verhältnisse schon ausführlich in den Helfenberger Annalen 1896, p. 126 sub I hingewiesen — ein alkoholisches Extrakt herzustellen und dieses zu untersuchen. Es ist das, wie bei jedem anderen Gummiharz, aus dem Grunde falsch, weil bei der Herstellung des Extraktes erstens Veränderungen innerhalb der Substanz selbst vor sich gehen und weil — das ist der Hauptfehler — beim Verdampfen des Auszuges, speciell bei solchen Gummiharzen, die wie Ammoniacum, Galbanum, Myrrhe etc. ätherische Oele, flüchtige Bestandtheile enthalten, je nach dem Gehalt an solchen eine gewisse, nicht bekannte und nicht in Rechnung gezogene Menge an diesen flüchtigen Substanzen verloren geht. Die daraus hervorgehenden Schwankungen sind um so grösser, weil der Gehalt an alkohollöslichen Antheilen einerseits, an flüchtigen Antheilen andererseits nicht bestimmt wird, sondern einfach nur der alkohollösliche Antheil als dem Gummiharz gleichwertig behandelt wird. Bedenkt man, dass der alkohollösliche Antheil bei der Bisabol-Myrrhe nur zwischen 20 und 30% schwankt und somit kaum $^1/_3$ der Droge ausmacht, so kann man ermessen, wie wenig die erhaltenen Zahlen der Droge selbst entsprechen und welchen Schwankungen die Zahlen eo ipso unterworfen sein müssen. Bei manchen Gummiharzen hat man sogar nicht einmal die 1 g Droge entsprechende Menge Extrakt verwendet, sondern hat ein Extrakt hergestellt und von 1 g Extrakt die Zahlen bestimmt. Da 1 g des Extraktes aber weit mehr als 1 g Gummiharz entspricht, so repräsentirt die erhaltene Zahl auch nicht, wieviel Milligramm KOH 1 g Droge zu binden vermag, sondern etwas der Definition „S.-Z." überhaupt nicht entsprechendes.

Es ist somit auch nicht zu verwundern, wenn Tucholka bei der S.-Z. und V.-Z. zu Resultaten gelangt ist, die nicht befriedigend waren und eine Unterscheidung beider Sorten von Myrrhe nicht zuliessen. Wie verschieden und unzuverlässig die Zahlen ausfallen, wenn man das Extrakt und nicht die ursprüngliche Droge untersucht, mögen folgende Werthe erläutern. Es erhielt Kremel für Herabol-Myrrhe unter Verwendung des Extraktes die S.-Z. d. 60,2—70,3, E.-Z. 95,0—148,4, V.-Z. h. 159—260,1. Ich erhielt nach seiner Methode bei einer Ausbeute von 20% Extraktes 11,2 als S.-Z. d., 33,6 E.-Z. und 44,8 als V.-Z. h. Diese ungeheuren Differenzen zeigen wohl zur Genüge, wie ungenau die Untersuchung des Extraktes ist. Noch deutlicher veranschaulichen sich die grossen Unterschiede an der Bisabol-Myrrhe. Tucholka erhielt unter Verwendung des Extraktes die S.-Z. d. 55,7, als E.-Z. 87,6 und als V.-Z. h. 143,3. Ich erhielt bei einer Ausbeute von 50% Extrakt die S.-Z. d. 5,6, die E.-Z. 51,4 und die V.-Z. h. 57,00.

Ganz anders und zwar bedeutend höher fallen die Zahlen aus, wenn man die Droge in natura zur Bestimmung obiger Zahlen verwendet. Die bedeutend höheren Zahlen liefern zur Genüge den Beweis, dass bei der Herstellung des Extraktes grosse Mengen von flüchtigen Bestandtheilen verloren gehen, und dass der in Alkohol unlösliche Rückstand auch noch säure- und esterartige Bestandtheile enthält.

Ich habe nun auf Grund zahlreicher Versuche eine Methode ausgearbeitet, die gestattet, die Myrrhe in natura zu untersuchen und die nach Möglichkeit beide Theile der Myrrhe, alkohollösliches Harz und wasserlösliches Gummi, zu berücksichtigen gestattet."

Die Methode von K. Dieterich ist folgende:

a) S.-Z. d. 1 g der möglichst fein zerriebenen und einer grösseren Menge zerriebener Myrrhe als Durchschnittsmuster entnommenen Droge übergiesst man mit 30 ccm destillirtem Wasser und erwärmt $\frac{1}{4}$ Stunde am Rückflusskühler. Man setzt nun 50 ccm starken Alkohol zu und kocht noch eine $\frac{1}{4}$ Stunde am Rückflusskühler im Dampfbad. Nachdem die Flüssigkeit erkaltet ist, titrirt man mit alkoholischer $\frac{n}{2}$ Kalilauge und Phenolphtalin bis zur wirklichen Rothfärbung. Man verwendet nicht $\frac{n}{10}$, sondern $\frac{n}{2}$ Lauge, *weil der Umschlag bei Hinzufügung eines Tropfens stärkerer Lauge schärfer, intensiver und rascher eintritt, als bei schwächerer Lauge. Durch Multiplikation der verbrauchten ccm Lauge mit 28,08 erhält man die S.-Z. d.*

b) V.-Z. h. Ein weiteres Durchschnittsmuster und zwar 1 g der Myrrha übergiesst man mit 30 ccm Wasser, lässt $^1/_2$ Stunde stehen und fügt nun 25 ccm alkoholische $\frac{n}{2}$ Kalilauge hinzu. Man kocht $^1/_2$ Stunde auf dem Dampfbad mit Rückflusskühler, lässt erkalten und titrirt, nach der Verdünnung mit Alkohol, zurück. Die Anzahl der gebundenen ccm KOH mit 28,08 multiplicirt giebt die V.-Z. h.

c) E.-Z. erhält man durch Subtraktion der S.-Z. d. von der V.-Z. h.

Ausserdem muss noch der alkohollösliche Antheil durch Erschöpfen der Droge im Soxhlet mit starkem Alkohol festgestellt werden.

Die nach obiger Methode erhaltenen Werthe sind schon in Rücksicht auf den verschiedenen Gehalt der Myrrhe an ätherischen Substanzen ebenfalls gewissen Schwankungen unterworfen, sie entsprechen aber, besonders wenn man bemüht ist, ein wirkliches Durchschnittsmuster herzustellen, in allen Theilen der ursprünglichen Droge.

K. DIETERICH fand für Herabol- und Bisabol-Myrrhe folgende Werthe:

Myrrha	S.-Z. d.	E.-Z.	V.-Z. k.	alkohollösl. Antheil
Bisabol-Myrrhe	20,06	125,54	145,60	50 %
Herabol-Myrrhe	25,48	204.12	229,60	20 %

Ein Vergleich der Zahlen, welche K. DIETERICH und TUCHOLKA bei Untersuchung des Extraktes erhalten hatte, zeigt deutlich, dass es nur auf diesem letzterem Weg möglich ist, Unterschiede zwischen beiden Myrrhen-Sorten festzustellen. Während beide Sorten fast dieselbe S.-Z. d. zeigen, sind sie in E.-Z. und V.-Z. h. deutlich unterschieden und zwar so, dass die Herabol-Handelsmarke eine bei weitem höhere E.-Z. und V.-Z. h. zeigt, als die Bisabol-Myrrhe. Trotzdem die Herabol-Myrrhe nur 20 % alkohollösliche Antheile enthält, zeigt sie doch gegenüber der anderen Marke eine höhere S.-Z. d. und E.-Z., ein Beweis, dass die wasserlöslichen, gummösen Theile, die man bei der alten Methode unberücksichtigt liess, fast einen grösseren Theil saurer und esterartiger Antheile aufweist, als das alkoholische Extrakt. Neben obiger quantitativen Untersuchungsmethode kann die qualitative von TUCHOLKA (s. o.) noch besonders empfohlen werden.

Vergleicht man mit den Myrrhensorten noch die unter Bdellium für dieses erhaltenen Werthe, so ergiebt sich, dass Bdellium (ostindisch und afrikanisch) von diesen drei verwandten Gummiharzen die niedrigsten, die Herabol-Myrrhe die höchsten analytischen Werthe zeigt, während die Bisabol-Myrrhe ungefähr in der Mitte steht.

Für die Asche dürfte 8% die höchste zulässige Grenze für die officinelle Herabol-Myrrhe sein.

GREGOR und BAMBERGER fanden folgende Methylzahlen:

M.-Z.

GREGOR   13,5

BAMBERGER   13,2—13,6

Ueber den Werth dieser Zahlen vergl. Chem. Revue 1898, Heft 10.

MAUCH bestimmte in der Herabol-Myrrhe das Gummi, indem er das Gummiharz (1—2 g) in 10—15 g 60%iger Chloralhydratlösung auflöste, das Gummi mit 100 g starken Alkohol fällte und wog. Er fand 75,2% Gummi. Die Herabol-Myrrhe löst sich nach MAUCH in 8—10 Theilen 60%iger Chloralhydratlösung zu einer gelbbraunen, klaren Flüssigkeit auf.

Ueber die Prüfung der Myrrhe im D. A. III. vergl. Pharm. Centralhalle 1898, Nr. 21.

Litteratur.

E. DIETERICH, D. d. H. A. p. 36. — K. DIETERICH, H. A. 1897, p. 34 ff. — GREGOR und BAMBERGER, Oestr. Ch.-Ztg. 1898, Nr. 8 u. 9. — HIRSCHSOHN, A. d. Ph. 213, p. 311. — MAUCH, I.-D., Strassburg, 1898. — KREMEL, N. z. P. d. A. 1889. — TUCHOLKA, A. d. Ph. 235, p. 290.

49.

Opopanax.

Gummi-resina Opopanax.

Abstammung und Heimat. Man unterscheidet:

I. Burseraceen-Opopanax von Balsamodendron Kafal Knuth.

Persien

II. Umbelliferen-Opopanax von Chironium Opopanax Koch.

Südeuropa.

Auch andere Commiphoraarten liefern noch dem Opopanax ähnliche Gummiharze. Das jetzige Handelsprodukt für Parfümeriezwecke ist Burseraceen-Opopanax.

I. Burseraceen-Opopanax:

Chemische Bestandtheile. Aetherisches Oel (6,5%), Gummi und Pflanzenreste (70%), Feuchtigkeit und Verlust bei 100° C (4,5%), Harz

(19%). Letzteres besteht aus α-Panaxresen $C_{32}H_{54}O_4$, β- Panaxresen $C_{32}H_{52}O_5$, Panaxresinotannol $C_{34}H_{50}O_8$ und einem Alkohol Chironol $C_{28}H_{48}O$ (nicht vorgebildet) und Bitterstoff (nach BAUR).

II. Umbelliferen-Opopanax:

Chemische Bestandtheile. In Aether lösliches Harz: Ferulasäure-ester des Oporesinotannols (51,80), Aether unlösliches Harz: freies Oporesinotannol $C_{12}H_{13}O_2\,OH$ (1,9%), Gummi, ein Gemisch von der annähernden Formel $C_8H_{14}O_7$ (33,782%), ätherisches Oel mit dem daraus isolirten Opanal $C_{20}H_{10}O_7$ (8,3%), freie Ferulasäure $C_{10}H_{10}O_4$ (0,216%), Vanillin (0,00272%), Feuchtigkeit (2%), Bassorin und Pflanzenreste (2%) und Bitterstoff (nach KNITL).

Allgemeine Eigenschaften und Handelssorten. Das Burseraceen-Opopanax ist jetzt fast ausschliesslieh im Handel und stellt grössere, braungelbe Stücke, in die stellenweise hellere Gummikörner eingestreut sind, neben völlig weissen kleineren Stücken dar. Der Geruch ist eigenartig, etwas an Sumbul, auch an Bisabol-Myrrhe erinnernd. Manche Sorten haben einen wunderbar schönen Geruch, der sofort den Werth dieser Sorten für die Parfümeriebranche erkennen lässt. Das Parfüm, welches als „Opopanax" im Handel ist, soll mit dem Gummiharz nichts zu thun haben, sondern nach HOLMES das ätherische Oel von Commiphora Kataf sein. Der Name „Myrrhe" ist von dem Parfüm, als von einer der Myrrhe nahestehenden Commiphoraart stammend, schliesslich auch auf das Gummiharz übertragen worden, obgleich das letztere, speciell das Umbelliferen-Opopanax nichts mit Myrrhe zu thun hat.

Das Umbelliferen-Opopanax bildet frisch schmierige, etwas nach Levisticum und Galbanum, jedenfalls stark und unangenehm riechende Massen oder braungelbe Stücke dar, die stark bitter und balsamisch schmecken.

Verfälschungen resp. Verwechslungen. Beide Sorten untereinander, Myrrhe, Bdellium, Galbanum.

Analyse.

HIRSCHSOHN hat mehrere Sorten Opopanax untersucht, jedoch sind die Angaben so widersprechende, dass an dieser Stelle auf die Wiedergabe dieser Daten verzichtet werden muss.

Erst in neuerer Zeit hat K. DIETERICH einige analytische Daten über Burseraceen- und Umbelliferen-Opopanax veröffentlicht. K. DIETERICH verfährt, wie bei Myrrhe, unter Verwendung des Naturproduktes, keines Extraktes, in folgender Weise:

a) S.-Z. d.

1 g der möglichst fein zerriebenen und einer grösseren Menge zerriebener Opopanax als Durchschnittsmuster entnommenen Droge übergiesst man mit 30 ccm destillirtem Wasser und erwärmt ¹/₄ Stunde am Rückflusskühler. Man setzt nun 50 ccm starken Alkohol zu und kocht noch ¹/₄ Stunde am Rückflusskühler im Dampfbad. Nachdem die Flüssigkeit erkaltet ist, titrirt man mit alkoholischer $\frac{n}{2}$ Kalilauge und Phenolphtaleïn bis zur wirklichen Rothfärbung. Man verwendet nicht $\frac{n}{10}$, sondern $\frac{n}{2}$ Lauge, weil der Umschlag bei Hinzufügung eines Tropfens stärkerer Lauge schärfer, intensiver und rascher eintritt, als bei schwächerer Lauge. Durch Multiplikation der verbrauchten ccm Lauge mit 28,08 erhält man die S.-Z. d.

b) V.-Z. h.

Ein weiteres Durchschnittsmuster und zwar 1 g Opopanax übergiesst man mit 30 ccm Wasser, lässt ¹/₂ Stunde stehen und fügt nun 25 ccm alkoholische $\frac{n}{2}$ Kalilauge hinzu. Man kocht ¹/₂ Stunde auf dem Dampfbad mit Rückflusskühler, lässt erkalten und titrirt nach der Verdünnung mit Alkohol zurück. Die Anzahl der gebundenen ccm KOH mit 28,08 multiplicirt giebt die V.-Z. h.

c) E.-Z. erhält man durch Subtraktion der S.-Z. d. von der V.-Z. h.

Derselbe Autor erhielt folgende Werthe:

		S.-Z. d.	E.-Z.	V.-Z. h.
	1. Opopanax	23,84	83,01	105,85
		30,92	97,24	128,16
Burseraceen	2. „	10,46	85,74	96,20
		16,40	81,94	98,34
	3. „	24,03	125,01	149,04
		28,20	124,62	152,82

Die folgenden Umbelliferen-Opopanaxsorten waren zum Theil direkt aus Teheran in Persien bezogen.

		S.-Z. d.	E.-Z.	V.-Z. h.
	1. Opopanax flüssig Teheran (Jovishir Drops)	32,43	105,46	137,89
		33,06	119,58	152,64
Umbelliferen	2. Opopanax fest Teheran (Jovishir Dry)	35,00	114,07	149,07
		36,86	126,90	163,76
	3. Opopanax fest (alt)	53,40	142,60	196,00
		58,57	140,50	199,07

Die obige Methode lehnt sich an diejenige von Myrrhe, Bdellium und Sagapen an, unterscheidet sich aber wesentlich von derjenigen des Ammoniacum und Galbanums, weil letztere kalt, resp. fraktionirt, erstere nur heiss verseifbar sind Wie bei Ammoniacum und Galbanum, ist auch hier das vorherige Aufschliessen des Gummiharzes unerlässlich.

Nach obigem Ausfall der Werthe liegen die Werthe beim Umbelliferen-Opopanax höher, als beim Burseraceen-Opopanax.

Litteratur.

K. Dieterich, Ph. C. 1899, Nr. 31.

50.

Sagapen.

Gummi-resina Sagapenum.

Abstammung und Heimat. Nicht genau bekannt, jedenfalls eine persische Umbellifere.   *Persien.*

Chemische Bestandtheile. Aetherlösliches Harz (56,8%), Gummi (23,3%), Wasser (3,5%), Verunreinigungen (10%), ätherisches, schwefelhaltiges Oel (5,8%). Im Reinharz: freies Umbelliferon (0,11—0,15%), gebundenes Umbelliferon (15,7%) und zwar als Umbelliferon-Sagaresinotannolester (ca. 40,0%). Das Sagaresinotannol hat die Formel: $C_{24}H_{27}O_4OH$ (nach Hohenadel).

Allgemeine Eigenschaften und Handelssorten. Dunkelbraune Massen mit zahlreichen weissen Stücken von spröder Consistenz, in der Hand erweichend und knetbar. Der Geruch erinnert schwach an Galbanum, nähert sich jedoch auch dem Stinkasant. Die ätherische Lösung mit Salzsäure versetzt, zeigt rothviolette Farbe. In Aether, Alkohol, Alkalien und Schwefelsäure ist Sagapen löslich. Im Handel waren früher besonders die „persische Sorte in massa" und die „levantinische in Thränen". Heute ist Sagapen fast ganz vom Markte verschwunden.

Verfälschungen resp. Verwechslungen. Galbanum, mineralische und pflanzliche Verunreinigungen.

Analyse. Analytische Daten über Sagapen sind so gut wie gar nicht vorhanden. Erst in der Neuzeit hat K. Dieterich und Mauch einige Beiträge geliefert. K. Dieterich hat Sagapen genau nach der für Myrrhe, Bdellium und Opopanax angewendeten Methode — unter Verwendung des Rohproduktes, nicht eines Extraktes — untersucht. Die Methode ist folgende:

a) S.-Z. d. 1 g des möglichst fein zerriebenen und einer grösseren Menge zerriebenen Sagapens als Durchschnittsmuster entnommenen Droge übergiesst man mit 30 ccm destillirtem

Wasser und erwärmt $^1/_4$ *Stunde am Rückflusskühler. Man setzt nun 50 ccm starken Alkohol zu und kocht noch* $^1/_4$ *Stunde mit Rückflusskühler im Dampfbad. Nachdem die Flüssigkeit erkaltet ist, titrirt man mit alkoholischer* $\frac{n}{2}$ *Kalilauge und Phenolphtalein bis zur wirklichen Rothfärbung. Man verwendet nicht* $\frac{n}{10}$*, sondern* $\frac{n}{2}$ *Lauge, weil der Umschlag bei Hinzufügung eines Tropfens stärkerer Lauge schärfer, intensiver und rascher eintritt, als bei schwächerer Lauge. Durch Multiplikation der verbrauchten ccm Lauge mit 28,08 erhält man die S.-Z. d.*

b) V.-Z. h. Ein weiteres Durchschnittsmuster und zwar 1 g des Sagapens übergiesst man mit 30 ccm Wasser, lässt $^1/_2$ *Stunde stehen und fügt nun 25 ccm alkoholische* $\frac{n}{2}$ *Kalilauge hinzu. Man kocht* $^1/_2$ *Stunde auf dem Dampfbad mit Rückflusskühler, lässt erkalten und titrirt, nach der Verdünnung mit Alkohol, zurück. Die Anzahl der gebundenen ccm KOH mit 28,08 multiplicirt giebt die V.-Z. h.*

3. E.-Z. erhält man durch Subtraktion der S.-Z. d. von der V.-Z. h.

K. Dieterich fand folgende Werthe für das Rohprodukt:

	I.	II
S.-Z. d.	13,96	14,81
E.-Z.	31,29	39,37
V.-Z. h.	45,25	54,18

Mauch fand, dass Sagapen Umbelliferon enthält und sich in 60 %-iger Chloralhydratlösung mit brauner Farbe auflöst. Sagapen giebt überhaupt, wie Galbanum alle Reaktionen des Umbelliferons.

Litteratur.

K. Dieterich, Ph. C. 1899, Nr. 31. — Mauch, I.-D., Strassburg, 1898.

51.

Stinkasant.

Gummi-resina Asa foetida (officinell im D. A. III.).

Abstammung und Heimat. Ferula Scorodosma und Ferula Narthex Boiss.   *Persien.*

Chemische Bestandtheile. In Aether lösliches Harz = Ferulasäureester des Asaresinotannols (61,40 %), freies Asaresinotannol $C_{24}H_{33}O_4$. OH (0,6 %), Gummi (25 %), ätherisches, schwefelhaltiges Oel (6,7 %), Vanillin (0,06 %), freie Ferulasäure (1,28 %), Feuchtigkeit (2,36 %), Verunreinigungen (2,5 %) (nach Polasek).

Allgemeine Eigenschaften und Handelssorten. Die Asa foe-tida „in massa" und „in lacrymis" sind diejenigen Sorten, welche heute im Handel sind. Erstere ist sehr unrein, letztere in Thränen hingegen bedeutend reiner. Der Milchsaft ist frisch weiss, bald roth und miss-farbig werdend und stark knoblauchartig riechend; aussen ist der Stinkasant dunkelviolett. Der Geschmack ist sehr scharf und anhaltend brennend. Die Sorte in massa ist, wie bei Ammoniacum und Galbanum für pharmazeutische Zwecke insofern vorzuziehen, als sie reicher an ätherischem Oel, als die Sorte in Thränen ist.

Die schlechteste Sorte „Asa foetida petraea", die sogenannte „steinige" Asa ist eine sehr unreine Masse, welche zu verwerfen ist.

Nach Dymok unterscheidet man auf dem Markte von Bombay drei Sorten:

Abus ha heree (aus den Häfen des persischen Meerbusens, Bunder Abbar), Kanda haree und Hingra.

Während die erste Sorte von Ferula alliacea kommt, soll Hingra die Asa foetida des europäischen Handels sein und zwar soll Scorodosma foetidum die persische und Narthex Falconer die afghanistan'sche Waare erzeugen.

Die sehr theure Sorte „Hing aus Abushaher" (Provinz Kerman) kommt nach Flückiger in geringen Mengen aus persischen Häfen und soll nach Dymok mit Gummi verfälscht sein.

Heute ist nach den Forschungen von Holmes anzu-nehmen, dass alle Sorten nur von Ferula Narthex Boiss. stammen.

Verfälschungen resp. Verwechslungen. Schlechte Sorten, schon extrahirt mit über 50 % Asche, afrikanisches Ammoniacum, fremde Harze, Pflanzenreste.

Analyse. Von allen Gummiharzen ist die Asa foetida dasjenige, bei welchem bisher die grösste Menge an Asche und Verunreinigungen aufgefunden worden ist. Waage hat darauf hingewiesen, dass auch Reste der Mutterpflanze etc. vielfach zu finden sind. Muter beschreibt Sorten bis mit 70 % (!) Steinen. Schon Dymok hat mitgetheilt, dass derartige absichtliche Verfälschungen mit Sand und Gummi etc. sehr häufig vorkommen. E. Dieterich empfiehlt in Rücksicht auf den hohen Aschegehalt das gereinigte Produkt anzuwenden und zeigt, dass dann die Asche von 46 auf 18 % herabgesetzt und der alkohollösliche Antheil von 29 auf 57 % erhöht werden kann. Ueber diese gereinigten Gummi-harze ist dasselbe zu wiederholen, was in der Einleitung zu Gummi-harzen ausgeführt wurde. Während das deutsche Arzneibuch jetzt 6 %

Asche als höchste Grenze zulässt, lässt die niederländische Pharmacopoe 20 % Asche zu, gestützt auf folgende Befunde:

% Asche

Asa foet. pulv. I	53,75
„ „ in massa extraf.	40,83
„ „ in massa	45,32
„ „ dep. pulv.	50,43
„ „ in lacrymis	2,08

Während die niederländische Pharmacopoe zu weite Grenzen festsetzt, ist das deutsche Arzneibuch in seinen Anforderungen zu scharf. Eine mittlere Grenze von 10 % Asche dürfte anzuempfehlen sein.

Auch J. N. LLOYD hat sich mit der Untersuchung des Stinkasant beschäftigt.

Derselbe hat vornehmlich sein Augenmerk auf die Verfälschung mit Colophonium oder weissen Terpentin gerichtet, die sich durch eine höhere S.-Z. leicht kundgiebt. Die untersuchten Muster erwiesen sich indess von beiden Beimischungen frei. Die trockne harte, in Thränen geformte Droge hat die höchsten S.-Z. (61,9—68,2) [1]), die halbflüssige dagegen viel niedere (31,1—40,4). Der Aschegehalt der gewöhnlichen Handelswaare ist ein ganz enormer, durchschnittlich beträgt er 16—20 %, in einzelnen Fällen wurden sogar 50 % beobachtet. Die reinsten Thränen hinterliessen jedoch nur sehr wenig Asche und zwar 1,78—2,55 % o; in Alkohol lösten sich gegen 76 % ihres Gewichtes. Zum officinellen Gebrauch sollte lediglich Asa foetida depurata verwendet werden. Es scheint nahezu unmöglich, auf dem amerikanischen Markt eine Droge zu erhalten, die den Anforderungen der Pharmacopoe der Vereinigten Staaten entspricht, welche verlangt, dass sich ungefähr 60 % der Droge in Alkohol lösen sollen.

MORNER und FRISTEDT haben eine raffinirte Verunreinigung von Asa foetida in lacrymis entdeckt. Nur 5 % der Droge waren echt; von dem Uebrigen waren 5 % kleine Stücke krystallisirter Gyps, den Rest bildeten Alabasterstücke, die mit einer dünnen Schicht Asa foetida überzogen waren. Der Ueberzug machte bei den meisten Stücken nur 7 %, bei anderen 20 % aus.

HIRSCHSOHN untersuchte zahlreiche Sorten und fand folgende in Petroläther lösliche Antheile, bei 17° C und 120° C getrocknet:

---

[1]) Diese Befunde berechtigen nicht zur Ableitung der Regel, dass die Thränen eine höhere S.-Z., wie die Massen zeigen; im Gegentheil zeigen auch bei Ammoniacum und Galbanum für gewöhnlich die Massen eine höhere S.-Z., wie die Thränen; eine Regel dürfte für beide Theile nicht abzuleiten sein! Vergl. hierzu die S.-Z von BECKURTS und BRÜCHE p. 260, bei denen gerade die Thränen die niedrigsten S.-Z. zeigen.   K. D.

No.	Bezeichnung der untersuchten Proben	bei 17° C. getrocknet	bei 120° C. getrocknet
1.	Asa foetida in granis	8,25	3,27
2.	„ „ „ „	5,33	2,12
3.	„ „ „ „	1,85	1,02
4.	„ „ „ massis	10,88	3,44
5.	„ „ „ „	1,50	1,01
6.	„ „ „ granis	7,40	1,73
7.	„ „ petraea I.	2,00	1,01
8.	„ „ „ II.	3,20	2,21
9.	„ „ ordinair	5,10	3,20
10.	„ „ von Bombay	11,44	4,65
11.	„ „ von Hanbury	13,45	3,44

HIRSCHSOHN fasst sein Urtheil folgendermassen zusammen:

„Von einer gewöhnlichen guten Handelssorte der Asa foetida in granis muss die vom Petroleumäther aufgenommene Menge mindestens 7%, die von Asa foetida in massis mindestens 5% betragen. Die Menge des bei 120° C sich verflüchtigenden Körpers darf bei der Sorte in Körnern nicht unter 5%, bei der in massis nicht unter 3% vom Gesammtgewichte der Droge betragen.

Eine gute Sorte der indischen Asa foetida muss an Petroläther mindestens 11% abgeben und dieser Rückstand darf beim Erwärmen auf 120° C. nicht weniger als 6% verlieren."

KREMEL fand:

	I.	II.
% Harz	72,1	35,6
S.-Z. d.	26,8	54,8
E.-Z.	145,2	182,1
V.-Z. h.	172,0	236,9

vom Extrakt

Die Zahlen wurden vom Extrakt nach der meist üblichen Methode (s. Spec. Th. Einl.) festgestellt.

E. DIETERICH fand:

	Asa foet. cruda	Asa foet. depurata
S.-Z. d.	11,20 — 55,00	23,52 — 82,30
E.-Z.	110,60—129,00	82,30—101,70
V.-Z. h.	121,80—184,00	164,60—171,70
Asche	6,5 — 66,05%	1,60 — 4,40%

vom Extrakt

Löslichkeit in:

| Alkohol v. 96% | 15,43 — 59,66% | 66,00 — 78,83% |

Die S.-Z. d., E.-Z. und V.-Z. h. wurden wie oben bei KREMEL festgestellt.

17*

Beckurts und Brüche fanden:

	Spec. Gew.	Asche %	In Alkohol löslich %	vom Extrakt		
				S.-Z. d.	E.-Z.	V.-Z h.
Asa foet. in massa	1,730	1,2	36	40	141	181
„ „ „ depurat.	1,290	3,1	43	29	180	209
„ „	1,280	2,9	50	31	183	214
„ „ „ massa	1,293	5,0	58	43	162	205
„ „ „ granis	1,316	5,8	44	27	179	206

Die Gegenwart von Terpentin wird man, wie Beckurts und Brüche ausführen, stets mit Sicherheit aus der S.-Z. d. erkennen können.

Die S.-Z. d., E.-Z. und V.-Z. h. wurden wie bei Kremel und E. Dieterich vom Extrakt festgestellt.

K. Dieterich hat, wie bei Galbanum und Ammoniacum, so auch für Asa foetida eine neue Methode ausgearbeitet, welche vor allem das Rohprodukt, kein Extrakt zur Analyse verwendet und zur Bestimmung der S.-Z. das Rücktitrationsverfahren einschlägt. Dasselbe kann hier angewendet werden, weil Stinkasant zu den schwer verseifbaren Gummi-Harzen gehört und weder kalt noch fraktionirt verseift werden kann. Bei der Rücktitration kann man die Droge direkt ohne vorherige Herstellung einer Lösung oder eines Extraktes verwenden und weiterhin fallen bei der Rücktitration jene Zwischenstufen der Farben weg, welche einen genauen Umschlag bei der direkten Titration zu fixiren verhindern.

K. Dieterich verfährt folgendermassen:

a) S.-Z. ind.

1 g Stinkasant übergiesst man mit je 10 ccm alkoholischer und wässeriger $\frac{n}{2}$ Kalilauge und lässt in einer Glasstöpselflasche verschlossen 24 Stunden in Zimmertemperatur stehen. Nun setzt man 500 ccm Wasser hinzu und titrirt mit Phenolphtalein und $\frac{n}{2}$ Schwefelsäure zurück. Die Anzahl der gebundenen ccm KOH giebt mit 28,08 multiplicirt die S.-Z. ind.

b) V.-Z. h.

Man übergiesst 1 g der möglichst fein zerriebenen, als Durchschnittsmuster entnommenen Droge mit 25 ccm alkoholischer $\frac{n}{2}$ Kalilauge und kocht eine Stunde am Rückflusskühler. Nach Verlauf dieser Zeit verdünnt man mit 200 ccm Weingeist und titrirt nach dem Erkalten unter Zusatz von Phenolphtalein mit $\frac{n}{2}$ Schwefelsäure zurück. Die Anzahl der gebundenen ccm KOH giebt mit 28,08 multiplicirt die V.-Z. h.

c) E.-Z.

Die E.-Z. erhält man durch Subtraktion der S.-Z. ind. von der V.-Z. h.

d) Aschebestimmung.

2 g Stinkasant verascht man vorsichtig, glüht bis zum konstanten Gewicht und wägt nach dem Erkalten im Exsiccator.

Die Untersuchung zahlreicher Handelssorten ergab nach K. Dietérich für das Rohprodukt folgende Werthe:

S.-Z. ind.	65— 80	
E.-Z.	80—130	abgerundet.
V.-Z. h.	120—185	
Asche	1—10%	

Gregor und Bamberger fanden folgende Zahlen:

M.-Z.

	I.	II.
Gregor	11,9	6,9
Bamberger	18,0	—

Kitt fand die C.-Z. 0,2.

Ueber den Werth dieser Bestimmungen vergl. Chem. Revue 1898 Heft 10.

Ueber die Prüfung des Stinkasant nach dem D. A. III. vergl. Ph. C. 1899, Nr. 21.

Mauch fand, dass Gummi und Harz der Asa foetida in 60% iger Chloralhydratlösung (10—15 fache Menge) löslich ist und zwar vollkommen klar. Derselbe empfiehlt diese Art zur Bestimmung der Verunreinigungen. Mauch sagt:

„Da dieses Gummiharz sehr häufig mit Sand, Steinen u. a. verfälscht in den Handel kommt, ist eine Bestimmung der mineralischen Bestandtheile bei der Prüfung desselben von Wichtigkeit. Dieselbe geschieht stets durch Veraschung und ist auch nach dem D. A. III. in dieser Art vorzunehmen, wobei nicht über 6% Asche hinterbleiben sollen. Man kann aber ebenso gut und, da die Veraschung bei den Gummiharzen nicht immer leicht zu bewerkstelligen ist, mit grösserer Sicherheit die Bestimmung der mineralischen Beimengungen bei diesen und bei anderen Gummiharzen mit Beihilfe des Chloralhydrats in der Art vornehmen, dass man die gepulverte Droge mit dem 10- bis 15fachen Gewicht 60% iger Chloralhydratlösung behandelt, wobei sich sowohl Harz als Gummi, nicht aber mineralische Beimengungen langsam auflösen. Falls ein unlöslicher Rückstand bleibt, filtrirt man durch ein Filter von bekanntem Aschegehalt ab, wäscht denselben zuerst mit 60% iger Chloralhydratlösung, dann mit etwas Alkohol nach, trocknet, glüht und wägt."

Litteratur.

Beckurts und Brüche, A. d. Ph. 230, p. 91. — E. Dieterich, Ph. C. 1882, p. 612; I D. d. H. A. p. 35. — K. Dieterich, H. A. 1896, p. 81, 82; Ch R. 1898, Heft 10; Ph. C. 1898, Nr. 21. — Dymock, A. d. Ph. 208, p. 476. — Holmes, Ap.-Ztg. 1895, p. 187 — Hirschsohn, A. d Ph. 213, p. 306. — Gregor und Bamberger, Oestr. Ch.-Ztg 1898, Nr. 8 u. 9 — Kitt, Ch.-Ztg. 1898, p. 358. — Kremel, N. z. P. d. A 1889. — Mauch, I.D., Strassburg, 1898. — Muter, A. d. Ph. 218, p. 316. — Morner und Fristedt, Ph. C. 1889, p. 295. — Waage, Ap.-Ztg. 1893, p. 270.

52.

Weihrauch.

Olibanum, Gummi-resina Olibanum.

Abstammung und Heimat. Boswellia Carterii, B. serrata und andere Burseraceen. *Somaliküste.*

Chemische Bestandtheile. Boswellinsäure $C_{32}H_{52}O_4$ frei und als Ester, gebunden an Olibanoresen $(C_{14}H_{22}O)n$. Aetherisches Oel $(C_{16}H_{16})n$, Pinen, Dipenten, Phellandren), Gummi mit Arabinsäure $C_6H_{20}O_5$, Bassorin und Bitterstoff (nach Halbey).

Allgemeine Eigenschaften und Handelssorten. Kleine thränenförmige, spröde Körner von blassgelber, matter Farbe, aussen bestäubt; in Alkohol, Aether, Chloroform, überhaupt allen Lösungsmitteln nur theilweise löslich. Beim Kauen wird der Weihrauch pulverig, erweicht dann, und schmeckt etwas bitter und aromatisch.

Das Olibanum electum ist die beste und reinste Sorte.

Das Olibanum in sortis ist schon unreiner und entspricht ungefähr der Sorte „in massa“ bei den übrigen Gummiharzen.

Der sogenannte „wilde Weihrauch“, das Olibanum silvestre ist ein Fichtenharz, welches früher als Verfälschung des echten benutzt wurde. Das Olibanum von Boswellia Freriana und sacra (vergl. auch Elemi) ist mit afrikanischem Elemi identisch und heisst „Luban-Matti.“ Richtiger wird letzteres zu den Elemi- und nicht zu den Weihrauchsorten gezählt. Die Harze anderer Boswelliaarten, wie B. papyrifera, thurifera, B. oblongata und B. socotrana geben dem Weihrauch ähnliche, im Handel nicht anzutreffende Harze. Cayenne-Weihrauch von Icica heptaphylla zählt ebenfalls zu den Elemisorten.

Auch Protiumarten, wie Pr. multiflorum (heisst Paú de incenço = Weihrauchbaum) liefern Weihrauchsorten, resp. Ersatzmittel des Weihrauchs. Dieselben werden meist in Brasilien im Inlande verwendet, ebenso wie der Weihrauch der Composite Flourensia thurifera nur in Mexico bekannt ist.

Der indische Weihrauch stammt ebenfalls von einer Boswellia-art (B. serrata) und nicht, wie früher angenommen wurde, von Juniperus phoenicea, J. thurifera oder Amyris Kafal. Der Name „indisch" ist nach Kosteletzky und Hirschsohn daher zu erklären, dass indische Schiffe den Weihrauch über Aegypten und Arabien nach Europa brachten. Schon die relativ gute Uebereinstimmung der betreffenden analytischen Daten (s. w. u.) beweist, dass der gewöhnliche und indische Weihrauch identisch sind.

Verfälschungen resp. Verwechslungen. Colophonium, wilder Weihrauch, Mastix, Sandarak.

Analyse. Der Weihrauch ist schon durch seinen Geruch beim Erhitzen und durch seine Löslichkeit, Verhalten beim Kauen und durch seine analytischen Werthe, (vor allem dadurch, dass Weihrauch V.-Z. wie Bernstein giebt, die dem Sandarak und Mastix fehlen) scharf von Sandarak und von Mastix unterschieden. Es existiren auch zahlreiche analytische Daten über Weihrauch.

Hirschsohn untersuchte arabischen, indischen, afrikanischen Weihrauch und fand für in Petroläther lösliche, bei 120° C. getrocknete Antheile die Zahlen: 22,08—38,81 %. Derselbe glaubt, dass, wie schon oben ausgeführt, alle Sorten auf die afrikanische Handelsmarke zurückzuführen sind.

Die Südd. Apoth.-Ztg. 1899, Nr. 12 berichtet über Tannenharz (wildem W.) im echten Weihrauch folgendes:

„Es soll nach öfterem Schütteln des Körner-Weihrauchs mit Wasser und zweitägigem Stehenlassen der harzige Bestandtheil des Weihrauchs als weisse zuckerige Masse zurückbleiben — das Gummi geht in Lösung —, während beigemengtes Tannenharz als glänzend gelbe Körner sich zu erkennen geben; durch Abwaschen und Trocknen sollen letztere sogar annähernd quantitativ zu bestimmen sein."

Kremel fand:

	% Harz	S.-Z. d.	E.-Z.	V.-Z. h.
Olibanum	64,0	59,3	6,6	65,9
„	72,1	46,8	41,0	87,8
„ indicum	67,0	50,3	60,5	110,8

vom Extrakt

Die S.-Z. d., E.-Z. und V.-Z. h. wurde vom Extrakt nach der meist üblichen Methode (s. Spec. Th. Einl.) bestimmt.

E. Dieterich fand:

$$\left.\begin{array}{ll} \text{S.-Z. d.} & 45,40 \\ \text{E.-Z.} & 71,60 \\ \text{V.-Z. h.} & 117,00 \end{array}\right\} \text{vom Extrakt}$$

Die Zahlen wurden wie oben bei KREMEL festgestellt.

K. DIETERICH hat für Weihrauch folgende Methode ausgearbeitet, welche nicht das Extrakt, sondern den Weihrauch als solchen zu nehmen gestattet.

Derselbe verfährt folgendermassen:

a) S.-Z. ind.

1 g Olibanum übergiesst man mit je 10 ccm alkoholischer und wässeriger $\frac{n}{2}$ Kalilauge und 50 ccm Benzin (0,700 spec. Gewicht). Man lässt 24 Stunden in einer Glasstöpselflasche stehen und titrirt unter Zusatz von 500 ccm Wasser und Phenolphtalein mit $\frac{n}{2}$ Schwefelsäure zurück. Die Anzahl der gebundenen ccm KOH mit 28,08 multiplicirt, giebt die S.-Z. ind.

b) V.-Z. h.

Man übergiesst 1 g der möglichst fein zerriebenen Droge mit 20 ccm alkoholischer $\frac{n}{2}$ Kalilauge und kocht eine Stunde am Rückflusskühler. Nun titrirt man unter Zusatz von 100 ccm Alkohol mit $\frac{n}{2}$ Schwefelsäure und Phenolphtalein als Indikator zurück. Die Anzahl der gebundenen ccm KOH giebt mit 28,08 multiplicirt die V.-Z. h.

c) E.-Z.

Dieselbe erhält man durch Subtraktion der S.-Z. ind. von der V.-Z. h.

d) Aschebestimmung.

Man verascht vorsichtig 2 g Olibanum und glüht solange, bis nach dem Erkalten im Exsiccator gleichbleibendes Gewicht resultirt.

K. DIETERICH erhielt folgende Werthe für die S.-Z. ind.

			S.-Z. ind.
1.	Olibanum	pulvis	46,20
	"	"	43,40
	"	"	46,20
	"	"	44,80
2.	"	in granis	42,00
	"	"	42,00
	"	"	42,00
	"	"	42,00
3.	"	naturale I	50,40
	"	"	46,20
4.	"	naturale II	44,80
	"	"	46,20
	"	"	42,00
	"	"	43,30

S.-Z. ind.

5. Olibanum electum   32,20

     „   „   33,60

     „   „   30,80

     „   „   35,00

Aus diesen Zahlen ersieht man, dass wieder die Sorte „electum“ als die reinste Droge die niedrigste S.-Z. ind., das „pulvis“ hingegen die höchste S.-Z. ind. hat, was auf eine Verfälschung des Pulvers — wie bei Gutti p. 242 — schliessen lässt.

Der Vortheil obiger Methode, speciell der S.-Z.-Bestimmung durch Rücktitration ist darin zu suchen, dass erstens die Herstellung einer Lösung wegfällt — was bei Weihrauch nur theilweise möglich ist — dass zweitens der Umschlag weit besser und sicherer ist, als bei der direkten Titration, und dass vor allem kein Extrakt, sondern das Naturprodukt als solches verwendet werden kann.

Für die E.-Z. und V.-Z. h. fand derselbe Autor folgende Werthe:

E.-Z.   110—170

V.-Z. h.   140—230

Asche: Spuren.

Weiterhin hat derselbe Autor speciell die S.-Z. ind. für den Nachweis von Verfälschungen ausprobirt und folgende Zahlen mitgetheilt:

1. Weihrauch + 10 % Dammar	$\left\{\begin{array}{l} 47{,}60 \\ 47{,}60 \end{array}\right.$	
2. „ + 20 % „	$\left\{\begin{array}{l} 46{,}20 \\ 46{,}20 \end{array}\right.$	
3. „ + 10 % Sandarak	$\left\{\begin{array}{l} 58{,}80 \\ 56{,}00 \end{array}\right.$	
4. „ + 20 % „	$\left\{\begin{array}{l} 58{,}80 \\ 57{,}40 \end{array}\right.$	S.-Z. ind.
5. „ + 10 % Gallipot	$\left\{\begin{array}{l} 65{,}80 \\ 65{,}80 \end{array}\right.$	
6. „ + 20 % „	$\left\{\begin{array}{l} 74{,}20 \\ 71{,}40 \end{array}\right.$	

Während Dammar auf diese Weise nicht nachweisbar ist — wohl nur durch E.-Z. und V.-Z. h., welche logischerweise herabgedrückt werden müssen — steigen die Zahlen erheblich bei Verfälschungen mit Sandarak und Fichtenharz. Vermuthet man einen dieser beiden Zusätze, so empfiehlt es sich, das Wasser bei der Titration wegzulassen, um eine Zersetzung der Colophonium- oder Sandarakseife durch das Wasser zu vermeiden. Ueber die Anwesenheit dieser Zusätze kann man sich mit der Storch-Morawski'schen Reaktion (s. Colophonium) vorher einen ungefähren Anhaltspunkt verschaffen.

K. Dieterich fand weiterhin folgende Löslichkeitsverhältnisse:

Alkohol \
Aether } theilweise löslich Rückstand weiss amorph
Benzin /

Schwefelkohlenstoff theilweise löslich, Rückstand plastisch.

Chloroform \
           } theilweise löslich
Aceton   /

Eisessig \
         } zum grössten Theil unlöslich
Benzol   /

Methylalkohol \
Amylalkohol   } theilweise löslich
Terpentinöl   /

Ebenso wie Dammar, Bernstein, Copal wird auch Weihrauch nach dem Schmelzen und Erhitzen leichter löslich.

Gregor und Bamberger fanden folgende Methylzahlen:

M.-Z.

Gregor   6,4
Bamberger 5,3

Kitt fand:

C.-Z. 0,36

Ueber den Werth dieser Bestimmungen vergl. Chem. Revue 1898, Heft 10.

Mauch fand, dass der Weihrauch in $60^0/_0$iger Chloralhydratlösung nur trübe löslich ist, und dass sich die Lösung erst allmählich klärt. Der Grund hierfür ist darin zu suchen, dass das zu $7^0/_0$ in der Droge vorhandene ätherische Oel nur schwer in obigem Lösungsmittel löslich ist.

Litteratur.

E. Dieterich, I. D. d. H. A. p. 36. — K. Dieterich, H. A. 1896, p. 79 u 80. — Gregor und Bamberger, Oestr. Ch.-Ztg. 1898, Nr. 8 und 9. — Hirschsohn, A. d. Ph. 211, p. 445. — Kitt, Ch.-Ztg 1898, p. 358. — Kremel, N. z. P. d. A. 1889. — Mauch, I.-D , Strassburg, 1898.

Nachtrag.

Da sich während der Drucklegung des vorliegenden Buches Nachträge insofern nöthig gemacht haben, als einzelne Angaben, sowohl im allgemeinen wie im speciellen Theil durch neue während des Druckes veröffentlichte Arbeiten überholt worden sind, so soll folgender Anhang dazu bestimmt sein, die diesbezüglichen und einige andere Ergänzungen nachzutragen.

I.

Allgemeiner Theil.

Zu: Eintheilung der Harzkörper.

Nach neuesten Mittheilungen von Tschirch (Vortrag auf der Naturforscherversammlung in München 1899, Abth. Pharmacie und Pharmacognosie) theilt man die Harze nach genanntem Autor folgendermassen ein:

1. Resinotannolharze
    a) Benzoësäureharze,
    b) Umbelliferenharze
2. Resenharze
    a) Droseraceenharze,
    b) Dipterocarpeenharze.
3. Resinolharze,
4. Resinolsäureharze
    a) Coniferenharze,
    b) Cäsalpinoïdeenharze.
5. Glucoresine.

II.

Specieller Theil.

Zu: Canadabalsam.

Chemische Bestandtheile:

Tschirch ist es neuerdings gelungen, aus dem Harz von Abies canadensis vermittelst fraktionirter Ausschüttelung etc. (vergl. Schweiz. Wochenschr. f. Chem. u. Pharm. 1899, Nr. 44 und Pharm. Ztg. 1899, Nr. 77) aus Methylalkohol „krystallisirende" Resinolsäuren zu isoliren, die in gewisser Beziehung zu der Abietinsäure nach Mach und der Pimarsäure nach Vesterberg stehen.

Zu: Copaïvabalsame.

Chemische Bestandtheile:

A. Tschirch hat durch fraktionirte Ausschüttelung mit Ammoncarbonat, Soda u. s. w. (vergl. Pharm. Ztg. 1899, Nr. 77 und Schweiz. Wochenschr. f. Chem. u. Pharm. 1899, Nr. 44) aus verschiedenen Copaïvabalsamen neue noch unbekannte Harzsäuren isolirt und zwar:

Eine β-Metacopaïvasäure aus Maracaïbocopaïvabalsam: $C_{11}H_{16}O_2$, verschieden von der Strauss'schen Metacopaïvasäure, welche als α-Metacopaïvasäure bezeichnet wird. Eine aus dem Parabalsam durch Ammoncarbonat isolirte, bei ca. 195° C. schmelzende Parasäure I, nicht identisch mit der Fehling'schen Oxycopaïvasäure.

Eine Parasäure IV aus Parabalsam mit Soda isolirt.

Weiterhin konnte aus dem Gurjunbalsam eine neue Säure isolirt werden, die den Namen „Gurguresinol" führen soll.

Aus dem westafrikanischen Illurinbalsam wurde die Illurinsäure $C_{14}H_{20}O_2$ isolirt und analysirt.

Zu: Perubalsam.

Chemische Bestandtheile:

Während das von Thoms untersuchte Cinnameïn zum grössten Theil Zimmtsäurebenzylester und wenig Benzoësäurebenzylester enthielt, hat Tschirch in dem von ihm untersuchten Perubalsam, resp. dem daraus isolirten Cinnameïn das umgekehrte Verhältniss gefunden. Tschirch glaubt dies auf die durch die Art der Gewinnung bedingte unregelmässige Beschaffenheit des Perubalsams zurückführen zu sollen. (Hierauf hat

K. Dieterich auf Grund der von ihm so schwankend gefundenen analytischen Daten schon früher hingewiesen.)

Im weissen Perubalsam, so wie er früher im Handel war, fand Tschirch das schon früher beobachtete, jedoch später nicht mehr isolirte Myroxocarpin $C_{48}H_{35}O_6$.

Analyse.

Caesar und Loretz theilen in ihrem Bericht vom Oktober 1899 folgendes mit:

„Nach den Prüfungen von Fromme ist es bei der Cinnameïnbestimmung zur Erlangung unter sich gleichmässiger Zahlen bei den Parallelanalysen nothwendig, die Menge des zur Ausschüttlung benutzten Wassers genau einzuhalten und diese, sowie auch die Mengen der Natronlauge auf das kleinste Maass zu beschränken, da andernfalls ein immerhin nicht unwesentlicher Procentsatz Cinnameïn in der Flüssigkeit zurückgehalten wird. Fromme erhält besonders gut übereinstimmende Zahlen, wenn zuerst mit 25 ccm, darauf mit 5 ccm 2 %iger Natronlauge und dann mit 2 × 5 ccm Wasser ausgeschüttelt wird.

Nach dem Stande der heutigen Balsamforschung scheinen uns folgende Punkte für die Prüfung des Perubalsams die wichtigsten zu sein:

1. Begrenzung des specifischen Gewichtes auf 1,136—1,150.

2. Salpetersäureprobe mit einem benzolfreien Benzin unter Verwendung von 5 Tropfen Salpetersäure, 1,38 spec. Gewicht, ausgeführt. Die Färbung der ganzen Masse nach dem Eintritt der Reaktion muss gelb bis bräunlichgelb sein [1].

3. Cinnameïngehalt nach Thoms mit den vorstehend angegebenen kleinen Abänderungen minimal 60 %.

4. Die Identificirung des Cinnameïns durch die E.-Z., welche nicht unter 235 liegen soll."

Litteratur.

Caesar und Loretz, G.-B. 1899, Oktober.

---

[1] Ich bedaure, dass abermals dieser durchaus unzuverlässigen Probe neben den übrigen quantitativen, so brauchbaren Proben das Wort geredet wird; es ist, nachdem ich p. 78 die Hinfälligkeit der Salpetersäureprobe an authentisch echtem Material bewiesen habe, nur zu empfehlen, diese Probe ein für allemal fallen zu lassen, und das umsomehr, als die quantitativen Proben in der jetzigen Fassung durchaus genügend sind (vergl. p. 86 und 87, verf. Perubalsam).

K. D.

Zu: Akaroïdharz.

Analyse.

M. Bamberger fand:

		I.	II.	
I. Gelbes Akaroïd:	S.-Z. d.	132	133	vom gereinigten
	V.-Z. h.	220	225	Harz
	M.-Z.	27,66	28,97	vom rohen Harz
	„	34,73	—	vom gereinigten Harz

		I.	II.	
II. Rothes Akaroïd:	M.-Z.	60,3	60,9	vom rohen Harz
	M.-Z.	71,12	—	vom gereinigten Harz
	C.-Z.	0,97	—	„ „ „

Vom rothen Harz konnten wegen der dunklen Farbe der Lösung
keine S.-Z. und V.-Z. bestimmt werden.

Litteratur.

Sitzungsbericht d. K. Akad. d. Wissensch. Wien, Heft v. Mai 1893.

Zu: Bernstein.

Allgemeine Eigenschaften und Handelssorten.

Durch Einlegen von kleinen, sortirten Bernsteinstückchen in Guss-
stahlformen bei 200—250° C. und durch einen Druck von ca. 400 Atm.
werden Platten erzeugt, die den sogenannten „Pressbernstein"
oder „Ambroid" darstellen.

Die Abfallstückchen von 1—6 mm Durchmesser bilden das „Bern-
steinklein", welches zu Lacken, Bernsteinsäure, Bernsteincolophonium
etc. verarbeitet wird.

Zu: Resina Pini.

Allgemeine Eigenschaften und Handelssorten.

Das gewöhnliche Pech, als das gekochte und erhärtete, wie schon
erwähnt, terpentinölfreie Harz der Nadelhölzer ist als gelbes und
weisses „Burgunderpech", „Schusterpech" und „Brauerpech"
im Handel. Letzteres ist leicht und dünnflüssig schmelzend. „Manitpech" ist ein sehr unreines Brauerpech. Asphalt ist fossiles Pech.

Analyse. J. Brand theilt mit, dass die Brauerpeche meist mit
mineralischen Stoffen (Farben) bis zu 13,12% beschwert sind. Das sogenannte Manitpech ist eine Sorte, welche bis zu 32,12% Eisenglanz
enthält und deshalb zum Verpichen nicht verwendbar ist.

Zu: Thapsiaharz.

Allgemeine Eigenschaften und Handelssorten.

Leroux (Bull. commers. 1899, 27, p. 417) berichtet über die Extraktion und die Gefährlichkeit des Harzes (in Uebereinstimmung mit K. Dieterich, vergl. sub Thapsiaharz) und giebt nähere Daten über die Eigenschaften des Harzes. Leroux sagt:

„Thapsia garganica ist eine grosse Umbellifere der Flora von Algier und kommt hauptsächlich auf den Hochebenen in Gesellschaft mit Th. decussata vor. Besonders in der Wurzelrinde dieser Pflanzen befindet sich der wirksame, blasenziehende Stoff. Das alkoholische Extrakt aus den centralen Theilen beider Varietäten ist in Wasser unlöslich, dasjenige aus den Rindentheilen von Th. garganica ist zum grossen Theile in Wasser unlöslich. Die grünen Blätter bringen sogar Röthung der Haut hervor, und grosse Vorsicht ist erforderlich bei der Extraktion des Harzes aus der Wurzel von Th. garganica, so dass man die Entrindung der frischen Wurzel unter Wasser vornimmt. (Vergl. hierzu die K. Dieterich'sche Methode sub Thapsiaharz.) Man erhält das Thapsiaharz allgemein durch Destillation des von der Behandlung der mehr oder weniger pulverisirten Rinden mit 80 oder 90 %igem Alkohol erhaltenen Colates. Dasselbe ist schaumig und fluorescirend infolge eines schwer trennbaren Saponins. Benzol löst das Harz leichter als Alkohol und liefert ein besseres Produkt. Das benzolhaltige Colat hinterlässt bei der Verdampfung das Harz als braune, transparente, teigartige Masse, während das alkoholische Colat das Harz als honigdicke, undurchsichtige, blonde Masse giebt, welche durch Behandlung mit Benzol in das durch dieses extrahirte Harz übergeht. Das Thapsiaharz ist unlöslich in ätherischen Oelen oder Petroleumbenzin."

Sach-Register.

Alle Pflanzennamen sind gesperrt gedruckt.
Abkürzungen: Abst. u. H. = Abstammung und Heimat. Chem. Best. =
Chemische Bestandtheile. Allg. Eig. u. H.-S. = Allgemeine Eigenschaften und
Handelssorten. Verf. resp. Verw. = Verfälschungen resp. Verwechslungen.
Anal. = Analyse. Best. = Bestimmung.